BIBLIOTHÈQUE
DES MERVEILLES

PUBLIÉE SOUS LA DIRECTION

DE M. ÉDOUARD CHARTON

L'AIR

1026. — Typographie A. Lahure, rue de Fleurus, 9, à Paris.

BIBLIOTHÈQUE DES MERVEILLES

L'AIR

PAR

A. MOITESSIER

PROFESSEUR A LA FACULTÉ DE MÉDECINE DE MONTPELLIER

DEUXIÈME ÉDITION.

ILLUSTRÉE DE 93 GRAVURES D'APRÈS LES DESSINS.

DE S. BONNAFOUX, A. JAHANDIER, C. GILBERT

ET E. TOURNOIS

PARIS

LIBRAIRIE HACHETTE ET Cⁱᵉ

79, BOULEVARD SAINT-GERMAIN, 79

1880

AVANT-PROPOS

Il existe, dans toutes les sciences, certaines notions
fondamentales qui s'imposent d'elles-mêmes à tout
esprit réfléchi, et dont l'origine se perd dans la nuit des
temps ; de ce nombre est la notion de l'air : on en
trouve la trace chez les peuples les plus anciens dont
l'histoire nous ait conservé le souvenir. L'homme,
toujours préoccupé des conditions nécessaires à sa
vie, ne devait pas tarder à reconnaître l'action puissante exercée par le milieu qui l'environne, et ses
premiers efforts vers l'étude de l'univers le conduisent à affirmer l'existence d'un agent, invisible et
impalpablé sans doute, mais dont les effets ne
pouvaient rester longtemps méconnus. Réduits à
admirer la mystérieuse activité de l'air sans pouvoir
en pénétrer la nature, les premiers hommes ne tardèrent pas à lui attribuer une essence divine ; les
mythologies de tous les peuples adorent en lui un

esprit créateur, maître de l'univers, donnant la vie à
la nature et animant le monde par son souffle bien-
faisant.

Cette longue période d'ignorance, entretenue par
des idées superstitieuses, est, d'ailleurs, justifiée
par les difficultés mêmes qui se rattachent à l'étude
des propriétés de l'air. Nous nous faisons une idée
des objets qui nous environnent par leur forme, leur
couleur, leur étendue; tout le monde sait ce qu'est
un corps liquide ou un corps solide; nous pouvons
les voir, les toucher; ils se présentent tous avec un
caractère commun, ils sont pesants. Mais, dès que
ces propriétés échappent à nos sens, il devient plus
difficile de concevoir la matière. Il existe cependant
une nombreuse classe de corps qui n'ont ni forme ni
couleur; leur subtilité est telle, qu'on a pu croire,
pendant des milliers d'années, qu'ils n'avaient pas de
poids; ces corps, dont l'air nous offre un des types les plus parfaits, sont désignés sous le nom de
gaz. Il y a plus : une même substance peut affecter
successivement ces différents états ; l'eau nous en
présente un exemple bien connu : liquide dans les
circonstances ordinaires, elle prend la forme solide
quand elle est congelée, et se convertit en vapeur
quand on la chauffe. Cette vapeur, invisible et trans-
parente comme l'air, n'est autre chose que de l'eau
à l'état gazeux, et personne n'ignore avec quelle facilité elle se transforme de nouveau en eau liquide
ou en glace.

Que l'on se représente maintenant les premiers ob-

scrvateurs, abandonnés à eux-mêmes en face de la
nature, dans une ignorance absolue de ces principes
fondamentaux, dépourvus des procédés d'expéri-
mentation les plus élémentaires : on comprendra
sans peine pourquoi la constitution de l'air est restée si longtemps inpénétrable. Il faut arriver au
milieu du dix-septième siècle pour voir se déchirer
un lambeau du voile qui obscurcissait cette importante question. A partir de cette époque, commence
pour la science une ère nouvelle; mais combien
n'a-t-il pas fallu de persévérants efforts pour mettre
la dernière main à cette première ébauche! Depuis
Galilée jusqu'à Lavoisier, combien de génies ont
épuisé leurs forces à élucider les points les plus
importants de ce difficile problème! et, après tant
de brillantes découvertes, que de choses restent encore à trouver!

On sait aujourd'hui que l'air est une substance
gazeuse, uniformément répandue sur toute la surface du globe, formant antour de lui une enveloppe
appelée *atmosphère*, dont l'épaisseur est encore mal
connue. Lavoisier nous a appris que cet air est essentiellement formé de deux gaz, l'oxygène et l'azote,
dont l'un entretient la vie, tandis que le second
modère la dangereuse activité du premier. A ces
deux éléments se joint la vapeur d'eau, versée à
profusion dans l'atmosphère par l'évaporation des
mers. Perdus au fond de cet océan gazeux, nous
sommes témoins des changements qui s'y opèrent
sans cesse, et nous en ressentons continuellement

l'influence. Cette seule considération suffirait certainement à exciter vivement notre curiosité ; mais nous trouvons dans l'étude de l'air bien d'autres sujets dignes de captiver notre attention : la formation de la pluie et des orages, la naissance des vents et des tempêtes, la distribution de la chaleur et de la lumière à la surface de la terre, l'apparition de ces brillants météores répandant sur la nature une féerique illumination, toutes ces merveilles sont l'œuvre de l'atmosphère, animée par les rayons du soleil.

L'AIR

I

MATÉRIALITÉ DE L'AIR

Opinion des anciens. — Observations de Galilée. — La machine pneumatique. — Découverte de Torricelli. — Expérience de Pascal. — Baromètre de Fortin. — Baromètre anéroïde. — Pressions exercées par l'air. — Poids total de l'atmosphère.

La matérialité de l'air a été admise par les plus anciens philosophes, sans qu'ils aient pu appuyer leur manière de voir sur aucune preuve directe. Plongés au sein de l'atmosphère, nous recevons de nos sens des notions fort incertaines, sans doute, sur la nature intime de la masse gazeuse qui nous enveloppe, mais sa présence se révèle à nous par des effets trop variés et trop nombreux pour qu'on ait pu songer à lui refuser les attributs les plus essentiels de la matière. Si l'on trouve dans les auteurs anciens l'air souvent désigné sous le nom d'*esprit*, on doit voir seulement dans cette expression figurée une manière d'exprimer la subtilité de ce fluide en même temps que le rôle immense qu'il joue dans toutes les manifestations de la vie.

Comme la plupart des corps transparents, l'air est invisible ; il se laisse traverser par la lumière avec une telle facilité, qu'interposé en couche même très épaisse entre nos yeux et les objets extérieurs, il semble ne produire en nous aucune sensation capable de trahir sa présence. Il serait cependant inexact d'attribuer à l'air une invisibilité absolue. Vu en masse considérable, il nous apparaît avec cette belle nuance d'azur qui constitue la couleur bleue du ciel. Lorsque nous contemplons un paysage vivement éclairé, à la brillante illumination des premiers plans succède une coloration plus douce, passant insensiblement par toutes sortes de gradations, et couvrant d'un voile opalin les plans les plus éloignés. Les montagnes de l'horizon nous semblent le plus souvent colorées en bleu ; d'autres fois, elles se parent d'une nuance rose ou orangée ; tous ces mélanges merveilleux de tons si doux et si variés ont pour origine l'action de l'air sur la lumière du soleil, et l'atmosphère nous révèle constamment sa présence par des effets sublimes que l'œil ne se lasse jamais d'admirer.

La matérialité de l'air se manifeste par d'autres actions dont le caractère grandiose devait nécessairement frapper l'attention des premiers observateurs. Comment expliquer cette agitation incessante dont l'atmosphère est le théâtre, sans attribuer à l'air une essence matérielle, sans saisir l'analogie qui le rattache à tous les corps de la nature, seuls capables de recevoir et de transmettre un mouvement? Le navire, poussé sur les flots de la mer par le souffle du vent, reçoit de l'air l'impulsion qui l'anime ; c'est l'air en mouvement qui soulève en vagues gigantesques les eaux de l'Océan, et déchaîne sur notre globe les plus furieuses tempêtes. Toute la bruyante agitation de la nature, au sein d'un milieu invisible, serait inconcevable, si les forces qui la produisent n'avaient pour point d'application un élément matériel.

Les anciens n'avaient cependant que des notions très vagues et fort incomplètes sur la nature de l'air. On a lieu de s'étonner, en présence des effets si puissants exercés par l'atmosphère, de la longue ignorance des philosophes de l'antiquité; des expériences mal conçues semblaient même leur indiquer l'absence des propriétés les plus essentielles. Ils admettaient généralement que l'air était sans poids, et arrivaient ainsi à la conception singulière d'une substance à la fois matérielle et impondérable. Cette croyance avait surtout pous base une expérience d'Aristote, en apparence irréfutable : ayant pris une outre d'abord vide, puis gonflée d'air, il fut surpris de lui trouver exactement le même poids. La conclusion de ce fait fut que l'air dont elle était remplie était impondérable. Il faut arriver aux siècles modernes pour voir se dissiper ces grossières erreurs, et trouver des notions exactes sur cette importante question.

On attribue généralement à Galilée les premières expériences destinées à démontrer la pesanteur de l'air. On trouve cependant, dans des observations antérieures de dix ans à celles du savant italien, la preuve certaine que ce fait était déjà nettement établi. Jean Rey, médecin français, né à Bugue sur la Dordogne vers la fin du seizième siècle, publiait en 1630 un remarquable opuscule, dans lequel il réfute l'opinion et les expériences des anciens, et établit lui-même la pesanteur de l'air de la manière suivante :

« Balançant l'air dans l'air mesme, et ne lui trouvant point de pesanteur, ils ont cru qu'il n'en avait point. Mais qu'ils balancent l'eau (qu'ils croient pesante) dans l'eau mesme, ils ne lui en trouveront non plus ; estant très véritable que nul élément pèse dans soi-mesme. Tout ce qui pèse dans l'air, tout ce qui pèse dans l'eau, doibt soubs esgal volume contenir plus de poids (pour plus de matière) que l'air ou l'eau dans lequel le balancement se pratique.

« Remplissez d'air à grand force un ballon avec un soufflet, vous trouverez plus de poids à ce ballon plein qu'à lui-mesme étant vide. »

Ces quelques lignes établissent d'une manière indiscutable la priorité de la découverte du médecin français ; ce n'est, en effet, qu'en 1640 que Galilée fut conduit à soupçonner la pesanteur de l'air. Il était alors presque octogénaire, quand des fontainiers de Florence vinrent le consulter sur un fait curieux qu'ils venaient d'observer. Chargés de construire une pompe dans le palais du grand-duc, ils virent avec surprise que l'eau refusait de s'élever au delà d'une hauteur de 32 pieds, malgré le bon état de leur appareil. Galilée pensa que la pression de l'air devait intervenir dans l'ascension du liquide ; mais cette explication exigeait nécessairement que l'air fût pesant. Pour vérifier le fait, il expulsa l'air d'une bouteille, en faisant bouillir dans son intérieur une petite quantité d'eau ; la bouteille, hermétiquement fermée, fut pesée vide, et il vit son poids augmenter dès qu'en la débouchant il permettait à l'air de la remplir. Cette expérience est, on le voit, la contre-partie de celle de Jean Rey. Celui-ci accumulait dans un vase une quantité d'air supérieure à celle qu'il renfermait normalement ; Galilée faisait le vide dans une bouteille, et constatait une augmentation de poids dès qu'il la remplissait d'air.

On comprend, d'après ce qui précède, pourquoi tant d'observateurs ont échoué dans leurs tentatives pour apprécier directement la pesanteur de l'air : la difficulté de l'expérience consistait à extraire ce gaz des récipients.

Aussi, la question ne fut-elle définitivement résolue que lorsque, en 1654, Otto de Guericke, bourgmestre de Magdebourg, eût doté la science d'un ingénieux appareil qui devint une source féconde de progrès : nous voulons parler de la machine pneumatique.

Cet instrument consiste essentiellement en un corps de pompe muni d'un piston et de deux soupapes. Sa dis-

Fig. 1. — Coupe théorique de la machine pneumatique. — Le piston est représenté au moment où il s'abaisse dans le corps de pompe.

position est analogue à celle des pompes employées à élever l'eau. La partie inférieure du cylindre est reliée, par un canal étroit, à une plaque horizontale de métal ou de verre soigneusement dressée, c'est la *platine* de la machine, destinée à recevoir la cloche ou tout autre récipient dont on veut extraire l'air. Supposons d'abord le piston au bas de sa course et élevons-le jusqu'à la partie supérieure : le vide se fera nécessairement au-dessous de lui, mais en même temps l'air de la cloche pressant par son élasticité sur la sou-

pape qui .ferme le tube de communication, la soulèvera
et se précipitera dans le corps de pompe. Vient-on maintenant à abaisser le piston, l'air emprisonné au-dessous
de lui se comprime et ferme la soupape nférieure, tandis
qu'il soulève celle dont le piston est muni, et s'échappe
dans l'atmosphère par cet orifice. Recommençons plusieurs fois la même manœuvre, à chaque coup de piston une partie de l'air sera expulsée. et peu à peu le
vide se fera dans le récipient.

La machine d'Otto de Guericke ne tarda pas à subir
dans sa construction d'importants et nombreux perfectionnements. La figure 2 montre la disposition le plus
généralement adoptée. On y voit deux corps de pompe en
cristal, munis chacun d'un piston, dont l'un s'élève pendant que l'autre s'abaisse; on réalise ainsi le double
avantage d'une extraction plus rapide de l'air en même
temps que la manœuvre de l'appareil est rendue beaucoup
moins pénible. Il sortirait de notre sujet de décrire ici
les modifications successivement apportées à la machine
pneumatique; il nous suffira d'avoir indiqué le principe de cet instrument qui a été le point de départ
des plus importantes découvertes dans la question qui
nous occupe.

Le physicien de Magdebourg venait à peine de terminer son invention, qu'il l'appliqua à l'étude de la
pesanteur de l'air; reprenant dans des conditions rationnelles la vieille expérience d'Aristote, il arriva sans
peine à la démonstration d'un fait qui avait dérouté la
sagacité des plus infatigables chercheurs de l'antiquité.
L'outre du philosophe grec fut remplacée par un globe
de cristal qui, déplaçant toujours le même volume d'air
extérieur, rendait appréciables toutes les variations de
poids de son contenu. Il prit un simple ballon de verre
dont le goulot était muni d'un robinet, et après l'avoir
suspendu au fléau d'une balance, il lui fit exactement

équilibre par des poids placés dans l'autre plateau. Il y fit ensuite le vide et, le reportant sur la balance, il constata une notable diminution de poids. En ouvrant alors

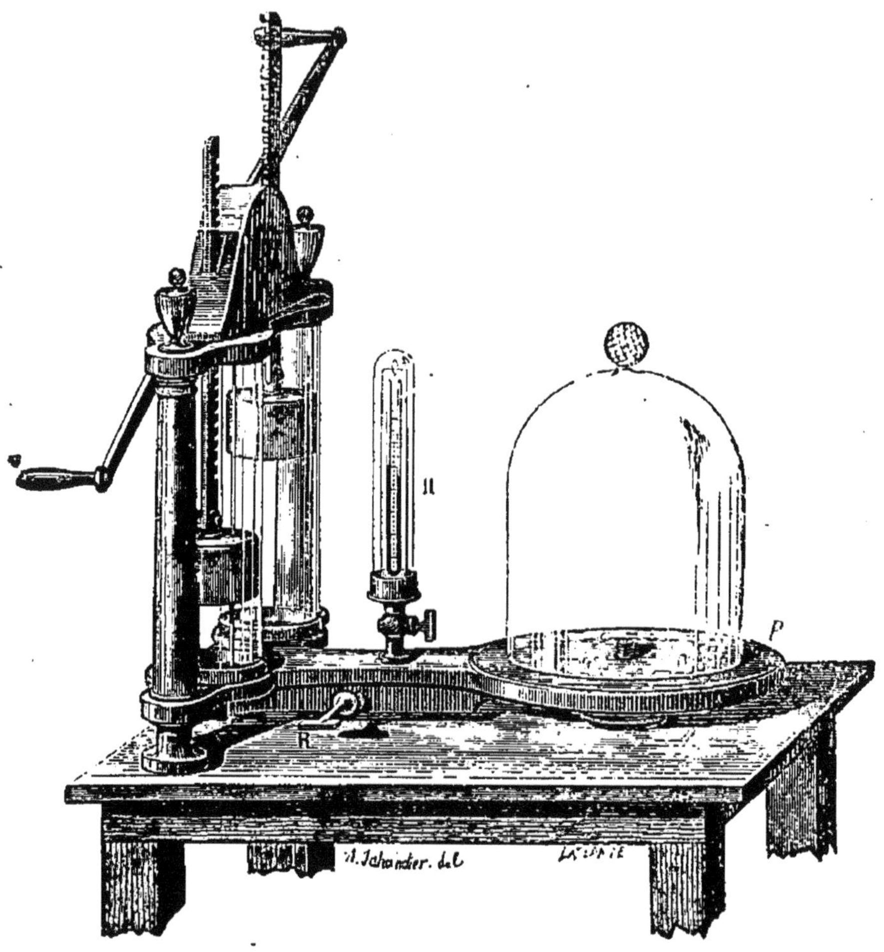

Fig. 2. — Machine pneumatique à deux corps de pompe.

le robinet, il laissa l'air rentrer peu à peu dans l'appareil et vit se rétablir ainsi l'équilibre primitivement rompu.

Cette expérience devait encore servir à l'évaluation du poids absolu de l'air : en opérant sur un ballon de 10 litres de capacité, et en y faisant un vide aussi complet que possible, on reconnaît que la perte de poids est de

12 à 13 grammes environ et, en apportant à ce chiffre toutes les corrections nécessaires, on la trouve exactement égale à 12^{gr},93. Un litre d'air pèse donc 1^{gr}, 293; cette quantité est loin d'être négligeable, car elle représente

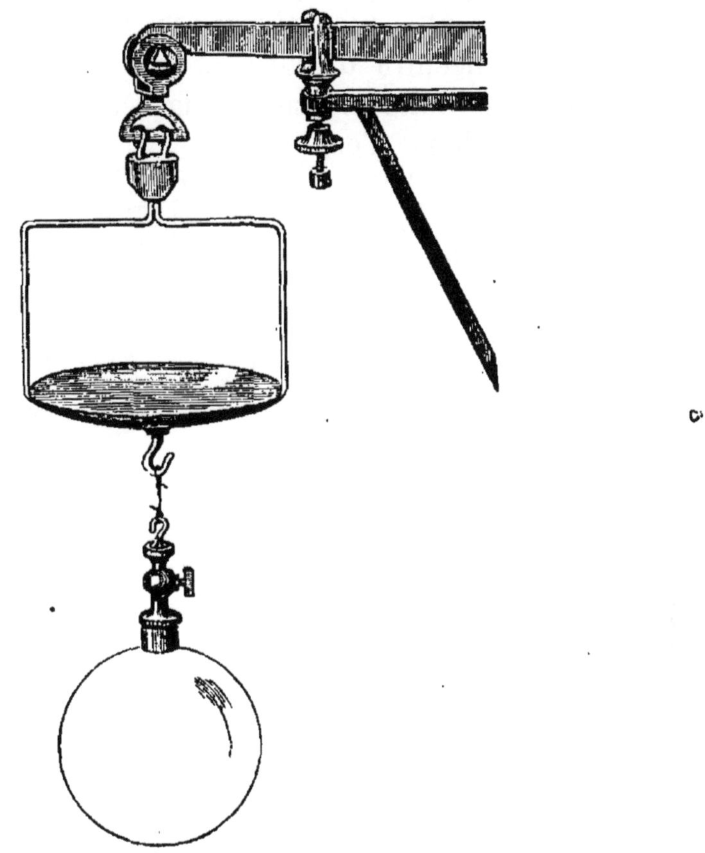

Fig. 3. — **Ballon suspendu au fléau d'une balance pour démontrer que l'air est pesant.**

seulement la sept cent soixante-dixième partie du poids d'un égal volume d'eau.

La pesanteur de l'air une fois bien constatée, on doit naturellement s'attendre à retrouver dans ce gaz toutes les propriétés mécaniques que possèdent les corps pesants, et à lui voir exercer des actions semblables à celles qui manifestent ces derniers; c'est, en effet, ce que justifient les observations les plus élémentaires. Imaginons, par exemple, un bloc de plomb placé sur une table, il en pressera la surface avec d'autant plus de force que son poids sera plus considérable; ce poids devient-il suffisant pour vaincre la résistance de la table, celle-ci fléchira d'abord et finira par se rompre sous l'action de cette pression exagérée. De même, les couches d'air, dont l'ensemble constitue l'atmosphère, exercent par leur poids une pression analogue sur la surface de tous les objets terrestres; on conçoit même qu'il suffirait de connaître cette pression pour évaluer le poids total de l'atmosphère.

Une expérience des plus simples met en évidence cette pression produite par l'atmosphère; c'est encore la machine pneumatique qui va nous permettre de la réaliser. Fixons sur la platine un cylindre de verre

Fig. 4. — Expérience du crève-vessie.

fermé supérieurement par un morceau de vessie solidement attaché, puis faisons graduellement le vide dans l'appareil. Dès le premier coup de piston, nous voyons la membrane s'affaisser et devenir concave, comme si un poids pesait à sa surface: bientôt la concavité augmente, et la vessie ne tarde pas à se rompre avec bruit, indiquant ainsi l'action d'une pression extérieure considérable. On s'étonnera peut-être que le même effet ne se manifeste pas avant qu'on n'ait fait le vide sous la cloche, mais il suffit de remarquer que l'air intérieur réagit par sa propre pression contre celle de l'atmosphère, en formant au-dessous de la membrane une sorte d'étançon invisible, neutralisant exactement l'action extérieure.

On explique sans peine, en se fondant sur ces principes, pourquoi l'eau s'élève dans le tube d'une pompe aspirante : le corps de pompe, véritable machine pneumatique, fait le vide à la partie supérieure du tuyau d'aspiration ; l'atmosphère, agissant alors par son poids sur la surface du liquide, en presse les divers points et le force à s'élever dans le tube ; mais on conçoit aussi que cette ascension devra avoir une limite, puisque le poids de la colonne d'air est lui-même limité. Ainsi s'explique l'observation des fontainiers de Florence, qui ne purent élever l'eau par aspiration à une hauteur supérieure à 32 pieds ; Galilée comprit aussitôt qu'une colonne d'eau de cette hauteur devait équilibrer la pression atmosphérique ; et quelques années après, Torricelli son élève, développant les idées du maître, dotait la science d'un de ses instruments les plus précieux.

Si la pression exercée par le poids de l'air est la cause réelle qui soutient un liquide dans un tube vide, on doit prévoir que la nature du liquide exercera une grande influence sur la hauteur à laquelle il pourra être soulevé : plus il sera pesant, moins sera grande cette hauteur. Tel est le raisonnement qui conduisit Torricelli à la construction du baromètre. Le mercure, à cause de sa grande densité, se prêtait merveilleusement à la vérification de ses idées. Ce corps pesant en effet, à volume égal, 13 fois 1/2 plus que l'eau, il devait en résulter qu'à la colonne d'eau de 32 pieds on pourrait substituer, sans rien changer aux résultats de l'expérience, une hauteur de mercure 13 fois 1/2 plus petite, le poids des deux colonnes restant le même.

L'expérience célèbre de Torricelli confirma pleinement cette vue théorique. Il prit un tube de verre de 1 mètre

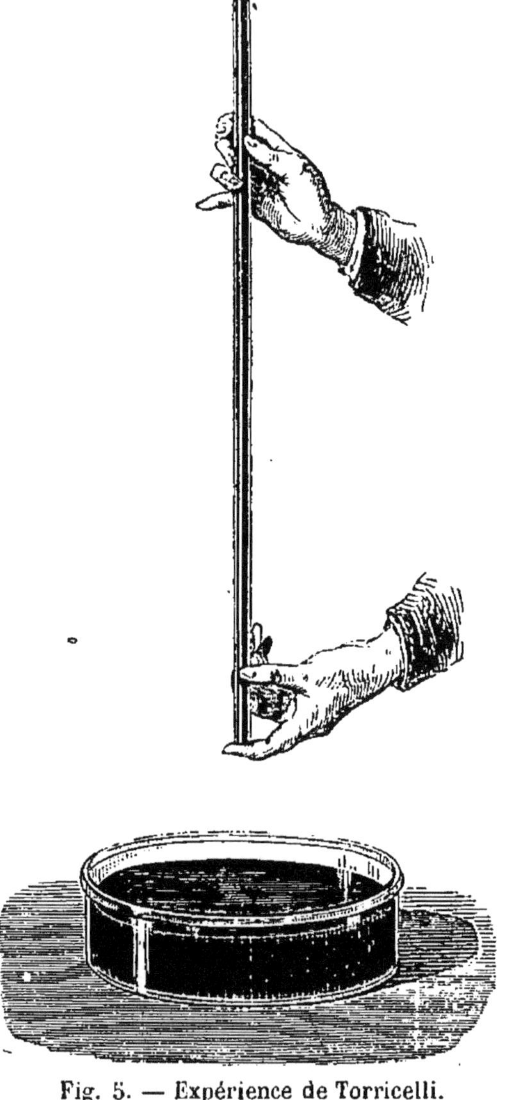

Fig. 5. — Expérience de Torricelli.

de longueur environ, fermé à une de ses extrémités. Ce tube fut rempli de mercure, et après avoir bouché avec le doigt son extrémité ouverte il le retourna verticalement ment our en faire plonger l'orifice dans un vase rempli du même liquide. Le mercure descendit aussitôt dans le tube d'une certaine quantité, et resta suspendu à une hauteur constante de 76 centimètres environ au-dessus du niveau du mercure dans la cuvette.

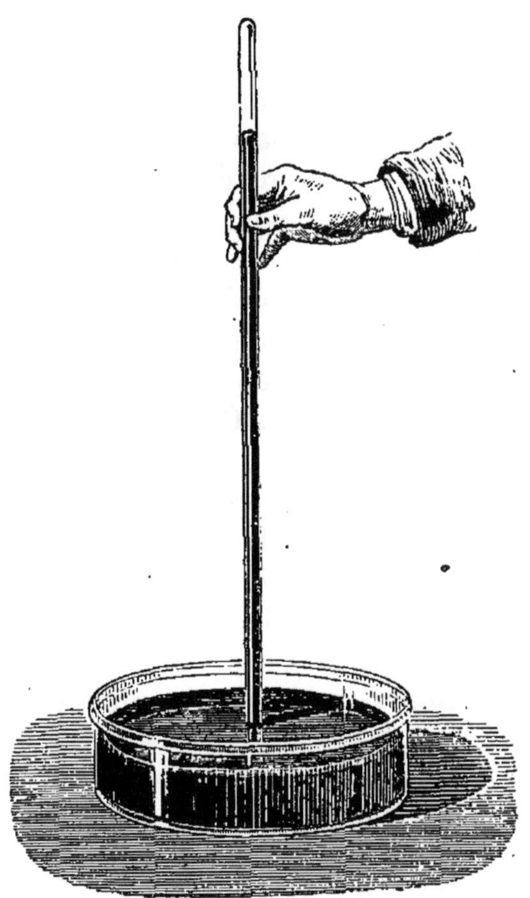

Fig. 6. — Expérience de Torricelli.

Telle est l'origine du *baromètre*, instrument d'une si merveilleuse simplicité qu'on s'étonne de ne pas en voir remonter la découverte à une époque plus reculée, quand les faits sur lesquels elle repose étaient connus depuis des siècles. Dès les temps les plus anciens, on avait observé l'ascension de l'eau dans les tubes purgés d'air;

mais loin de chercher à se rendre compte de phénomènes aussi simples, on préférait les expliquer par des actions mystérieuses. « La nature, disait-on, a un amour secret pour le plein; dès qu'il y a quelque part défaut de matière, elle s'empresse d'y en porter; en un mot, la nature abhorre le vuide. » Les esprits les plus sérieux se contentaient de pareilles explications! Galilée lui-même ne reculait pas devant cette interprétation naïve, et ce n'est qu'en présence d'une observation inattendue « qu'il se révolta contre cette manière de philosopher; et bien loin de penser, comme aurait pu le faire quelque autre, que l'horreur du vide avait ses limites au delà desquelles elle se tournait en indifférence, il commença à croire que ces sortes de phénomènes avaient une cause physique bien différente de ce qu'on avait imaginé jusqu'alors pour les expliquer. » Quoi de plus difficile à déraciner que ces préjugés vulgaires qui prennent peu à peu force de loi, luttant sans cesse contre les manifestations de la vérité, pour dérouter et ralentir les progrès de la science! Combien il serait plus sage d'avouer franchement notre ignorance sur les faits que nous ne comprenons pas, que de la déguiser sous des explications vides de sens, toujours inutiles et le plus souvent dangereuses.

Comme toutes les idées nouvelles, la découverte de Torricelli ne parvint pas sans peine à prendre le rang qu'elle était destinée à occuper; peut-être même serait-elle restée longtemps dans l'oubli, si elle n'eût été fécondée et développée par le génie de Pascal. On a souvent considéré ce philosophe comme l'inventeur du baromètre; il suffit cependant de lire ses écrits pour rester convaincu qu'il n'a jamais eu l'intention de s'attribuer la plus faible part dans cette découverte; il repousse même avec énergie l'honneur que l'on semblait vouloir faire rejaillir sur lui ; il insiste à plusieurs reprises sur l'importance des travaux du savant italien, revendiquant seulement les expériences nouvelles qu'elle lui a suggérées. Mais si la France ne peut prétendre à l'honneur de l'invention du baromètre, c'est à elle que revient la gloire d'avoir fait triompher la vérité, et de l'avoir répandue par l'organe d'un de ses plus grands génies.

Le grand mérite de Pascal a été de comprendre l'immense portée de la nouvelle invention et d'en faire ressortir toutes les conséquences. Désireux surtout d'appuyer par des preuves décisives le principe de Torricelli, il conçut des expériences nouvelles d'une exécution difficile et délicate, mais qu'il sut mener à bonne fin, malgré les soins minutieux qu'elles exigeaient. Il répéta d'abord l'expérience fondamentale du disciple de Galilée, en varia les conditions, et ne recula pas devant la construction d'un baromètre à eau. L'opération fut exécutée à Rouen en 1646. Le tube avait 46 pieds de long ; il fut scellé à une de ses extrémités et rempli d'eau, puis dressé verticalement à l'aide de cordes et de poulies, pendant que son extrémité ouverte était plongée dans un vase plein d'eau. La colonne liquide s'abaissa aussitôt dans le tube pour se maintenir à une hauteur constante de 32 pieds, tandis que la partie supérieure de l'appareil était complétement vide d'air ; ainsi se trouvait confirmée par une expérience colossale l'idée-mère de Torricelli.

Deux ans plus tard, l'ingéniosité de Pascal concevait une expérience plus décisive encore, dont il confia l'exécution à son beau-frère, Florin Périer. « J'ai imaginé, lui écrivait-il, une expérience qui pourra lever tous les doutes si elle est exécutée avec justesse. Que l'on fasse l'expérience du vide plusieurs fois, en un même jour, avec le même vif-argent, en bas et au sommet de la montagne du Puy, qui est auprès de notre ville de Clermont.

Si, comme je le pense, la hauteur du vif-argent est moindre en haut qu'en bas, il s'ensuivra que la pesanteur ou pression de l'air est la cause de cette suspension, puisque, bien certainement, il y a plus d'air qui pèse sur le pied de la montagne que sur son sommet, tandis qu'on ne saurait dire que la nature abhorre le vide en un lieu plus qu'en un autre. »

L'expérience, habilement conduite par les soins de Périer, donna les résultats prévus ; répétée par Pascal lui-même, à Paris, au sommet et à la base de la tour Saint-Jaques-la-Boucherie, elle fut suivie du même succès, de sorte que le baromètre fournissait non seulement un moyen de démontrer facilement la pression exercée par l'air, mais il devenait encore un instrument capable de mesurer l'intensité de cette pression, et d'en suivre toutes les variations à la surface du globe.

Les travaux de Pascal ont été le point de départ d'une des applications les plus importantes du baromètre : la mesure de la hauteur des montagnes. L'air pris à la surface du sol pèse 10 515 fois moins que le mercure ; en lui attribuant une densité uniforme à toutes les hauteurs, on pourrait par un calcul très simple déduire la hauteur d'une station d'après une simple observation barométrique. Dans cette hypothèse, à chaque millimètre dont s'abaisserait la colonne mercurielle correspondrait une couche d'air 10 515 fois plus épaisse, c'est-à-dire une hauteur de 10 mètres environ. Mais les choses sont loin de se passer avec cette simplicité. A mesure que l'on s'élève dans l'atmosphère, chaque couche d'air est affranchie du poids des couches laissées au-dessous d'elle. Cette diminution de pression permet à l'air de se dilater, de sorte qu'un même poids occupe un plus grand espace ; d'autres influences, telles que le degré d'humidité, la température, viennent encore compliquer le problème. Aussi, de nombreuses corrections sont-elles nécessaires pour éliminer l'influence de ces divers éléments. Il est possible cependant d'obtenir par ce procédé des résultats d'une grande rigueur, à la condition toutefois de s'entourer des, précautions les plus minutieuses.

La perfection du baromètre doit avoir, on le conçoit, une importance capitale sur l'exactitude de ses indications ; nous ne voulons pas entrer ici dans tous les détails que comporte sa construction, ni dans l'énumération de tous les perfectionnements dont il a été l'objet depuis son origine ; nous indiquerons seulement la forme la plus usitée dans les recherches scientifiques. La figure 7 représente le baromètre de Fortin, tel qu'on le construit habituellement ; il joint à une précision suffisante l'avantage d'une grande légèreté et celui d'être facilement transportable. La cuvette, d'un petit diamètre, contient un poids peu considérable de mercure ; de plus, le fond de cette cuvette est formé d'une peau flexible que peut soulever ou abaisser une vis de pression ; il est facile d'amener ainsi le mercure à une hauteur fixe, indiquée par un repère ; enfin, en soulevant complètement le fond mobile de la cuvette, on force le liquide à s'élever jusqu'au sommet du tube, et l'instrument peut alors être transporté sans risquer d'être brisé par les chocs du mercure. Ajoutons que le tout est protégé par une enveloppe de cuivre, portant une graduation en millimètres, et munie d'une fente permettant de viser le sommet de la colonne.

Le baromètre à mercure n'est pas le seul dont on fasse usage. On se sert beaucoup, depuis quelques années, d'appareils fondés sur un principe complètement différent, très commodes et très portatifs, mais dont l'exactitude laisse malheureusement beaucoup à désirer : ce sont les baromètres *anéroïdes*. Un tube mince de laiton, à section

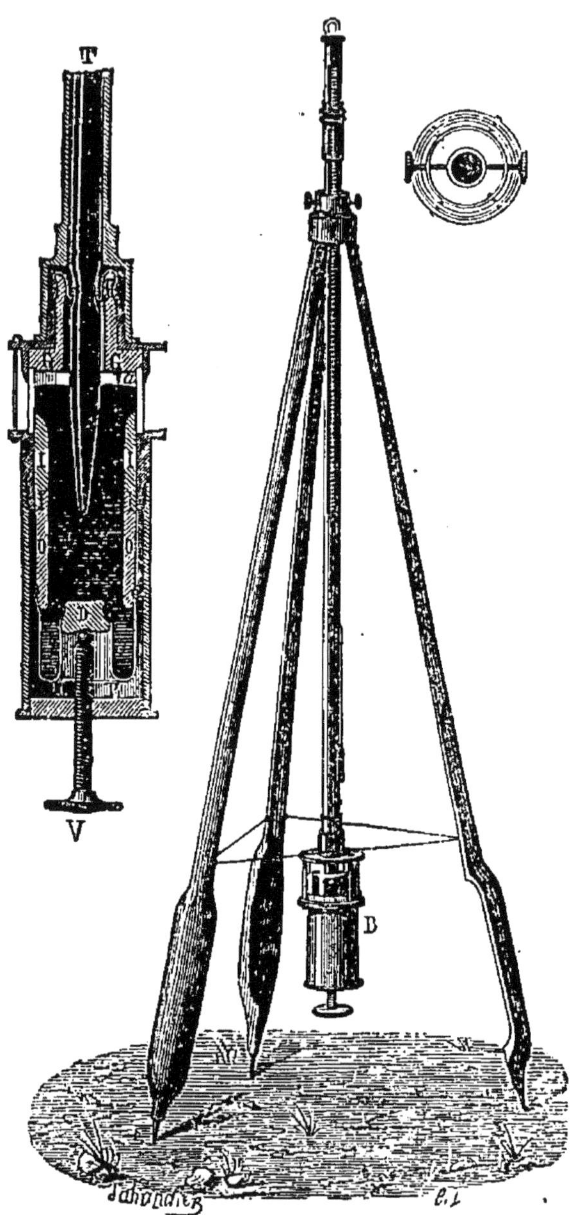

Fig. 7. — Baromètre de Fortin.

elliptique, est complètement purgé d'air et hermétique-

2

ment clos à ses deux extrémités. Ce tube, contourné en cercle, est fixé par son milieu et libre à ses deux bouts. Quand la pression atmosphérique augmente, l'aplatissement du tube s'accroît et ses deux extrémités se rapprochent, un effet inverse se produit sous l'influence d'une diminution de pression. Ces mouvements alternatifs sont

Fig. 8. — Baromètre anéroïde.

amplifiés par un mécanisme d'horlogerie, et transmis à une longue aiguille qui se meut sur un cadran divisé. Le jeu de cet appareil est fondé, comme on le voit, sur l'élasticité des métaux réduits en lame mince, mais cette élasticité ne conserve pas toujours la même valeur ; elle diminue ordinairement avec le temps, de sorte que les baromètres anéroïdes ne sont pas toujours comparables à eux-mêmes ; de là, la nécessité de réglages fréquents et de comparaisons souvent répétées avec un baromètre à mercure étalon ; en résumé, ces instruments suffisent, à la rigueur, pour des observations ordinaires ; mais, ils

Fig. 9. — Observation du baromètre.

ne comportent pas le degré de précision nécessaire à des recherches délicates.

La découverte du baromètre venait de résoudre divers problèmes d'une haute importance. Mais là ne se bornent pas les services rendus par cet admirable instrument. Il ne fournit pas seulement un moyen facile de démontrer la pesanteur de l'air, il permet encore de déduire d'une simple observation le poids total de l'atmosphère qui recouvre la surface du globe. Un calcul des plus élémentaires répond à la question, et ce calcul a été effectué par Pascal lui-même. La pression exercée par l'air sur les objets terrestres est équivalente. on vient de le voir, à celle qu'exercerait une enveloppe d'eau de $10^m,30$ d'épaisseur, ou une couche de mercure de 76 centimètres uniformément répartie à la surface du sol ; l'intensité de cette pression devient, par conséquent, facile à évaluer en kilogrammes.

Personne n'ignore que le poids de 1 litre d'eau est égal à 1 kilogramme, et que le litre correspond au volume d'un cube de 10 centimètres de côté. Chaque carré de 10 centimètres pris à la surface du sol supportera donc une pression représentée par le poids d'une colonne d'eau de $10^m,3$, ou de 103 décimètres de hauteur, c'est-à-dire de 103 kilogrammes. Ce poids représente, en nombre rond, 1 kilo par centimètre carré, ou 10 000 kilos par mètre carré. Or, il est facile d'évaluer avec assez d'exactitude la surface du globe, quand on connaît son diamètre. On trouve ainsi que le poids total de l'atmosphère correspond à 5 quintillons de kilogrammes.

Ce chiffre est trop colossal pour parler nettement à notre esprit ; on s'en fera peut-être une idée plus exacte par une comparaison : ainsi, l'atmosphère accumulée en une seule masse pèserait autant qu'une sphère de cuivre de 100 kilomètres de diamètre, ou que 5 millions de cubes d'eau de 1 kilomètre de côté. C'est à peu près la millionième partie du poids total de la terre.

Tous les corps plongés dans l'atmosphère supportent donc d'énormes pressions, et cependant aucun phénomène sensible ne semble en manifester l'influence ; une mince feuille de papier n'en ressent pas plus les effets qu'une épaisse planche de bois. Il suffit de remarquer, pour expliquer cette apparente contradiction, que la pression s'exerce dans tous les sens avec la même intensité ; les objets sont également comprimés sur toutes leurs faces, d'où résulte un état d'équilibre qui empêche les corps d'être écrasés par ce poids considérable.

Mais vient-on à soustraire à l'action de l'air une partie de leur surface, les effets de la pression se font immédiatement sentir, comme on l'a vu précédemment dans l'expérience du crève-vessie.

Le corps des animaux, et celui de l'homme en particulier, n'est pas soustrait à de pareilles influences ; on peut évaluer à 1 mètre carré 1/2 la surface du corps d'un homme de taille moyenne, et à cette surface correspond une pression de 15 000 kilos ; nous n'avons cependant pas conscience du poids énorme qui pèse sur nous, et si le corps n'éprouve aucune gêne dans ses mouvements, c'est que les pressions s'équilibrent exactement autour de lui. L'air le presse à la fois de haut en bas et de bas en haut avec la même intensité ; il pénètre dans toutes nos cavités, dans tous nos tissus, et réagit encore de l'intérieur à l'extérieur avec la même énergie.

La machine pneumatique se prête à une foule d'expériences curieuses, propres à démontrer l'existence et la puissance de la pression atmosphérique. Nous citerons seulement la suivante, due à Otto de Guericke, et désignée sous le nom d'expérience des hémisphères de Magdebourg. Deux hémisphères en cuivre s'emboîtent réciproquement, et forment par leur réunion une sphère creuse hermétiquement close. Les deux moitiés se séparent sans peine l'une de l'autre tant que l'appareil contient de l'air ; mais vient-on à faire le vide intérieurement, la séparation devient très difficile, presque impossible même, si le diamètre de l'appareil est suffisamment grand. Dans une des expériences du savant Hollandais, les hémisphères avaient un diamètre de 65 centimètres. L'effort de quatre vigoureux chevaux, attelés sur chacune des moitiés, ne parvint pas à les séparer ; la pression atmosphérique correspondait, en effet, à 5 500 kilogrammes environ.

Fig. 10. — Hémisphères de Magdebourg.

II

ÉLASTICITÉ DÉ L'AIR

Différents états de la matière. — Expansibilité et compressibilité des gaz. — Loi de Mariotte. — Liquéfaction de l'acide carbonique. — Action de la chaleur sur l'air. — Relations entre ses changements de volume et ses variations de pression. — Montgolfiéres. — La chaleur et le travail mécanique. — Travail effectué pendant la dilatation de l'air. — Chaleur nécessaire pour effectuer ce travail. — Équivalent mécanique de la chaleur. — Le zéro absolu.

La plupart des faits énoncés dans les pages précédentes n'ont pas seulement pour cause l'action de la pesanteur sur l'air atmosphérique; ils dépendent encore d'une importante propriété de l'air, commune à tous les corps gazeux et sur laquelle nous devons nous arrêter un instant.

Tous les objets qui frappent nos regards nous apparaissent avec des formes déterminées; c'est le plus souvent par ces formes extérieures que nous les distinguons les uns des autres; nous pouvons même grouper à notre gré des matériaux solides quelconques et donner à cet assemblage toutes les figures imaginables. Mais tous les corps ne se prêtent pas à des dispositions aussi variées. Un liquide, par exemple, se moule exactement dans le vase qui le contient ; il n'a, par lui-même, d'autre forme que celle de sa surface toujours plane et horizontale. Si les vagues de la mer semblent échapper à cette loi, si un jet d'eau conserve une forme spéciale et permanente, si une cascade prend l'aspect d'une nappe limpide presque immobile, il ne faut pas perdre de vue que tous ces phénomènes sont dus à une cause spéciale, se renouvelant sans cesse pour produire un mouvement continu. Le souffle du vent, la pression exercée par un niveau supérieur, la chute de l'eau d'un point élevé, sont nécessaires pour entretenir la forme des vagues, celle du jet d'eau ou de la cascade ; c'est toujours une nouvelle masse liquide qui se montre à nos yeux, la seule continuité de son mouvement lui donne une forme permanente ; que ces causes viennent à disparaître, l'eau reprend aussitôt son allure normale, elle n'a plus d'autre forme que celle de sa surface.

Les choses se passent tout autrement encore dans une masse gazeuse. L'air n'a plus, en effet, ni forme, ni volume, ni surface libre ; non seulement il se moule exactement dans le vase qui le renferme, mais, que la capacité du récipient vienne à augmenter ou à diminuer, l'air qu'il contient suit les mêmes variations : tantôt dilaté, tantôt comprimé, il sera toujours uniformément réparti dans toutes les portions du vase ; on exprime ces faits en disant que les gaz sont expansibles et compressibles.

L'expansibilité des gaz peut être mise en évidence par une expérience très saisissante. Plaçons sous la cloche de la machine pneumatique une vessie à moitié remplie d'air, et fermée par un robinet : dès les premiers coups de piston on la voit se gonfler spontanément ; peu à peu ses parois se distendent et finissent quelquefois par se

rompre ; mais laisse-t-on rentrer l'air dans le récipient,
la vessie s'affaisse aussitôt pour reprendre son état primitif. Il est à peine nécessaire de donner l'explication de
ce phénomène : au début de l'expérience, la vessie, également pressée dans les deux sens par le gaz qu'elle renferme et par celui qui pèse sur elle, doit conserver sa

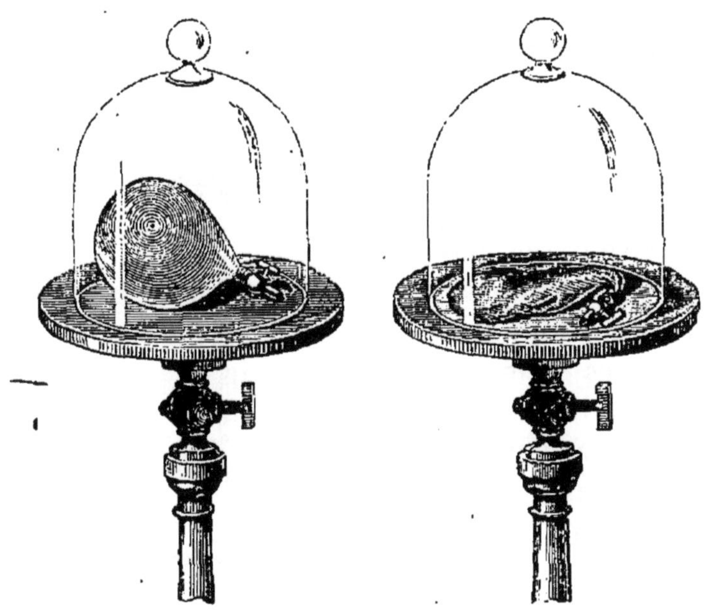

Fig. 11. — Démonstration de l'expansibilité de l'air.

forme primitive ; mais le vide se fait-il autour d'elle, la
diminution de la pression extérieure permet au gaz
d'augmenter de volume et de repousser les parois de
son enveloppe.

Une expérience inverse démontre la compressibilité de
l'air. Dans un tube de verre à parois résistant, fermé
à l'une de ses extrémités, se meut un piston de cuir qui
en ferme exactement l'ouverture ; il suffit de presser sur
la tige du piston pour réduire le volume de l'air contenu
dans l'appareil ; mais dès qu'on l'abandonne à elle-

même, le piston reprend aussitôt sa position primitive, repoussé par l'air comprimé.

Ces deux propriétés des gaz achèvent d'expliquer le mécanisme peut-être encore un peu obscur dans l'esprit du lecteur des expériences indiquées dans le chapitre précédent; elles montrent pourquoi dans la machine pneumatique l'air se précipite, à chaque coup de piston, du récipient dans le corps de pompe; pourq on peut extraire d'une manière à peu près complète l'air renfermé dans un ballon de verre; ces faits seraient inexplicables sans la faculté que possèdent les gaz de se répandre instantanément dans un espace vide ouvert devant eux. On conçoit alors que chaque coup de piston enlève une portion du fluide gazeux en rapport avec le volume du

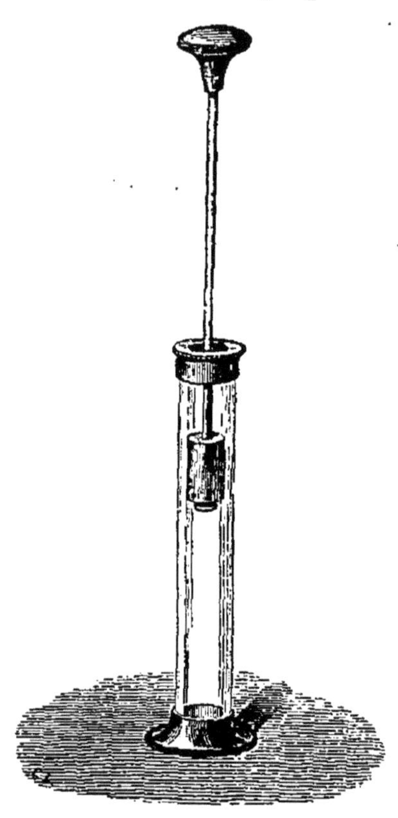

Fig. 12. — Démonstration de la compressibilité de l'air.

corps de pompe, mais on comprend aussi qu'il sera impossible d'arriver à un vide absolu, puisqu'on n'extrait jamais qu'une partie de ce qu'il reste.

L'expansibilité et la compressibilité de l'air constituent deux de ses propriétés les plus caractéristiques, et par conséquent les plus intéressantes; aussi n'est-il pas surprenant de les voir étudiées avec soin dès l'origine même de la découverte de Torricelli; c'est à l'abbé Mariotte que sont dues les premières recherches sur ce sujet. En comparant les relations qui existent entre les divers volumes d'une même masse d'air et les pressions auxquelles elle est soumise, il est arrivé à formuler une loi d'une extrême simplicité qui a été le point de départ de toutes les questions relatives à l'étude des gaz.

Mariotte prit un long tube de verre, recourbé, comme le montre la figure, en deux branches de longueur très inégale; la plus courte était fermée, la plus longue ouverte. Un peu de mercure introduit dans la courbure emprisonnait dans la courte branche un certain volume d'air; enfin, le tube était gradué en pouces et en lignes. Il versa alors du mercure dans le tube de manière à comprimer l'air renfermé dans l'appareil, et quand son volume fut réduit de moitié, il constata que la hauteur de la colonne mercurielle, mesurée à partir du niveau dans la branche fermée, était exactement égale à la hauteur barométrique. Il résulte de cette observation que l'air réduit à la moitié de son volume, supporte une pression égale à celle que lui transmet le mercure, augmentée de la pression atmosphérique. Son volume est donc devenu deux fois plus petit quand la pression est devenue deux fois plus grande.

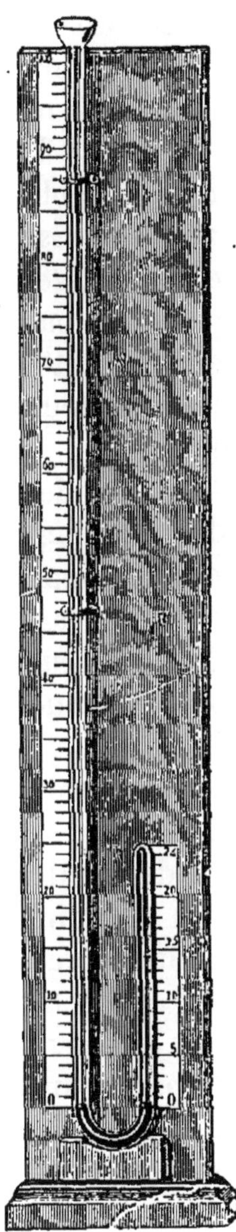

Fig. 15. — Tube de Mariotte.

L'expérience fut refaite dans un tube plus long, permettant de réduire le gaz au 1/3, au 1/4, au 1/5 de son volume primitif; dans chacun de ces cas il fallut exercer la compression par des hauteurs de mercure égales à 2, 3, 4 fois la colonne barométrique. En ajoutant à ces divers nombres la pression de l'atmosphère s'exerçant toujours sur la branche ouverte, on voit que le volume devient 1/3, 1/4, 1/5, quand le gaz est soumis à des pressions 3, 4, 5 fois plus grandes. On énonce cette loi remarquable en disant que *les volumes occupés par une même masse d'air sont en raison inverse des pressions qu'elle supporte.* On désigne sous le nom de *force élastique* l'effort par lequel le gaz réagit contre la pression qui agit sur lui; cette force élastique a évidemment pour mesure la hauteur de la colonne mercurielle qui produit la compression.

Cette loi a été vérifiée pour des pressions très considérables, aussi bien que pour des pressions de beaucoup inférieures à celles de l'atmosphère, les mêmes relations existent toujours, ou du moins elles éprouvent de si faibles variations, que le principe énoncé par Mariotte peut être considéré comme ayant une rigueur presque absolue dans les limites où il est ordinairement appliqué.

Le changement de volume n'est pas la seule conséquence de l'accroissement ou de la diminution de pression exercée sur un gaz. Nous avons déjà vu de quelle manière on pouvait déterminer le poids absolu de l'air, et nous avons évalué à $1^{gr},29$ le poids d'un litre de ce gaz; mais il est bien évident que ce chiffre doit être soumis à des variations très notables, selon qu'on le détermine dans telle ou telle condition. L'air est-il raréfié, un vase d'un litre en renfermera une moindre quantité; est-il au contraire comprimé, le même volume en contiendra une plus grande masse; il y aura diminution de poids dans le premier cas, augmentation dans le second; le gaz a donc subi des variations de densité.

La loi de Mariotte permet de saisir les relations qui rattachent la densité de l'air à ses changements de volume ou de pression. On voit en effet que dans l'appareil employé pour la démonstration de cette loi, c'est toujours la même quantité de gaz qui occupe des volumes différents ; son poids doit par conséquent rester le même, mais sa densité sera devenue double quand le volume aura été réduit de moitié ; de même si l'espace occupé par l'air avait été doublé, la densité serait deux fois plus petite. En appliquant à ces relations le langage des mathématiciens, on dira que *la densité de l'air est proportionnelle aux pressions qu'il supporte.*

En résumé, quand l'air est comprimé, son volume diminue et sa densité augmente ; quand, au contraire, il est raréfié, son volume devient plus grand, tandis que sa densité s'affaiblit. On voit, d'après cela, qu'il est nécessaire, toutes les fois que l'on parle du volume ou du poids d'un gaz, de faire intervenir la pression sous laquelle on le considère. On est convenu de rapporter toujours ces données à ce qu'elles seraient si la pression du gaz était égale à 760 millimètres de mercure, ce qui représente la hauteur moyenne du baromètre au niveau de la mer. Il est toujours facile d'effectuer cette correction en s'appuyant sur la loi de Mariotte.

Il semble résulter des faits précédents que la compressibilité de l'air ne doit pas avoir de limites, et que des pressions de plus en plus intenses doivent nécessairement se traduire par une réduction de volume. Cependant, en raisonnant par analogie, on était conduit à admettre que cette contraction devait avoir un terme, et que, dans certaines conditions, l'air fortement comprimé se transformerait probablement en un corps liquide. De semblables transformations s'observent facilement, en effet, sur la plupart des corps gazeux : nous citerons comme exemple la manière dont se comporte l'acide carbonique.

Qnand on verse un acide sur quelques fragments d'une

pierre calcaire ou sur un morceau de craie, on voit se produire une vive effervescence, due au dégagement d'un gaz facile à recueillir dans des appareils convenables. Ce gaz est incolore comme l'air, mais il en diffère par toutes ses propriétés ; nous aurons d'ailleurs occasion de l'étudier de près, car il entre d'une manière constante dans la constitution de l'atmosphère ; pour le moment, nous examinerons seulement les modifications qu'il éprouve sous l'influence d'une forte compression.

En le soumettant comme l'air à l'expérience de Mariotte, on remarque d'abord que son volume diminue plus rapidement que l'indique la loi, et si la pression atteint 36 atmosphères, le gaz disparaît pour se transformer en un liquide très mobile revenant à la forme gazeuse dès qu'on cesse de le comprimer. L'opération n'est pas sans danger, à cause de l'énorme pression nécessaire pour la mener à bonne fin ; il est indispensable de faire usage de vases d'une extrême solidité, afin d'éviter des explosions redoutables pour l'opérateur ; voici comment cette mémorable expérience a été faite par Thilorier en 1834.

Dans un vase métallique offrant une grande résistance, on introduit du bicarbonate de soude, puis un tube de cuivre renfermant de l'acide sulfurique. L'appareil est disposé de façon à pouvoir basculer autour d'un axe horizontal, et l'on peut, par des mouvements convenables, mélanger peu à peu l'acide sulfurique avec le carbonate. Il en résulte un abondant dégagement de gaz dans un espace hermétiquement clos où la pression ne tarde pas à s'élever à 50 ou 60 atmosphères. L'acide carbonique ainsi comprimé par lui-même se liquéfie bientôt ; il suffit, pour le séparer du mélange, de mettre le générateur en communication avec un second cylindre refroidi. Le liquide distille aussitôt et vient se condenser dans le récipient ; celui-ci, séparé du reste de l'appareil, ne contient que l'acide carbonique liquide dans un grand état de pureté.

Nous ne pouvons insister ici sur toutes les propriétés
intéressantes de ce gaz liquéfié, nous citerons seulement
celles qui se rattachent au sujet qui nous occupe. Si l'on
ouvre le robinet du récipient contenant le liquide, celui-

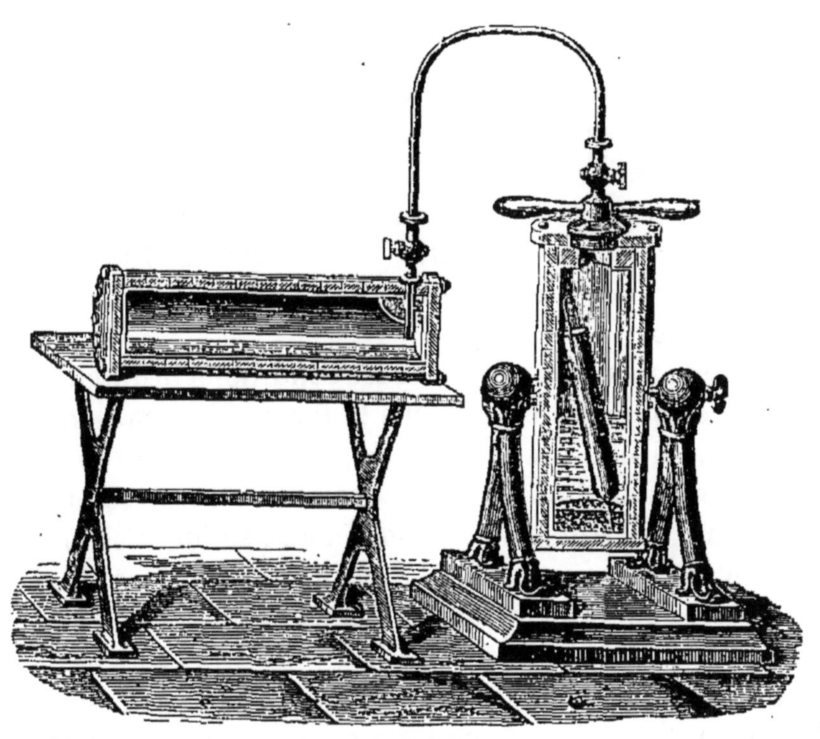

Fig. 14. — Appareil de Thilorier pour la liquéfaction de l'acide
carbonique.

ci s'échappe dans l'air, comme on devait s'y attendre,
poussé par l'énorme pression intérieure ; mais, au lieu
de se répandre sous forme d'un jet liquide ou gazeux
il se transforme en un nuage de flocons blancs comme
de la neige qui, recueillis dans un récepteur spécial imaginé par Thilorier, se façonnent en une sorte de boule de la
grosseur d'un œuf : cette neige constitue l'acide carbonique solidifié. Par quelle influence s'est produit ce nouveau
changement d'état ? Il est facile de s'en rendre compte.

Le jet liquide brusquement soustrait, en pénétrant dans l'atmosphère, à la forte pression qu'il supportait dans l'appareil, tend à reprendre la forme gazeuse, ou, pour employer une expression plus familière, tend à s'é-vaporer avec une grande rapidité. Or toute évaporation est nécessairement suivie d'un abaissement de température, d'autant plus intense qu'elle est plus rapide. On conçoit donc qu'une portion du liquide doive se refroidir énormément, et ce refroidissement est assez considérable pour en déterminer la congélation. On trouve en effet que la température de cette sorte de neige peut, dans certaines conditions, atteindre 90° et même 100° au-dessous de zéro : c'est le froid le plus intense obtenu jusqu'à ce jour.

Voilà donc un corps qui, dans les conditions ordinaires, se présente toujours à nous sous la forme d'un gaz, mais qui, soumis à une pression élevée, se transforme en un liquide ; enfin ce liquide suffisamment refroidi se congèle comme de l'eau pour prendre l'état solide. Ces propriétés n'appartiennent pas seulement à l'acide carbonique ; elles s'appliquent, au contraire, à tous les autres corps gazeux.

Faraday, en soumettant les différents gaz à l'action simultanée d'une forte compression et d'un refroidissement considérable, a obtenu la liquéfaction et même la solidification de la plupart d'entre eux. Un grand nombre se liquéfient avec la plus grande facilité, tels sont l'acide sulfureux, le chlore, l'ammoniaque. Cinq seulement ont résisté pendant longtemps à tous nos moyens d'action, et parmi eux se trouvent l'oxygène et l'azote, dont le mélange constitue l'air atmosphérique. Les trois autres sont l'hydrogène, l'oxyde de carbone et le bioxyde d'azote. On les désignait sous le nom de *gaz permanents*, pour les distinguer des premiers qu'on appelait *gaz liquéfiables*.

Cette distinction n'a plus aujourd'hui sa raison d'être.

M. Cailletet, en France, M. Pictet, à Genève, viennent en effet de démontrer tout récemment par d'ingénieuses expériences, que tous les gaz suivent la loi commune et qu'ils sont tous susceptibles de prendre l'état liquide ou solide quand ils sont suffisamment comprimés et refroidis.

L'air est donc liquéfiable au même titre que l'acide carbonique. Cette importante découverte était d'ailleurs prévue par la théorie ; nous ne tarderons pas à voir, en effet, que le maintien de l'état gazeux, à une température très basse, est incompatible avec les données les plus certaines de la science.

Nous venons d'examiner de quelle manière la force expansive des gaz entre en jeu quand la pression qu'ils supportent augmente ou diminue ; mais on peut provoquer des changements de volume dans une masse d'air par des procédés complètement différents : il suffit de chauffer ou de refroidir un corps gazeux pour lui imprimer des modifications importantes sur lesquelles nous devons nous arrêter un instant.

Toutes les fois que l'on échauffe un corps, son volume augmente ; il diminue au contraire quand on le refroidit : c'est là une loi générale, commune à toutes les substances solides, liquides ou gazeuses ; l'on désigne ces variations de volume, produites par la chaleur, sous le nom général de *dilatation*. Le thermomètre ordinaire nous offre un exemple vulgaire de la dilatation des corps liquides ; tout le monde a pu observer l'augmentation de volume de l'alcool ou du mercure dans cet instrument, dès que la température s'élève, et sa contraction quand elle s'abaisse. Une barre de fer s'allonge et se raccourcit sous les mêmes influences ; mais ces variations de volume, toujours très faibles, ont besoin, pour être mises en évidence, d'appareils spéciaux destinés à en amplifier les effets. Dans les gaz, au contraire, le moindre changement de température entraîne des modifications considérables que nous allons examiner.

Prenons un ballon de verre dont le col est muni d'un tube étroit, deux fois recourbé, comme l'indique la figure. Le ballon renferme de l'air, séparé de l'atmo-

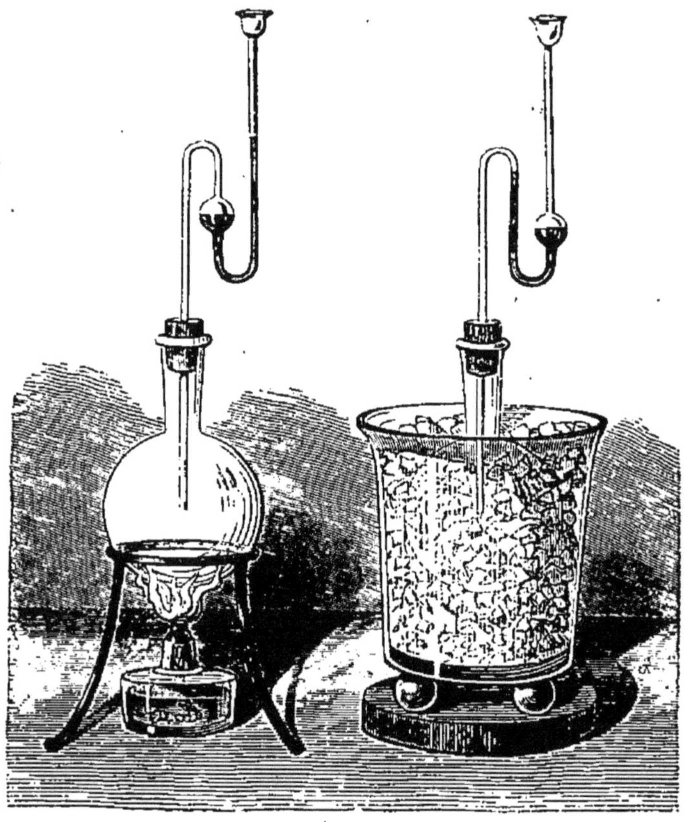

Fig. 15. — Dilatation et contraction de l'air sous l'influence de la chaleur

sphère par une petite quantité de mercure contenu dans la courbure du tube. Si nous l'échauffons à l'aide d'une lampe à alcool, nous voyons aussitôt un double effet se manifester : le niveau du mercure s'abaisse du côté du ballon, ce qui indique une augmentation de volume ; en même temps il s'élève dans la branche ouverte à plusieurs centimètres au-dessus de son niveau primitif ; l'air a donc aussi augmenté de force élastique, et cet accroissement de pression est mesuré par la hauteur du mercure soulevé. Supprimons la lampe à alcool et plongeons l'appareil dans un vase plein de fragments de glace, un effet inverse se produit aussitôt : l'air se contracte et en même temps la dénivellation du mercure se produit en sens inverse, indiquant une diminution de pression intérieure.

Ces deux actions simultanées de la chaleur ne sont pas nécessairement liées l'une à l'autre, et l'on conçoit sans peine qu'elles puissent exister isolément; il suffirait en effet de supprimer dans notre expérience le mercure placé dans le tube, pour permettre au gaz de se dilater librement sans augmentation de pression ; d'un autre côté, si l'air échauffé était contenu dans un vase hermétiquement clos, son volume serait invariable comme celui du vase; sa force élastique seule se trouverait accrue. Les manifestations de la chaleur présentent donc des différences essentielles selon les circonstances au milieu desquelles cet agent exerce son action; à chacune de ces conditions correspondent des phénomènes spéciaux.

La dilatation de l'air par la chaleur est très considérable, quand on la compare à celle des corps solides ou liquides. Le zinc, par exemple, un des corps les plus dilatables, éprouve un accroissement de volume presque insignifiant quand on l'échauffe; une règle de ce métal d'un mètre de longueur s'allonge à peine de 3 millimètres quand on élève sa température de 100°. Les liquides se dilatent beaucoup plus que les solides : c'est ainsi qu'un litre d'eau s'accroît, dans les mêmes conditions, de 46 centimètres cubes environ, c'est-à-dire des 46 millièmes de son volume primitif.

L'air est encore infiniment plus dilatable que l'eau : quand on le chauffe de zéro à 100, son volume augmente d'un tiers environ, ou plus exactement de 366 millièmes. Pour une élévation de température d'un degré seulement, cet accroissement sera naturellement cent fois plus petit, c'est-à-dire de 366 cent millièmes ou $\frac{1}{273}$. Ainsi, pour chaque degré de température, l'air se dilate de $\frac{1}{273}$ de son volume ; il est facile, d'après cela, de calculer l'augmentation correspondant à une température déterminée, et l'on voit sans peine qu'à 273° le volume sera devenu double.

A ces variations considérables doivent nécessairement correspondre des changements inverses de densité ; l'air échauffé · devient en effet plus léger, et cette légèreté augmente à mesure que la température s'élève ; on peut même conclure des données précédentes qu'à 273° un litre d'air pèserait moitié moins qu'à la température de zéro. Un phénomène opposé se manifestera si la température s'abaisse : l'air deviendra plus lourd en se refroidissant. Il résulte de cette excessive mobilité du poids de l'air que l'homogénéité de l'atmosphère doit être constamment troublée par des mouvements occasionnés par ces changements continuels de densité.

Un grand nombre de faits nous ont tous familiarisés avec ces agitations produites par la chaleur : des masses d'air énormes s'écoulent par les tuyaux de nos cheminées dès qu'un peu de feu les échauffe ; l'air froid, au contraire, afflue de tous côtés vers le foyer pour combler le vide qui tend à se produire. Dans bien des circonstances, ces mouvements deviennent visibles par des modifications imprimées à la propagation de la lumière. Tout le monde a observé cette trépidation ondulatoire dont l'atmosphère est animée au-dessus d'une plaine fortement échauffée par le soleil, les objets lointains ne nous envoient plus que des images diffuses et incertaines, déformées par des vacillations continuelles. Une simple bougie, interposée pendant le jour entre nos yeux et les objets éclairés, donne lieu aux mêmes apparences.

Ces propriétés ont servi de point de départ à l'une des

plus étonnantes découvertes des temps modernes, l'invention des aérostats. La navigation aérienne a acquis dans
ces dernières années une si grande importance que nous
devons dire ici quelques mots de son origine.

Le désir de s'élever dans l'atmosphère semble avoir de

Fig. 16. — Aérostat à air chaud.

tout temps tourmenté les hommes. Aussi voit-on la science
engagée dès ses premiers débuts dans des projets chimé-
riques, regardés comme irréalisables par tous les esprits
réfléchis. Vers le milieu du dix-septième siècle, l'imagination des savants devançait déjà la solution du problème ;
on pressentait vaguement la possibilité d'une solution ;
mais les procédés d'exécution semblaient au-dessus des

Fig. 17. — Ascension du château de la Muette.

ressources expérimentales de l'époque, lorsque les frères Montgolfier arrivèrent, par une brillante découverte, à réaliser ce rêve de l'imagination. Quelques essais sur l'emploi du gaz hydrogène avaient suffi pour les convaincre de la possibilité d'arriver à quelques résultats utiles : ils imaginèrent alors de remplir d'air chaud une vaste enveloppe, pensant que la plus faible densité du gaz suffirait pour la soulever dans l'atmosphère ; l'expérience fut couronnée du plus éclatant succès.

Après quelques tentatives sur des appareils de petite dimension, ils construisirent un globe de toile, doublé intérieurement de papier, mesurant 15 mètres de diamètre ; un grand feu fut allumé au-dessous d'un large orifice ménagé à la partie inférieure, et le ballon, distendu peu à peu par l'air dilaté, s'éleva dans l'atmosphère avec une force capable d'entraîner 5 à 6 quintaux. La nouvelle de ce brillant résultat se répandit rapidement en France et ne tarda pas à occuper tous les esprits ; l'expérience de Montgolfier, plusieurs fois répétée au milieu de l'enthousiasme d'une foule immense de spectateurs, fit songer aussitôt à utiliser ce nouveau moyen de locomotion. Le 20 novembre 1783, deux hommes intrépides osèrent pour la première fois confier leur vie à cette frêle enveloppe. Pilatre de Rozier et le marquis d'Arlande partirent du château de la Muette, et franchirent en moins d'une demi-heure une distance de 8 kilomètres, après s'être élevés à une hauteur de 1000 mètres.

Le succès dont fut suivi cette première épreuve ne tarda pas à déterminer, dans tous les points de la France, de nouvelles ascensions. Malheureusement, la témérité s'unissait trop souvent au courage, et l'on eut bientôt la douleur d'enregistrer une horrible catastrophe. Encouragé par sa première expédition, Pilatre de Rozier conçut l'audacieux projet de traverser la Manche dans ce fragile véhicule. Un compagnon, aussi hardi que lui, Romain, voulut partager sa gloire et ses dangers. Mais les deux intrépides voyageurs devaient payer de leur vie leur téméraire entreprise. Partis de Boulogne, ils s'étaient déjà élevés à une assez grande hauteur, lorsqu'on vit l'appareil s'abattre sur le sol avec une effrayante rapidité ; les deux voyageurs furent trouvés broyés dans leur nacelle, à la place même qu'ils occupaient au moment du départ.

Ce qui étonna le plus dans la découverte de Montgolfier, ce fut son extrême simplicité. « Cela devait être, s'écria l'illustre Lalande, en en rendant compte devant l'Académie, comment n'y a-t-on pas songé ! » Le principe une fois appliqué, les perfectionnements ne tardèrent pas à surgir. La fragile enveloppe de papier est remplacée par un tissu de soie rendu imperméable, et à la montgolfière on substitua aussitôt le ballon gonflé par le gaz hydrogène. Ce gaz possède, sous le même volume et à pression égale, un poids 14 fois moindre que celui de l'air, il devait donc remplacer avec avantage l'air simplement dilaté par la chaleur. Le physicien Charles fut le premier à l'appliquer utilement au gonflement des ballons. Ses expériences eurent un plein succès, et ainsi se trouva résolu un problème du plus haut intérêt, mais dont les conséquences n'auront une véritable utilité pratique que le jour où l'on saura diriger à volonté ces navires aériens. Quelques tentatives encourageantes permettent tout au plus de ne pas désespérer encore, mais combien de difficultés restent à vaincre avant que ce problème ait reçu une solution définitive !

Mais revenons à l'action de la chaleur sur l'air ; dans les différents exemples que nous venons de citer, l'air pouvait se dilater en toute liberté ; sa force élastique restait par conséquent la même. Examinons maintenant ce qui se passe lorsque le gaz, emprisonné dans une enveloppe inextensible, ne peut augmenter de volume.

Dans de semblables conditions, nous avons déjà vu que sa force élastique subit un accroissement graduel à mesure que la température s'élève; dans ce cas, le gaz exerce sur les parois du récipient un effort plus ou moins considérable, et si les parois offrent une résistance inférieure à cet effort, elles céderont à la pression: il en résultera une véritable explosion. Il est facile de mettre ce fait en évidence, en plongeant dans l'eau chaude une bouteille pleine d'air, fermée par un bouchon de liège; bientôt la tension intérieure, développée par l'accroissement de température, n'est plus contrebalancée par la résistance du bouchon; celui-ci est alors projeté au loin par la force expansive de l'air.

Si, au contraire, l'enveloppe possède une assez grande solidité, elle maintiendra le gaz dans son intérieur, mais elle n'en supportera pas moins la même pression; enfin si la température s'abaisse, l'air reprendra sa force élastique primitive, et l'on pourra produire indéfiniment, par une succession d'échauffements et de refroidissements, des pressions intérieures alternativement croissantes et décroissantes. On a essayé d'appliquer ces divers principes à la construction de machines motrices, dans lesquelles de l'air alternativement chauffé et refroidi serait substitué à la vapeur des machines ordinaires; la question peut sembler résolue au point de vue théorique, mais les essais effectués dans cette direction n'ont encore leur place que dans les expériences de laboratoire; ils réclament de nombreux perfectionnements avant de prendre rang dans le domaine de l'industrie.

Il ne doit pas nous suffire d'avoir constaté l'action que la chaleur exerce sur l'air atmosphérique, nous devons essayer encore de pénétrer plus profondément dans l'intimité des phénomènes. L'étude dans laquelle nous allons nous engager va nous mettre en face d'une des questions les plus importantes de la physique moderne, et, sans avoir la prétention de l'approfondir ici, nous devons cependant examiner rapidement les points spéciaux qui se rattachent aux propriétés de l'air.

L'intervention d'une source de chaleur n'est pas indispensable pour produire des changements de température : un corps quelconque peut être échauffé ou refroidi indépendamment de toute influence calorifique directe ; il suffit pour obtenir de pareils résultats de le soumettre à certaines actions mécaniques. C'est ainsi qu'une barre de fer s'échauffe sous le choc du marteau ; les frottements de l'axe d'une machine dans ses coussinets dégagent souvent une très grande quantité de chaleur ; le choc d'un briquet fait jaillir du silex de nombreuses étincelles ; l'eau s'échauffe quand on l'agite ; l'air lui-même peut être porté à une température très élevée, quand on le soumet à une brusque compression. On fait dans les cours de physique une expérience qui met ce fait en évidence d'une manière saisissante : dans un cylindre de verre, d'un petit diamètre, on comprime rapidement de l'air en pressant vivement sur la tige d'un piston ; le dégagement de chaleur est assez intense pour enflammer un morceau d'amadou placé au-dessous du piston ; de là le nom de briquet à air donné à cet appareil, c'est à lui que nous avons eu recours pour montrer la compressibilité des gaz.

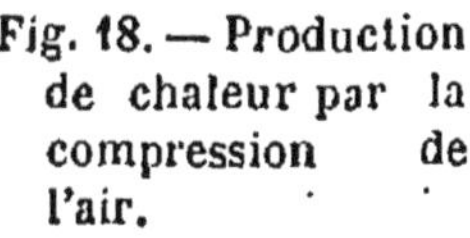

Fig. 18. — Production de chaleur par la compression de l'air.

Ces nombreuses actions calorifiques, produites par des actions purement mécaniques, restèrent longtemps comme des faits isolés, sans attirer sérieusement l'attention des physiciens; mais, dans ces dernières années, soumises à un examen plus sérieux, elles devinrent le point de départ d'une théorie nouvelle, désignée sous le nom de théorie mécanique de la chaleur. Par des mesures précises et délicates, on est parvenu à saisir une relation très simple entre la quantité de chaleur produite et les actions mécaniques qui lui donnent naissance. On a reconnu que la chaleur dégagée dans ces circonstances correspond toujours à la destruction d'une certaine quantité de travail mécanique, et qu'il y a une relation constante entre la quantité de travail détruit et celle de chaleur produite. Ainsi quand le choc du marteau échauffe une barre de fer, c'est son mouvement, brusquement anéanti, qui apparaît sous forme de chaleur. Si le marteau devient deux fois plus lourd en tombant de la même hauteur, la quantité de chaleur sera deux fois plus considérable.

Réciproquement, la chaleur devient tous les jours, sous nos yeux, une cause de mouvement : nos machines à vapeur empruntent à la combustion de la houille leur force motrice et, dans ce cas encore il y a relation intime entre la quantité de chaleur consommée et la puissance mécanique développée. Si l'on pouvait recueillir toute la chaleur engendrée par le choc du marteau sur notre barre de fer et l'appliquer sans aucune perte à la production d'un mouvement, cette quantité de chaleur serait exactement capable d'élever le marteau à la hauteur d'où il est tombé. Ces principes une fois posés, appliquons-les soit à des actions mécaniques, soit à des actions calorifiques.

L'expérience du briquet à air nous a déjà démontré

que la compression du gaz est accompagnée d'un dégagement de chaleur. Dans ce cas, l'effort exercé sur le piston,
détruit par la résistance du gaz, apparaît dans le corps
de pompe sous forme de chaleur. Il doit évidemment en
être de même toutes les fois que l'on comprime de l'air
par une action mécanique quelconque. Dans le jeu d'un
soufflet ordinaire, par exemple, l'air émis par le tuyau

Fig. 19. — Échauffement de l'air comprimé.

doit être plus chaud qu'avant son entrée dans l'instrument : c'est ce qu'on peut mettre en évidence en projetant
le courant d'air d'un soufflet sur un thermomètre sensible. Dans ce cas, le travail effectué par nos muscles est
partiellement détruit par la résistance de l'air comme
dans l'appareil précédent.

Renversons maintenant l'expérience, nous arriverons
à des résultats inverses, qui deviennent une éclatante
confirmation des premiers : l'air est d'abord comprimé

dans un récipient métallique ; il s'échauffe, comme on vient de le voir ; mais, abandonné quelque temps à lui-même, il perdra bientôt par rayonnement la chaleur qu'il vient d'acquérir. Quand sa température sera celle du milieu ambiant, ouvrons le robinet du récipient : le gaz sort aussitôt avec violence, chassant devant lui l'air atmosphérique qui l'environne ; il accom-

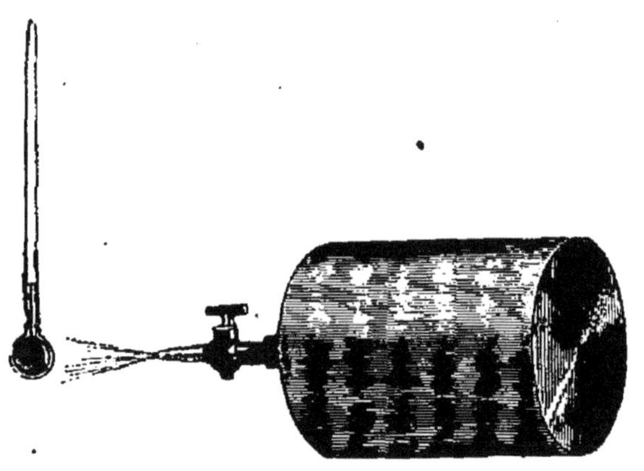

Fig. 20. — Refroidissement de l'air dilaté.

plit ainsi un travail mécanique, car il se met lui-même en mouvement, poussé par l'air intérieur du récipient ; de plus, il imprime un mouvement à l'air extérieur. D'après notre théorie, la production de ce travail implique une dépense de chaleur et, comme l'air ne peut emprunter cette chaleur qu'à lui-même, il devra nécessairement se refroidir ; c'est ce qu'on vérifie sans peine en recevant, comme précédemment, le jet de gaz sur la boule d'un thermomètre.

Voilà donc deux effets calorifiques inverses, produits par la compression ou la dilatation de masses d'air possédant la même température initiale. Retournons actuellement la question, et examinons ce que devient la chaleur, selon qu'elle a pour effet de dilater l'air ou d'augmenter sa force élastique. Nous reprendrons d'abord la vessie à moitié gonflée dont nous avons fait usage pour démontrer l'expansibilité de l'air.

Si on la place près d'un foyer, on la voit se gonfler peu à peu en effaçant ses rides ; mais tant que ses parois ne sont pas complètement tendues, l'air a simplement augmenté de volume sans changer de force élastique. Que s'est-il passé pendant cette expansion ? D'une part, le gaz s'est échauffé ; d'autre part, il a effectué un véritable travail mécanique ; ce travail consiste dans le déplacement de l'enveloppe et des couches d'air les plus voisines. Il y a donc production de deux effets simultanés : élévation de température et apparition d'une certaine quantité de mouvement.

Continuons à chauffer notre vessie jusqu'à ce qu'elle soit entièrement gonflée et supposons que ses parois soient devenues rigides et inextensibles. A partir de ce moment, la chaleur du foyer continuera à élever la température de l'air, mais celui-ci, ne pouvant plus se dilater, ne produira plus aucun déplacement des corps qui l'environnent ; il y aura seulement augmentation de pression, aucun travail mécanique n'aura pris naissance.

La différence entre ces deux phénomènes entraîne des conséquences faciles à prévoir : la quantité de chaleur consommée par un gaz qui se dilate doit être supérieure à celle qui est nécessaire pour le porter à la même température lorsqu'un obstacle s'oppose à son expansion ; c'est en effet ce que l'expérience vérifie. Supposons, par exemple, que toute la chaleur dégagée par 100 grammes de combustible soit employée à élever de 10° à 50 la température d'une certaine masse d'air renfermée dans un vase clos ; il faudrait, pour communiquer le même échauffement à la même masse, en la laissant librement augmenter de volume, brûler 142 grammes du même combustible; cet excès de 42 grammes correspond exactement à la chaleur transformée en travail mécanique.

Les faits que nous venons d'examiner ont été l'origine d'une des plus grandes découvertes de notre époque; ils ont permis d'établir une relation numérique directe entre la chaleur perdue et le mouvement engendré. La question étudiée sous toutes ses formes a conduit en effet à une conclusion extrêmement remarquable : quelle que soit la nature du travail produit, pourvu qu'on l'évalue avec la même unité, la quantité de ce travail est toujours. équivalente à la quantité de chaleur consommée. Le rapport qui existe entre ces deux éléments est désigné sous le nom d'équivalent mécanique de la chaleur [1].

Nous devons enfin examiner à un autre point de vue l'action de la chaleur sur l'air atmosphérique : l'expansibilité de ce gaz sera-t-elle indéfinie sous l'action d'une température de plus en plus élevée? quel serait l'effet d'un refroidissement de plus en plus intense sur la diminution de son volume? Tous les faits connus semblent donner une réponse affirmative à la première question; quant à la seconde, la théorie impose une limite à la contraction indéfinie de l'air refroidi.

---

1. L'unité adoptée pour l'évaluation du travail mécanique est désignée sous le nom de kilogrammètre. Elle représente la quantité de travail nécessaire pour élever à 1 mètre de hauteur un poids de 1 kilogramme. — L'unité de chaleur ou calorie correspond à la quantité de chaleur nécessaire pour élever de 1 degré la température de 1 kilogramme d'eau. — L'équivalent mécanique de la chaleur est égal à 425, c'est-à-dire qu'une unité de chaleur est capable d'engendrer 425 kilogrammètres; réciproquement, le travail de 425 kilogrammètres se transforme en une unité de chaleur.

Pour une élévation de température de 1°, l'air se dilate de $\frac{1}{273}$ de son volume, de sorte qu'un litre d'air pris à zéro occuperait un espace double s'il était chauffé à 273°; de même, l'air refroidi se contractera dans le même rapport pour chaque abaissement de température de 1°; si nous pouvions produire un froid de 273° au-dessous de zéro, ce même litre d'air éprouverait donc une contraction d'un litre, c'est-à-dire qu'il n'aurait plus de volume. Cette température inférieure de 273° au zéro de notre thermomètre constitue pour les physiciens le *zéro absolu* de température.

Mais ce raisonnement nous conduit évidemment à une impossibilité physique. Comment concevoir un corps matériel et pesant réduit à un volume tout à fait nul? En réalité, tous les gaz s'éloignent plus ou moins de la loi théorique qui a servi de point de départ à ce raisonnement et, quand la température s'abaisse suffisamment, le rapprochement de leurs molécules devient tel, qu'à la forme gazeuse succèdent l'état liquide ou solide. Ce froid de — 273° est de beaucoup inférieur à tous ceux qu'il est possible d'obtenir directement par nos procédés de laboratoire, on a d'ailleurs vu que l'air, considéré jusqu'à ces dernières années comme un gaz permanent, se liquéfie dans des conditions convenables de température et de pression.

Certains gaz se prêtent aisément à une démonstration directe de ces faits. Nous citerons comme exemple l'acide sulfureux, si facile à liquéfier par un simple abaissement de température. Il suffit de faire arriver un courant de ce gaz dans un récipient refroidi par un mélange de glace et de sel, pour le condenser en un liquide transparent que l'on peut conserver sous cette forme tant que sa température ne s'élève pas à plus de 10° au-dessous de zéro ; nous supportons souvent pendant nos hivers des froids plus rigoureux.

On comprend maintenant pourquoi l'on associe l'action du froid à celle de la pression, quand on veut liquéfier un gaz ; ces deux actions ajoutent leurs effets et permettent d'obtenir des résultats que chacune d'elles serait impuissante à produire isolément.

III

LA VAPEUR D'EAU

Formation de la vapeur d'eau. — Absorption de chaleur. — Distinction entre les gaz et les vapeurs. — La vapeur d'eau dans l'atmosphère. — État hygrométrique. — Formation des brouillards et des nuages. — Formes diverses des nuages. — Pluie. — Neige. — Rosée.

Avant d'aborder l'étude des phénomènes qui prennent naissance au sein de l'air, nous devons fixer notre attention sur un élément dont la présence constante, on pourrait même dire nécessaire, imprime un cachet particulier aux propriétés générales de l'atmosphère.

L'eau remplit dans la nature un rôle dont l'importance ne le cède en rien à celle de l'air ; comme lui elle est indispensable aux manifestations de la vie, et l'on ne peut concevoir l'être vivant le plus rudimentaire sans reconnaître la part immense qui revient à l'eau dans sa constitution. Que l'on compare la luxuriante végétation des contrées abondamment arrosées avec la triste stérilité des déserts brûlants et desséchés : d'un côté, la vie déborde sous ses formes les plus variées, animaux et végétaux

semblent se disputer leur part d'une bienfaisante nourriture ; de l'autre, la monotonie de la mort, pas un brin
d'herbe, pas un misérable insecte ; et si parfois un ruisseau égaré traverse ces régions désolées, il annonce de
loin sa présence au voyageur haletant par la vie qu'il fait
naître autour de lui.

L'eau entre en quantité toujours très grande dans les
tissus et les organes de tout être vivant ; chez les animaux
supérieurs, elle constitue à elle seule près des 9 dixièmes
du poids de leur corps, et cette proportion est plus élevée encore chez les êtres inférieurs. La vie se retire des
organes desséchés, mais l'eau suffit quelquefois pour
opérer une véritable résurrection. Certains infusoires
microscopiques présentent sous ce rapport de curieuses
métamorphoses : l'ardeur du soleil les dessèche pendant
l'été et les transforme en une poudre inerte, inanimée ;
l'humidité les ressuscite ; en gonflant leurs organes, l'eau
leur rend le mouvement et la vie.

Les végétaux ne se distinguent point des animaux sous
ce rapport ; ils contiennent aussi des quantités d'eau variables suivant certaines circonstances, mais toujours
très considérables, et l'on sait que la graine ne commence
à parcourir les diverses phases de son développement que
lorsqu'elle a reçu l'eau nécessaire à sa germination.

Mais ce n'est pas à ce point de vue que l'eau doit nous
occuper ici ; cette substance existe dans la nature sous
une forme différente de celle qu'elle affecte ordinairement sous nos yeux ; à l'état de vapeur elle constitue un
des éléments essentiels de l'atmosphère ; invisible comme
l'air auquel elle se trouve mélangée, elle trahit à chaque
instant sa présence par ses transformations nombreuses.
Nous allons étudier sommairement le mode de production de la vapeur d'eau, ses propriétés fondamentales,
pour examiner ensuite les phénomènes grandioses placés sous sa dépendance.

Quand on abandonne de l'eau au contact de l'air, on la voit diminuer peu à peu de volume et disparaître complètement au bout d'un temps plus ou moins long. Cet effet se produit avec beaucoup plus de rapidité lorsqu'on fait intervenir l'action de la chaleur; enfin, si celle-ci est suffisamment intense, l'eau entre en ébullition et disparaît plus rapidement encore; dans ces divers cas, l'eau s'est évaporée ou vaporisée. Ces expressions, ramenées à leur sens étymologique, expriment réellement la nature du phénomène. L'eau s'est, en effet, transformée en vapeur, et sous cette forme elle possède les propriétés générales des gaz, dont elle partage la plupart des caractères.

Si l'on songe à l'immense espace que les mers et les fleuves occupent sur notre globe, on doit pressentir avec quelle activité l'évaporation verse continuellement dans l'air des quantités considérables de vapeur, et l'on prévoit le rôle important que cette substance est appelée à jouer dans l'atmosphère. Mais, pour bien comprendre la part qui lui revient, il est nécessaire d'examiner sommairement sa manière d'être, en faisant abstraction de l'air qui lui sert ordinairement de véhicule.

Tout le monde a observé ces brouillards qui se forment au-dessus d'un vase dans lequel on fait bouillir de l'eau, et chacun sait qu'il suffit de refroidir ce nuage pour le condenser et lui faire reprendre l'état liquide. Plongeons un thermomètre dans l'eau du vase, il montera rapidement jusqu'à ce qu'il indique la température de 100°, mais à partir de ce moment il reste rigoureusement stationnaire; quelle que soit l'activité du foyer, la température de l'eau demeure absolument invariable, la quantité de vapeur formée est seule augmentée. Ainsi, quand de l'eau est en ébullition, l'accumulation d'une nouvelle quantité de chaleur est sans influence sur sa température, cette chaleur est tout entière employée à produire de la vapeur, et la température de cette vapeur est la même que celle de l'eau.

La chaleur ne peut cependant être perdue et nous devons la retrouver sous une forme quelconque : elle se cache pour ainsi dire dans la vapeur où elle produit le mouvement moléculaire particulier nécessaire au maintien de l'état gazeux, mais dès que la vapeur vient à se condenser, elle reparaît aussitôt avec tous ses attributs. Cette chaleur, devenue momentanément insensible au thermomètre, a reçu le nom de *chaleur latente*.

Puisque la chaleur latente redevient sensible au moment de la condensation de la vapeur, il sera possible de la mesurer et de déduire de cette évaluation la quantité de chaleur, évidemment égale, dépensée pendant la vaporisation. On trouve, en effectuant l'expérience, que 1 kilogramme de vapeur est capable, par le seul effet de sa condensation, d'élever de 1° un poids d'eau égal à 537 kilogrammes. Réciproquement il faudra consommer la même quantité de chaleur pour vaporiser 1 kilogramme d'eau. Ce chiffre énorme nous rendra compte des puissants effets calorifiques que la vapeur est capable de produire.

Nous venons de supposer que l'ébullition de l'eau s'effectuait dans les conditions ordinaires où nous avons l'habitude de l'observer, et nous avons vu la température rester constante et égale à 100°. Cela n'est vrai, cependant, que dans un cas particulier, celui où la pression atmosphérique supportée par la surface du liquide bouillant est égale à 760 millimètres ; mais que cette pression vienne à augmenter ou à diminuer, la température d'ébullition s'élève ou s'abaisse en même temps. Au sommet du Mont-Blanc, MM. Bravais et Martins ont observé une température de 84°,4 dans de l'eau bouillante sous une pression de 424 millimètres. On peut abaisser beaucoup plus encore le point d'ébullition en diminuant progressivement la pression extérieure au liquide, et enfin, dans un vide complet, l'eau entre en pleine ébullition à la température de sa congélation.

Un fait important trouve ici sa place : la chaleur latente de la vapeur est toujours la même, quelles que soient les conditions de sa formation; qu'elle soit engendrée par de l'eau chaude ou froide, qu'elle provienne d'un liquide en ébullition ou d'une masse d'eau soumise à une lente évaporation, elle a toujours exigé pour se former la même quantité de chaleur, chaque kilogramme aura emmagasiné 537 calories, qu'il restituera intégralement au moment de sa liquéfaction.

Une conséquence de cette énorme absorption de chaleur s'impose naturellement à l'esprit. Toutes les fois qu'un liquide se vaporise sans être artificiellement échauffé, il doit nécessairement emprunter à sa propre substance la chaleur indispensable à sa transformation en vapeur, il devra donc se refroidir ; c'est ce qui arrive en effet. Toutes les causes qui tendent à activer l'évaporation sont, pour l'eau, des causes de refroidissement, l'abaissement de température peut même aller jusqu'au point de congélation; on tire parti de ces faits pour la production artificielle de la glace.

La vapeur d'eau doit maintenant nous occuper à un autre point de vue non moins important : sa forme gazeuse nous fait entrevoir en elle des propriétés analogues à celles de l'air au point de vue de l'expansibilité et de la force élastique; ce sont ces propriétés que nous allons passer rapidement en revue. Prenons un long tube barométrique et introduisons dans l'espace vide qui surmonte la colonne mercurielle, une quantité d'eau suffisante pour en mouiller complètement les parois; on voit aussitôt se produire une notable dépression du mercure;

si la température extérieure est de 15°, par exemple,
au moment de l'expérience, la dépression atteindra une
valeur de 12 à 13 milli-
mètres. Introduisons dans
la chambre barométrique
une nouvelle quantité de
liquide, elle n'exercera plus
aucune action, la hauteur
du mercure restera inva-
riable tant que la température ne changera pas. La
chambre du baromètre con-
tient donc toute la vapeur
qu'elle est capable de recevoir, cet espace est *saturé*
de vapeur.

Mais, vient-on à chauffer
ou à refroidir la partie supérieure du tube, on voit
aussitôt la dépression augmenter ou diminuer, et si
enfin l'eau est portée à l'é-
bullition, le mercure se
met au même niveau dans
le tube et dans la cuvette.
Quand l'expérience est faite
dans des conditions qui permettent de mesurer exactement les dépressions et les
températures, on remarque
que ces deux éléments sont
invariablement liés l'un à
l'autre, la chaleur règle

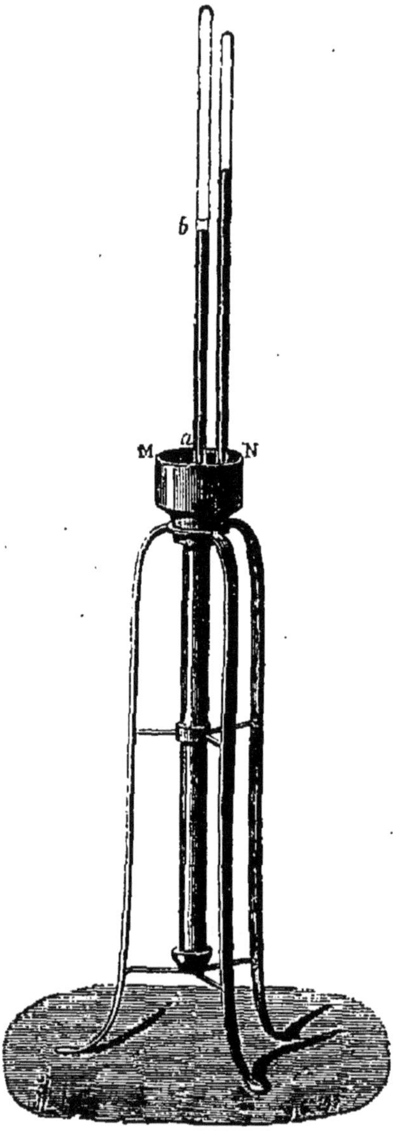

Fig. 21.— Formation de la vapeur
d'eau dans le vide.

pour ainsi dire la formation de la vapeur, à une même
température correspond toujours la même dépression.

La vapeur d'eau se comporte donc comme un gaz, elle agit par sa force élastique pour comprimer la colonne mercurielle, et l'abaissement de celle-ci mesure l'intensité de cette force élastique ; de plus, dans les conditions précédentes, cette force élastique dépend uniquement de la température. Il serait cependant inexact de dire que la vapeur partage, à ce point de vue, toutes les propriétés de l'air ; notre expérience, convenablement modifiée, va nous signaler, au contraire, d'importantes différences.

Dans le cas précédent, la chambre du baromètre renfermait un excès de liquide, la vapeur était en contact avec de l'eau. Prenons maintenant un tube plus long, plongeant par son extrémité ouverte dans une cuvette profonde, et introduisons une *très petite quantité* d'eau : celle-ci se réduira instantanément en vapeur en pénétrant dans la chambre barométrique, le mercure sera aussitôt déprimé. On remarquera cependant que si la quantité de liquide a été assez petite pour se vaporiser entièrement, la dépression sera moindre que dans notre première expérience pour la même température. Élevons maintenant le tube de manière à agrandir l'espace occupé par la vapeur, celle-ci se comportera comme de l'air ; à mesure que son volume augmente, sa pression diminue, la hauteur du mercure soulevé devient plus

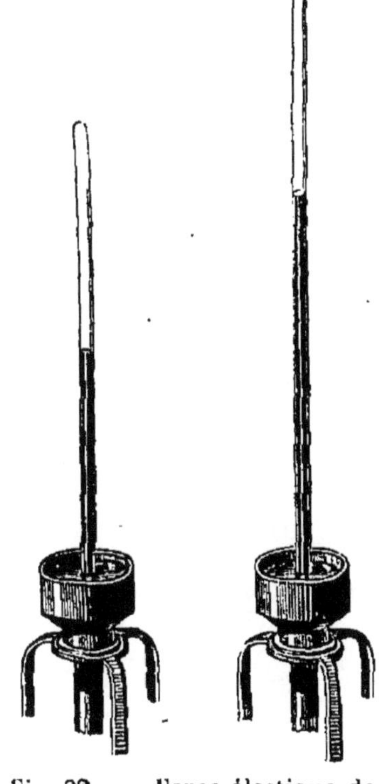

Fig. 22. — Force élastique de la vapeur non saturée.

grande. Réduisons au contraire l'étendue de la chambre
barométrique en enfonçant le tube dans la cuvette ; la
vapeur comprimée augmentera de force élastique, le
niveau du mercure s'abaissera ; dans ces divers cas, la
vapeur se comporte exactement comme un gaz, elle obéit
sensiblement à la loi de Mariotte. La figure 23 montre les
diverses phases de l'opération.

Cependant cette augmentation de force élastique atteint bientôt une limite infranchissable. Si l'on continue

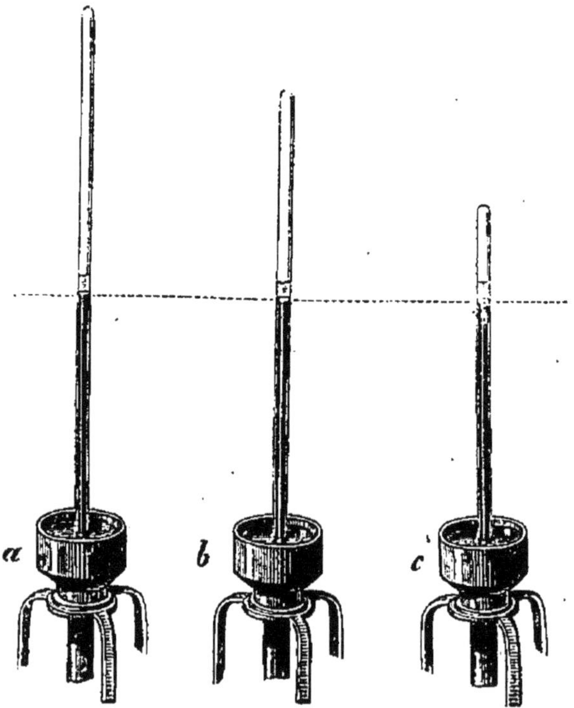

Fig. 23. — Force élastique de la vapeur saturée.

à réduire l'espace occupé par la vapeur, on voit bientôt sa tension devenir invariable ; à partir d'une certaine compression, la hauteur du mercure soulevé reste
la même, quelle que soit la diminution de volume imposée
à la vapeur : le tube semble glisser autour de la colonne

mercurielle suspendue à une hauteur absolument fixe (fig. 25); mais en même temps une partie de la vapeur repasse à l'état liquide et se condense sur les parois du tube. La vapeur rentre alors dans les conditions de notre première expérience, l'espace qui la renferme est saturé, et dès lors sa force élastique reste constante; la vapeur d'eau possède donc un maximum de tension ; c'est là une différence essentielle qui la distingue de l'air et des gaz proprement dits.

On comprend immédiatement les conséquences de cette importante propriété : si un espace est saturé de vapeur d'eau, une portion de celle-ci devra se condenser dès que le volume de cet espace sera diminué; est-il au contraire augmenté, une nouvelle portion du liquide se vaporisera pour le ramener à la saturation. Ces effets, produits par des variations de volume, devront évidemment se manifester aussi par des changements de température; quand un espace saturé vient à se refroidir, la force élastique de la vapeur diminuant, une portion de celle-ci devra se condenser, et cette condensation sera d'autant plus considérable que le refroidissement aura été plus intense.

Telles sont les propriétés fondamentales de la vapeur d'eau lorsqu'elle prend naissance dans un espace vide, mais de semblables conditions ne sont jamais réalisées dans la nature; l'on doit par conséquent se demander si elle obéit aux mêmes lois quand elle se forme au sein de l'air et qu'elle reste mélangée avec lui. Les recherches de Gay-Lussac ont complètement résolu cette importante question : la présence de l'air n'a d'autre effet que de retarder la volatilisation de l'eau, mais elle n'influe en rien sur la force élastique finale de la vapeur formée. Ainsi, un vase d'un litre de capacité rempli d'air pourra contenir la même quantité de vapeur d'eau que s'il était vide ; la force élastique du mélange aura seule varié et deviendra égale à la somme des tensions de l'air et de la

vapeur, si chacun de ces fluides occupait seul le volume
du vase. Nous pourrons donc appliquer à l'air humide
toutes les lois qui se rattachent à la vapeur formée dans
le vide.

Une conséquence immédiate découle de ces données
théoriques : la quantité totale de vapeur d'eau en suspension dans l'atmosphère doit être étroitement liée aux
conditions thermiques de notre globe. Si la terre se trouvait tout à coup placée dans des régions très froides,
l'eau qui forme aujourd'hui nos fleuves et nos mers se
transformerait en montagnes solides, diaphanes comme
du cristal. Si au contraire elle était subitement transportée dans une région beaucoup plus chaude, la plus
grande partie formerait, en se vaporisant, une atmosphère plus dense où se produiraient des phénomènes
bien différents de ceux que nous avons l'habitude d'observer. Mais dans les conditions de température moyenne
du globe terrestre, la plus grande partie de l'eau conserve son état liquide; une portion se répand dans l'atmosphère; enfin, dans les régions polaires ou sur les
montagnes élevées elle affecte la forme solide.

En considérant seulement les régions où l'eau conserve l'état liquide, on reconnaît qu'elle occupe les
trois quarts environ de la surface du globe; et si l'on
tient compte de la profondeur moyenne des mers, évaluée à 4 kilomètres environ, on a de la peine à se faire
une idée de l'énorme masse d'eau en circulation sur
la terre. Il semblerait, d'après cela, que l'air devrait
être constamment saturé d'humidité; on pourrait croire
que les agitations de l'atmosphère, mélangeant sans cesse
les couches qui flottent à la surface des mers avec celles
qui recouvrent l'étendue relativement petite des continents, doivent introduire dans l'air une quantité moyenne
d'humidité assez voisine de son point de saturation; il est

bien loin d'en être ainsi; l'on observe au contraire des variations considérables dans l'état de saturation de l'air selon les circonstances dans lesquelles on l'étudie.

L'air pris en pleine mer possède presque son maximum d'humidité, mais à mesure qu'on s'éloigne des côtes, sa saturation diminue de plus en plus. Il devient, par exemple, d'une sécheresse extrême dans les vastes déserts de l'Afrique, où le sol aride et brûlant ne donne plus lieu à aucune évaporation; il était cependant chargé de vapeur d'eau en pénétrant sur le continent. Ces divers degrés de sécheresse ou d'humidité, nous les ressentons parfaitement d'après les impressions produites sur nos organes; mais ces notions vagues et incertaines ne sauraient servir de base à une étude scientifique, et il faut interroger les lois de la physique si l'on veut se faire une idée nette de l'extrême mobilité de l'humidité atmosphérique.

Rappelons d'abord que la quantité absolue de vapeur d'eau, capable de saturer l'air quand sa pression ne varie pas, dépend seulement de sa température. Un mètre cube d'air, par exemple, saturé à la température de 21°, renferme environ 20 grammes de vapeur d'eau; le même volume pourrait en dissoudre 30 grammes à 29°, tandis qu'à zéro il n'en contiendrait que 5 à 6 grammes. Supposons que le vent, soufflant de la mer vers la terre, entraîne sur un continent de l'air saturé à 21°, si ce continent est lui-même fortement échauffé et s'il n'est parcouru par aucune nappe d'eau capable d'émettre de la vapeur, l'air qui le traverse cessera bientôt d'être saturé; il ne renfermera plus qu'une fraction de la vapeur d'eau qu'il est capable de dissoudre; dès que sa température se sera élevée à 29° cette fraction sera représentée par $\frac{20}{30}$ ou $\frac{2}{3}$; l'air sera devenu plus sec et cependant il contiendra toujours la même quantité de vapeur. Ainsi, l'air brûlant du désert ou celui qui recouvre l'Océan, peuvent renfermer sous le même volume le même poids de vapeur d'eau ; malgré cela, le premier sera très sec, le second très humide.

Qu'une cause de refroidissement vienne, au contraire, agir sur cet air échauffé, il repassera par une série de modifications inverses, à 21° il sera de nouveau saturé ; mais si sa température continue à s'abaisser, il ne pourra plus dissoudre les 20 grammes d'humidité d'abord nécessaires à sa saturation, une partie se condensera ; enfin, arrivé à zéro, il aura perdu environ 14 grammes de vapeur. L'humidité et la sécheresse sont donc de simples propriétés relatives dans lesquelles n'interviennent pas les quantités absolues de vapeur ; elles consistent en un simple rapport entre la quantité d'eau continue dans l'atmosphère et celle qu'elle pourrait contenir : ce rapport est ce qu'on nomme l'*état hygrométrique*, on l'appelle quelquefois aussi fraction de saturation. Ainsi, quand on dit que l'état hygrométrique est égal à deux tiers, cela signifie que l'air renferme les deux tiers de la vapeur qu'il pourrait dissoudre à la même température. On voit par là que, pour un même état hygrométrique, la proportion absolue de vapeur est liée à la température ; pour un même degré d'humidité, l'air contiendra beaucoup plus de vapeur en été qu'en hiver.

On comprend maintenant par quel mécanisme l'air chaud et sec exerce son action sur les objets terrestres et particulièrement sur les êtres vivants. Cet air, très éloigné de son point de saturation, absorbe avec avidité la vapeur d'eau au détriment de tous les corps capables d'en émettre ; une plante, par exemple, dont les tissus sont gorgés de liquide, sera le siège d'une rapide évaporation, et si elle reçoit du sol par ses racines moins d'eau qu'elle n'en perd par ses feuilles, elle se desséchera. Le même effet se produit à la surface du corps des animaux ; une

évaporation trop rapide détruit rapidement l'équilibre nécessaire à l'accomplissement régulier des fonctions ; de
là l'impression pénible produite par une atmosphère dessé-
chée. L'action d'un vent violent vient encore s'ajouter à
celle de l'air en renouvelant sans cesse le contact d'un
milieu avide d'eau, et l'on sait quelle est son influence
sur le desséchement rapide des végétaux.

Quand l'air au contraire approche de son point de saturation, toute évaporation se ralentit ou s'arrête; le moindre refroidissement condense une partie de l'eau dont il
est chargé, et cet état d'humidité extrême n'est pas moins
défavorable aux manifestations de la vie qu'une trop
grande sécheresse. Les animaux surtout en ressentent
vivement l'influence ; qui n'a éprouvé cette sensation
insupportable d'accablement et de chaleur lorsque, sous
l'influence d'un orage, l'air devient tout à coup très humide? Cette pénible impression a surtout pour cause la
diminution rapide de l'évaporation dont la surface du
corps est constamment le siège.

Ces variations incessantes de l'état hygrométrique sous
l'influence de la chaleur sont les causes d'un grand
nombre de phénomènes météorologiques très variables
par leurs apparences, mais admettant tous une commune origine. Toutes les fois que, sous une forme quelconque, l'eau vient troubler la transparence de l'atmosphère, on peut affirmer que l'air a subi des variations
profondes dans son état hygrométrique. Depuis le léger brouillard qui couvre d'un voile opalin la surface
du sol jusqu'aux sombres nuages qui se résolvent en
pluies torrentielles, depuis la rosée bienfaisante qui se
dépose en gouttes délicates sur nos moissons, jusqu'aux
fleuves impétueux qui roulent avec fracas leurs ondes
écumantes, nous voyons intervenir comme cause essentielle la condensation de la vapeur d'eau; c'est elle qui,
formée par la chaleur solaire à la surface des mers, cir-

cule dans l'atmosphère pour revenir à l'Océan après mille métamorphoses, portant la vie ou la désolation dans les régions qu'elle traverse. Nous examinerons bientôt dans son ensemble cette grandiose circulation de l'atmosphère, bornons-nous à esquisser ici à grands traits les phénomènes qui se rattachent aux transformations de la vapeur d'eau.

Dans nos climats, l'air est rarement saturé, ce n'est que pendant des pluies continues qu'il atteint quelquefois son point de saturation; on peut représenter par 1/2 son état hygrométrique moyen, tandis que sa plus grande sécheresse correspond à 1/4 environ. L'atmosphère renferme donc toujours une proportion très notable de vapeur d'eau; un abaissement de température suffisamment intense pourra, par conséquent, en précipiter une portion à l'état liquide.

Le résultat le plus ordinaire de la condensation de la vapeur est la formation d'un brouillard. L'eau se sépare alors sous forme de gouttes extrêmement petites, ordinairement désignées sous le nom de *vésicules*. Les petits nuages produits par notre haleine pendant les froids de l'hiver sont des brouillards en miniature; nous savons que la vapeur est invisible par elle-même; toutes les fois qu'elle devient visible, c'est à la suite d'une condensation, d'un passage à la forme vésiculaire.

Les physiciens ne sont pas d'accord sur la nature de ces vésicules; pour les uns, elles seraient creuses et semblables à de petits ballons remplis d'air humide; pour d'autres, il n'existerait pas de cavité intérieure et l'eau se présenterait sous la forme de gouttes sphériques dont le diamètre n'excéderait pas $\frac{1}{100}$ de millimètre. Ce qu'il y a de certain, c'est qu'on ne saurait faire valoir aucune preuve décisive en faveur de la première opinion : quoi qu'il en soit, il est facile de constater la formation de ces vésicules. Il suffit d'examiner, comme l'a fait de Saussure, à l'aide d'une simple loupe, la vapeur émise par un liquide coloré tel qu'une infusion de café ou une dissolution chaude d'encre de Chine ; on voit s'élever de la surface des globules de grosseur variée : les plus petits traversent rapidement le champ du verre grossissant, les autres retombent à la surface du liquide ; la structure intime de ces globules est dans tous les cas difficile à apprécier, et bien qu'on s'accorde généralement aujourd'hui à les considérer comme de véritables gouttelettes sans cavité intérieure, l'on doit reconnaître que la question n'est pas encore définitivement résolue.

Quand la condensation de la vapeur a lieu près de la surface du sol, elle constitue le brouillard proprement dit ; quand elle se produit dans les régions élevées, elle forme les nuages ; le mécanisme de la production est donc le même, mais la cause qui la détermine est différente.

Un brouillard se forme presque toujours sur un sol humide dont la température est supérieure à celle de l'air ; les vapeurs qui s'élèvent sont alors condensées par l'air froid et troublent sa transparence. Le brouillard est donc stationnaire, puisqu'il dépend de l'état thermique du sol, il se reforme constamment à la surface à mesure qu'il se dissout par sa partie supérieure, et il persiste jusqu'au moment où l'air échauffé par le soleil a acquis une assez grande capacité de saturation ; d'autres fois, le brouillard cesse par suite du refroidissement de la terre causé par l'évaporation elle-même. C'est surtout pendant l'automne que la fréquence des brouillards devient plus grande : on les observe souvent à cette époque à la surface des fleuves et des rivières dont l'eau est beaucoup plus chaude que l'air avant le lever du soleil.

La haute température du sol n'est cependant pas la seule cause de la formation d'un brouillard, il faut en-

core que l'air soit assez voisin de son point de saturation ;
on conçoit en effet que si l'air est très sec, il pourra dissoudre toute l'humidité dégagée par la terre en conservant cependant sa transparence, de sorte que deux éléments interviennent toujours dans la production du phénomène. A la surface des sources thermales, par exemple,
apparaît souvent un brouillard peu intense, s'élevant à
une faible hauteur quand l'air est sec, tandis qu'il prend
une extension considérable par les temps humides ; les
mêmes faits s'observent dans les cratères de certains
volcans. Les anciens, nous dit Kaemtz, dans son *Traité
de météorologie*, avaient fait, sur le volcan de Stromboli,
une observation dont on peut encore vérifier la justesse
de notre temps. Lorsque ce volcan est couvert d'un nuage,
les habitants de l'île de Lipari savent qu'il pleuvra bientôt, mais cela ne tient pas, comme ils le croient, à ce que
le volcan est plus actif avant la pluie ; cela vient de ce
que l'air, saturé de vapeur, ne peut pas dissoudre complètement celle qui s'échappe du cratère.

Il peut se faire aussi qu'un brouillard prenne naissance
loin du lieu où la vapeur s'est formée. Cela arrive toutes
les fois que l'air, rendu très humide par l'évaporation à la
surface d'un sol échauffé, est transporté par le vent dans
des régions plus froides. Ce fait se produit fréquemment
dans les montagnes ; il n'est pas rare de voir, par un
ciel serein, les sommets élevés enveloppés d'épais nuages
en apparence immobiles, quoique l'air soit agité par
un vent très fort. Ces nuages, ou plutôt ces brouillards,
proviennent de l'air humide qui s'élève des vallées sur
les flancs des montagnes, où il finit bientôt par rencontrer une température assez basse pour précipiter une
partie de sa vapeur ; un vent sec d'une direction opposée
peut dissoudre ces nuages à mesure qu'ils se forment,
mais ils se renouvellent sans cesse sous l'influence de la
basse température du sommet, ils prennent ainsi l'ap-

parence de l'immobilité, bien qu'ils soient constamment balayés par le vent.

Entre le brouillard et le nuage, il n'y a qu'une différence de position ; le premier se forme à la surface du sol, tandis que le second prend naissance dans les régions élevées de l'atmosphère, où il établit son domicile; mais tout ce qui précède sur la formation du brouillard s'applique à celle des nuages. Voici comment M. Marié-Davy rend compte de leur production et des causes qui les soutiennent dans l'atmosphère :

« Toute cause tendant à inégaliser la température dans une même région aide à la formation des courants ascendants locaux; elle favorise le transport de l'air chaud et chargé de vapeur des couches inférieures aux couches élevées et froides où la vapeur, ne pouvant plus garder son état gazeux, prend la forme vésiculaire et l'apparence des nuages. Aussi les nuages sont-ils fréquents même dans des pays de l'Asie et de l'Afrique, où il ne pleut presque jamais. Les plus petits îlots des mers intertropicales s'échauffant plus, dans le jour, que les eaux voisines, donnent lieu à un phénomène de ce genre; les navigateurs peuvent reconnaître de loin ces îles à la couronne de nuages épais formés au-dessus d'eux.

« On comprend dès lors comment ces amas de vapeur vésiculaire nécessairement plus dense que l'air peuvent cependant se soutenir au milieu de l'atmosphère. Le repos n'y est qu'apparent; en pénétrant à leur niveau, on constate les mouvements qui les agitent. Ces mouvements s'effacent par la distance d'où on les observe, de même que leurs contours diffus se limitent et se précisent. Abandonné à lui-même dans un air parfaitement calme, le globule tomberait avec une extrême lenteur, à cause de son extrême petitesse; on peut suivre de l'œil la chute des brumes à la surface du sol. En estimant la

vitesse de chute à 1 mètre ou 1 mètre 1/2 par seconde.
on l'exagère certainement beaucoup. Dans un courant
montant avec une vitesse de 2 mètres, ce qui correspond
à un vent très faible, le globule monterait encore avec
une vitesse de 1 mètre ou de 50 centimètres par·se-
conde. Les nuages s'élèvent, en effet, pendant le jour,
lorsque les courants ascendants sont bien établis; dès
que ces courants se ralentissent ou changent de direction, les nuages se rapprochent du sol. D'autres phénomènes s'ajoutent aux précédents et les modifient.

« Là où le nuage existe, il se substitue à une partie
correspondante de la surface du globe; il absorbe la
chaleur par la partie supérieure qui s'échauffe, et· repasse à l'état de vapeur. Dans le milieu du jour, le nuage
se fond par sa couche supérieure et se recharge par-
dessous : ses variations de volume dependent du rapport
existant entre ces deux effets. Le soir, quand le nuage
descend, il pénètre par les couches inférieures dans un
air de plus en plus chaud; il s'y dissout tandis que le
refroidissement de sa ·partie supérieure tend à l'accroî-
tre : ici encore les deux influences opposées se balancent
inégalement, et les nuages augmentent ou se fondent
dans l'air, suivant les temps et les lieux.

« Les nuages dont nous venons de retracer l'origine
ont une forme particulière; ils sont généralement isolés
et arrondis, et ressemblent quelquefois à des amas de
montagnes entassées les unes sur les autres : ce sont les
nuages de la belle saison. D'autres naissent dans des
circonstances très différentes.

« Par un temps chaud, clair et cependant humide,
qu'un vent froid du nord pénètre dans notre atmosphère,
les nuages ne tarderont pas à se montrer. Dans ce cas,
la condensation se fait généralement en nappes dont
l'épaisseur dépasse quelquefois plusieurs centaines de
mètres. Si c'est, au contraire, un vent humide, venu du

sud ou du sud-ouest, qui s'établit dans les hautes régions, des nuages légers se montrent peu à peu, et leur volume augmente à mesure que la couche où ils se forment se rapproche de nous. Rien n'est varié comme l'aspect des nuages, si ce n'est les conditions au milieu desquelles ils se forment. Tout se résume, en définitive, à un abaissement dans la température de l'air au-dessous de son point de rosée; mais sur ce thème si simple se brodent les variations les plus riches et les plus changeantes. »

Il arrive souvent que l'abaissement de température qui provoque la formation d'un nuage est suffisant pour amener à l'état solide les vésicules d'eau; d'autres fois, un nuage déjà formé est entraîné par les courants atmosphériques dans des régions où la température est de beaucoup inférieure à zéro; dans ces cas, les nuages vésiculaires se transforment en nuages de glaçons. Dans nos climats, ces nuages occupent toujours les régions les plus élevées de l'atmosphère; mais dans les contrées polaires, ils se montrent à de moindres hauteurs; et pendant les froids rigoureux de l'hiver, ces particules remplissent l'atmosphère pour former quelquefois de vrais brouillards de glaçons.

Les nuages sont soumis à de telles variétés de forme, qu'il semble impossible, au premier abord, d'établir une classification rationnelle. Cependant, en étudiant leur aspect général, on reconnaît la possibilité de les ramener à quelques types principaux assez bien caractérisés. Ceux qui occupent les régions très élevées diffèrent notablement par leur aspect de ceux qui flottent dans les couches inférieures de l'atmosphère; ceux qui nous apportent la pluie ne ressemblent pas à ceux qui se montrent fréquemment pendant les beaux jours. On a donc cherché à établir plusieurs groupes de nuages, et

cette classification a d'autant plus d'importance pour le
météorologiste, qu'à chaque type correspond un mode
particulier de production; l'on conçoit dès lors comment
la forme des nuages peut fournir d'utiles indications sur
la prévision du temps.

On peut ramener à trois types principaux les formes
si mobiles des nuages; ils sont désignés sous les noms
de *cirrus*, *cumulus* et *stratus*; à ces types se rattachent
quatre formes intermédiaires d'une moindre importance.

Les cirrus sont ces nuages blancs et légers, toujours
situés à de très grandes élévations, ressemblant à des

Fig. 24. — Cirrus.

barbes de plumes ou à un léger duvet. Les marins les
désignent sous le nom de queues de chat ou d'arbres de
vent. Leur hauteur peut être évaluée à 6 ou 7 mille mètres; ils sont formés de particules glacées, comme le
démontrent l'observation directe aussi bien que les phénomènes optiques qui prennent naissance dans leur sein :
tels sont les halos et les parhélies, dont la formation ne
peut s'expliquer que par des réfractions multiples de la
lumière dans de petits cristaux transparents. Les cirrus
marchent ordinairement du sud-ouest vers le nord-est. Il
n'est pas rare de voir en même temps d'autres nuages,

situés à de moindres hauteurs, marcher dans une direction opposée; leur apparition annonce presque toujours
un changement de temps.

Les cumulus sont ces nuages blancs produits par des

Fig. 25. — Cumulus.

courants ascendants, dont nous avons expliqué plus haut
la formation; ils ressemblent à des balles de coton en-

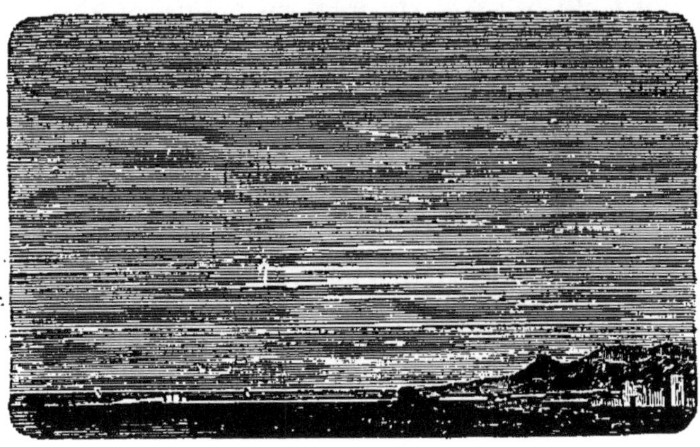

Fig. 26. — Stratus.

tassées les unes sur les autres. Leur hauteur est assez
faible le matin; ils montent jusqu'au moment de la plus
forte chaleur, t redescendent le soir. Ce double mouve-

ment est facile à constater dans les pays montagneux ; le voyageur les voit souvent au-dessous de lui dans la matinée ; mais bientôt il se trouve enveloppé par eux, et les voit enfin planer au-dessus de sa tête.

Les stratus sont de longues bandes s'étendant à l'horizon, soit au lever soit au coucher du soleil ; ce sont des couches de nuages superposés qui, à cause de leur grande distance, nous apparaissent par leur tranche ; ils peuvent quelquefois acquérir une étendue suffisante pour couvrir entièrement le ciel, mais ils ne donnent ordinairement pas de pluie.

Enfin, on donne le nom de nimbus à de gros nuages sombres d'une grande étendue ; souvent leurs contours sont nets et vivement éclairés ; d'autres fois, ils couvrent

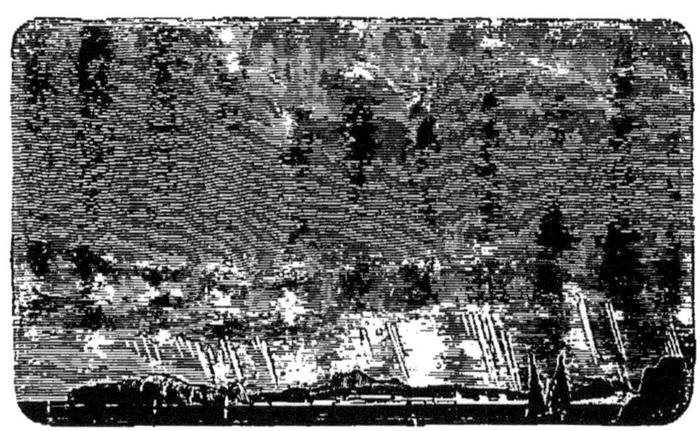

Fig. 27. — Nimbus.

toute l'étendue du ciel. Ils flottent à une hauteur peu considérable et annoncent constamment la pluie. Un nuage quelconque en s'abaissant ou en se résolvant en pluie devient toujours un nimbus.

La suspension des nuages dans l'atmosphère a pour cause essentielle, nous l'avons vu plus haut, l'impulsion

des courants ascendants s'opposant à la chute des gouttelettes extrêmement petites dont le nuage est formé ; mais
à mesure que la condensation de la vapeur augmente le
volume des vésicules, leur vitesse de chute s'accélère et
les courants ascendants deviennent incapables de les
soutenir plus longtemps, le nuage se résout alors en
pluie. Cette condensation se produit quelquefois à la surface du sol, au sein même d'un brouillard ; les gouttes
alors très fines tombent avec une extrême lenteur, c'est le
phénomène du *serein*.

Tout le monde a été frappé de la grosseur souvent
très considérable des premières gouttes de pluie qui atteignent la surface du sol, et l'on a de la peine à concevoir comment de pareilles masses ont pu rester en suspension dans l'atmosphère jusqu'au moment de leur chute.
Ces volumineuses gouttes d'eau n'arrivent pas toutes
formées du nuage d'où elles s'échappent ; elles gran-
dissent pendant leur trajet sous l'influence de plusieurs
causes. D'une part, elles condensent sur leur route, par
suite de leur basse température, une partie de la vapeur
d'eau des couches qu'elles traversent. On doit admettre
aussi que plusieurs vésicules augmentent de volume en se
soudant ensemble ; elles réunissent ainsi en une seule
masse les gouttes qu'elles rencontrent dans le nuage ;
d'autres fois, ces larges gouttes résulteront de la fonte de
flocons de neige, ou de celle de grêlons qui ont eu le
temps de se résoudre en eau avant d'arriver jusqu'à nous.

Un fait inverse s'observe dans certains cas ; il n'est pas
rare de voir la pluie s'échapper en abondance d'un nuage
éloigné et de constater que ces bandes de pluie, facilement reconnaissables à leur couleur grise, s'évanouissent
avant d'avoir atteint le sol. Les gouttes d'eau se sont éva-
porées pendant leur chute, grâce à la haute température
et à la sécheresse relative des couches qu'elles ont dû traverser.

Quand un nimbus se forme dans un espace très froid, la vapeur se condense à l'état solide, sans passer par l'état liquide ; il donne alors naissance à la neige. La neige est formée par une agglomération de petits cris-taux groupés de la façon la plus élégante ; rien n'est admirable comme leur délicatesse et leur variété. Quand elles prennent naissance dans un air calme, les molécules

Fig. 28. — Cristaux de neige.

glacées affectent la forme de belles étoiles à six rayons. Ce type est invariable, quoique les apparences de ces étoiles soient infiniment variées. On les observe sans difficulté en recevant la neige sur un morceau de drap ou de velours noirs, et en l'examinant à la loupe. Le capitaine Scoresby, dans ses nombreux voyages aux mers polaires, a fait une étude attentive des formes nombreuses de ces fleurs de neige. Nous reproduisons ici quelques dessins des variétés les plus remarquables. Le nombre total de celles qu'il a vues s'élève à 96, mais d'autres observations ont considérablement accru ce nombre, qui dépasse sans doute plusieurs centaines, plusieurs milliers peut-être.

L'agitation de l'air pendant la formation de la neige détruit ordinairement l'admirable beauté de ses formes ; les cristaux se brisent ou deviennent irréguliers ; d'autres fois, ils s'agglomèrent, se pelotonnent en petites masses, de dureté et de grosseur variables ; sous cette apparence nouvelle, et pour ainsi dire amorphe, elle porte le nom de *grésil*.

Telles sont les formes diverses que l'eau peut affecter au sein de l'atmosphère. Mais là ne se bornent pas les phénomènes nombreux placés sous sa dépendance. Ce n'est pas seulement dans l'air refroidi que la vapeur trouve les conditions nécessaires à sa condensation ; on la voit souvent se précipiter directement à la surface même du sol, tantôt à l'état liquide, tantôt sous forme de glace ; elle forme alors ce qu'on appelle la *rosée*.

La formation de la rosée a pendant longtemps excité la sagacité des observateurs. Les anciens alchimistes la regardaient comme une exsudation des astres. Aussi la recueillaient-ils avec soin dans l'espoir d'en extraire de l'or. Certains physiciens la considéraient comme une pluie très fine venant des régions élevées de l'atmosphère, tandis que d'autres étaient persuadés qu'elle sortait de la terre ; presque tous lui attribuaient des propriétés merveilleuses, parmi lesquelles ils remarquaient surtout de puissantes qualités frigorifiques. Ce n'est que depuis les observations précises faites à Londres par le docteur Wells, et continuées en France par Arago, que la production de la rosée a reçu sa véritable explication.

Un fait bien vulgaire, connu de tout le monde, suffit à rendre compte du mécanisme de cette formation. Quand une carafe, remplie d'eau fraîche, est portée dans de l'air humide, sa surface ne tarde pas à se couvrir d'un voile ; bientôt même des gouttes d'eau ruissellent sur ses parois ; cette eau vient évidemment de l'atmosphère, et sa condensation s'explique sans difficulté. La carafe, dont la température est inférieure à celle de l'air, refroidit les couches qui l'enveloppent; de ce refroidissement résulte nécessairement une augmentation de l'état hygrométrique. Si l'abaissement de température est suffisant, l'air finira par être saturé; s'il augmente encore, une partie de la vapeur d'eau se précipitera. La condensation devra donc se faire avec d'autant plus d'énergie que l'air sera plus humide ou que la carafe sera plus froide. Si on la remplit, en effet, d'un mélange réfrigérant, on voit un vrai brouillard en miniature se produire autour d'elle; on dirait une légère fumée l'enveloppant de toutes parts, et se précipitant à sa surface pour se convertir en gouttes d'eau ou même en une couche de glace.

C'est ainsi que se forme la rosée; elle est toujours précédée par un abaissement de température plus ou moins considérable du sol sur lequel elle se dépose; ce refroidissement est d'ailleurs facile à constater et à expliquer : un thermomètre couché sur l'herbe indique souvent, pendant la nuit, une température inférieure de 7° à 8° à celle marquée par un autre thermomètre élevé d'un mètre seulement au-dessus du sol, et ce fait n'a rien de surprenant. La chaleur s'échappe des corps froids ou chauds comme elle émane du soleil ; or, la terre, échauffée durant le jour par les rayons de l'astre, perd pendant la nuit, par voie de rayonnement, la chaleur qu'elle a reçue; elle doit donc se refroidir. Cet abaissement de température, communiqué aux couches d'air les plus voisines du sol, ne tarde pas à augmenter leur état hygrométrique ; bientôt le point de saturation est atteint, et dès qu'il est dépassé, une partie de la vapeur se dépose sous forme de rosée. Enfin, si le sol se refroidit encore, la rosée se congèle en se produisant, on a alors le *givre* ou la *gelée blanche*.

Toutes les causes qui favorisent le rayonnement doivent donc favoriser aussi la formation de la rosée ; parmi ces causes il n'en est pas de plus puissante que la pureté de l'atmosphère. La chaleur accumulée sur les objets terrestres s'élance alors librement vers les espaces célestes amenant ainsi à la surface du sol une abondante condensation de vapeur d'eau. C'est ainsi que dans les régions méridionales où le ciel est ordinairement d'une très grande transparence, le refroidissement nocturne est très actif et suffit souvent à compenser la rareté des pluies par la production de copieuses rosées ; le désert même n'en est pas dépourvu.

La nature des corps n'a pas moins d'influence sur l'intensité de leur refroidissement ; ceux qui absorbent le plus facilement la chaleur l'émettent aussi avec plus de facilité, c'est ainsi que les feuilles des végétaux se couvrent ordinairement d'une abondante rosée, tandis qu'un terrain sablonneux en ressent à peine l'action ; les feuilles des plantes ne possèdent même pas à un égal degré la propriété de se refroidir ; leur couleur, le poli ou la rugosité de leur surface exercent une influence considérable sur leur pouvoir émissif, et par conséquent sur les quantités de vapeur qu'elles peuvent condenser.

D'un autre côté, le moindre obstacle opposé au rayonnement atténue le refroidissement du sol ; un ciel brumeux, un simple nuage, restituent à la terre la chaleur qu'elle rayonne et l'abritent comme un manteau contre tout abaissement de température, aussi ne voit-on pas de rosée par les temps couverts. Le plus léger abri, un mur, un écran de toile ou même de fumée, suffisent pour compenser les effets du rayonnement et s'opposer ainsi à la formation de la rosée. De là, un moyen très simple d'abriter contre les effets souvent désastreux du rayonnement nocturne les cultures que leur étendue ne permet pas de protéger par des écrans.

Les Indiens savent de temps immémorial qu'il suffit de troubler la transparence de l'air, aussi brûlent-ils des tas de paille humide ou de fumier lorsque la pureté du ciel leur fait craindre une congélation nocturne. Pline signale également dans ses œuvres l'utilité de la fumée : « La pleine lune, dit-il, n'est nuisible que lorsque le temps est serein et l'air parfaitement calme, car avec des nuages ou du vent, la rosée ne tombe pas ; encore est-il des remèdes contre ces influences. Quand vous avez des craintes, brûlez des sarments ou des tas de paille, ou des herbes ou des broussailles arrachées ; la fumée sera un préservatif. »

Ces procédés bien simples tendent à se propager dans nos pays et à prendre une place importante dans nos pratiques agricoles ; leur efficacité a été bien nettement démontrée par des expériences nombreuses et concluantes ; depuis quelques années bien des agriculteurs abritent leurs récoltes à l'aide de ces moyens artificiels pendant les nuits calmes et sereines du printemps et les préservent ainsi de l'influence souvent inévitable de la gelée.

IV

LA LUMIÈRE DANS L'ATMOSPHÈRE.

Corps opaques et corps transparents. — Constitution de la lumière solaire.
Le spectre solaire. — Rayons obscurs. — La voûte céleste. — La couleur
du ceil. — Diffusion de la lumière par l'atmosphère. — Absorption des
rayons chimiques. — Aurore et crépuscule. — Réfraction atmosphérique.
— Mirage. — Arc-en-ciel. — Couronnes. — Halos.

Le soleil est pour la terre la source inépuisable de la
chaleur et de la lumière. Sans doute, l'air n'est pas nécessaire à la transmission de ces deux agents, mais il exerce
sur leur distribution une influence profonde. Les rayons
du soleil, après avoir franchi plusieurs millions de lieues
dans les espaces célestes doivent traverser, avant d'atteindre la surface du globe, la couche gazeuse qui l'entoure;
pendant leur trajet à travers cette mince enveloppe, ils
subissent des modifications nombreuses; en arrivant à
nous, ils ont perdu certains de leurs caractères et en ont
acquis de nouveaux. On sera peut-être surpris de voir la
science poser une pareille affirmation, lorsque, condamnés à vivre dans les profondeurs de l'atmosphère, il nous
est impossible de soumettre à l'épreuve les rayons de

l'astre, vierges de tout contact. Sans doute il ne nous est
pas permis d'aborder directement une pareille étude,
mais nous pouvons du moins faire varier à notre gré et
dans des limites assez étendues l'action modificatrice de
l'air ; nous parviendrons ainsi à nous faire une idée assez
exacte du rôle de l'atmosphère dans ces nombreux phénomènes optiques, aux formes si mobiles et si admirables,
à la fois.

Les différents corps possèdent à l'égard de la lumière
des propriétés bien connues et très variables. Les uns sont
tout à fait imperméables aux rayons lumineux, on les
appelle *opaques* ; d'autres au contraire se laissent traverser par eux avec la plus grande facilité, ils sont *diaphanes* ou *transparents*. Une lame de verre, par exemple,
n'oppose aucun obstacle apparent au passage de ces
rayons, et si elle est parfaitement propre et polie, nous
ne la voyons pas, tant sa transparence est parfaite ; cependant, transparence et opacité ne sont que des propriétés
relatives. Le verre conserve, il est vrai, sa transparence sous une très grande épaisseur, mais il la perd
peu à peu si celle-ci devient très considérable, il finirait
même par devenir complètement opaque. De même une
lame de métal cesse d'être opaque quand elle est suffisamment mince, elle devient alors perméable à la lumière
et acquiert une certaine transparence. A ce point de
vue l'air est le plus transparent de tous les corps, il
laisse sans peine arriver jusqu'à nous les rayons du soleil,
malgré l'épaisseur énorme de la couche qu'ils sont obli-
gés de traverser.

Tous les corps transparents ne le sont pas de la même
manière, les uns transmettent la lumière sans lui imprimer de modification sensible, ainsi se comporte le verre
blanc ordinaire qui ferme nos habitations ; d'autres communiquent aux rayons des colorations particulières ; les

vitraux d'une église, par exemple, éclairés par la lumière du jour, colorent de mille nuances les rayons qui les traversent. Il existe donc des milieux transparents incolores et des milieux colorés. Nous aurons à nous demander bientôt si l'atmosphère appartient à l'un ou l'autre de ces groupes. Le bleu d'azur de la voûte céleste est-il dû à un mode particulier de transparence de l'air, ou appartient-il aux espèces planétaires dont il constitue une propriété spéciale ?

Les corps opaques présentent d'ailleurs les mêmes différences, les uns sont blancs ou incolores, d'autres revêtent de riches couleurs. La lumière qui produit des effets si divers est cependant toujours la même ; par quel mécanisme s'effectue cette transformation ? Une courte digression dans le domaine de l'optique est ici nécessaire pour faire apprécier la cause de ces curieuses modifications.

La lumière blanche du soleil n'est pas simple et homogène, comme ou pourrait le croire tout d'abord. Il n'est personne qui n'ait admiré ces brillantes et vives nuances qui jaillissent d'un morceau de verre taillé ; ces mille couleurs, ce n'est pas le cristal qui les engendre, elles préexistent dans la lumière du soleil et le cristal ne fait que les séparer. Une expérience bien simple et bien admirable à la fois permet de montrer dans toute sa splendeur la beauté de ce phénomène.

Par une petite ouverture *a*, pratiquée dans le volet d'une chambre obscure, faisons pénétrer un rayon de soleil, il dessinera sur le mur opposé un petit cercle blanc *d*, de même dimension que l'ouverture ; sur le trajet du rayon, plaçons maintenant un bloc de cristal *b* taillé en forme de prisme triangulaire, plusieurs phénomènes nouveaux apparaissent à l'instant. La lumière est déviée de sa direction primitive, le petit cercle blanc cesse d'occuper sa position première, il est *réfracté*, mais en même temps la nouvelle image *r, v* affecte une forme toute différente, elle est considérablement dilatée dans une de ses dimensions et sa couleur blanche primitive a fait place à une série de vives nuances; des bandes de

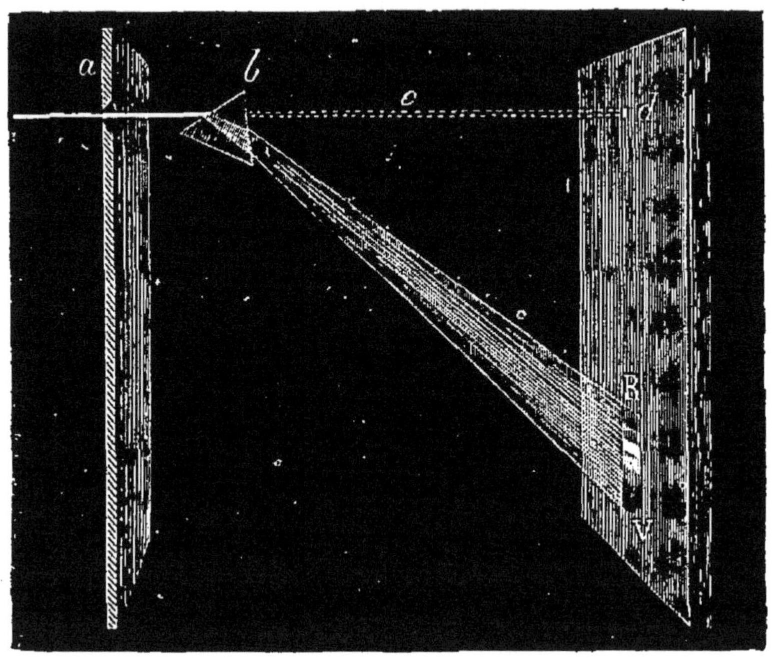

Fig. 29. — Décomposition de la lumière par un prisme.

diverses couleurs se succèdent d'une extrémité à l'autre, passant par mille tons intermédiaires de la plus grande richesse. Cette image brillamment colorée est désignée sous le nom assez bizarre de spectre solaire. On y compte sept couleurs principales toujours rangées dans le même ordre, ce sont les suivantes : *violet, indigo, bleu, vert, jaune, orangé, rouge*. Ces nuances passent de l'une à l'autre par des dégradations insensibles, de sorte qu'en réalité le nombre en est illimité.

Telle est, en peu de mots, la méthode qui a permis de

démontrer que la lumière blanche est composée d'une infinité de rayons diversement colorés, dont la superposition produit sur notre œil une impression unique, celle du blanc. On peut, à l'aide de ces notions, se faire une idée assez nette de la coloration des corps transparents ou opaques. Un verre bleu, par exemple, exerce sur la lumière une décomposition particulière, les rayons bleus sont seuls capables de le traverser, les autres sont détruits comme lumière, ils sont absorbés; de même une étoffe colorée réfléchit seulement un certain nombre des rayons qui la frappent, les autres sont absorbés et ne produisent sur notre œil aucune sensation; c'est donc à la propriété de transmettre de préférence telle ou telle nuance que tous les corps doivent leur coloration.

L'analyse de la lumière par le prisme conduit à d'autres résultats tout à fait inattendus et d'une importance capitale. Le spectre solaire est limité pour notre œil, d'un côté par les rayons rouges, de l'autre par les rayons violets, la radiation solaire est cependant loin d'être comprise dans ces étroites limites. Un thermomètre promené successivement dans les diverses régions du spectre indique des températures croissantes depuis le violet jusqu'au rouge; mais, chose bien remarquable, sa température continue à s'élever encore quand il est placé au delà du rouge dans une portion où l'œil ne perçoit plus aucune lumière, et il est encore influencé à une grande distance de l'extrême rouge. Il y a donc dans le spectre des rayons invisibles dont la présence peut être mise en évidence par leurs actions calorifiques.

De même, au delà du violet, s'étend un large espace complètement sombre dans lequel il est encore possible de révéler l'existence d'une activité particulière. Ces rayons *ultra violets* n'exercent plus aucun effet sensible sur le thermomètre, mais ils sont remarquables par les phénomènes chimiques qu'ils sont capables d'engendrer; c'est ainsi que, sous leur seule influence, les substances photogéniques sont rapidement impressionnées, c'est à eux que revient la plus grande part dans les actions chimiques de la lumière.

En résumé, l'analyse prismatique démontre dans la radiation solaire une infinité de rayons doués de propriétés fort différentes; les uns provoquent en nous les sensations lumineuses et se font remarquer par leurs différentes nuances; d'autres, complètement invisibles, sont doués d'activités spéciales; ceux qui avoisinent la région du rouge ont pour caractère d'énergiques propriétés calorifiques; enfin, les rayons ultra violets en même temps froids et obscurs, sont remarquables par leurs propriétés chimiques. Nous pouvons maintenant aborder l'examen des principaux phénomènes optiques qui prennent naissance dans l'atmosphère.

Quand on promène les regards sur le ciel, l'espace parait limité par une voûte azurée, abaissée au-dessus de nos têtes et se prolongeant vers l'horizon; cependant cette voûte, à laquelle l'imagination des poètes suspendait comme autant de lustres, le soleil et les étoiles, n'existe pas; l'espace est sans limites et par conséquent sans formes; quelle est donc la cause de cette illusion qui trompe ainsi nos regards? Pourquoi voyons-nous autre chose que la réalité? L'illusion réside dans une fausse interprétation de nos sensations.

De tous les corps de la nature, l'air est le plus transparent. Il laisse voir les objets à une très grande distance, surtout lorsque la pluie en a balayé toutes les impuretés. Cette transparence est loin cependant d'être absolue. On sait que les montagnes très éloignées de nous semblent se couvrir d'un voile grisâtre, dont l'opacité augmente avec la distance. Le soleil à son lever peut être regardé en face, tandis qu'à midi sa lumière blesse nos regards; c'est que l'épaisseur de l'atmosphère, beaucoup plus grande à l'horizon, absorbe une plus forte proportion des rayons émanés de l'astre. Cette transparence imparfaite de l'air est la cause essentielle de la couleur bleue du ciel et de la forme apparente de la voûte céleste.

Les particules gazeuses dont est formée l'atmosphère absorbent une partie des rayons qui les traversent, et en réfléchissent une autre ; quelque faible que soit cette action, répétée un grand nombre de fois, elle finit par devenir appréciable. La lumière réfléchie est bleue, c'est elle qui produit la couleur azurée du ciel, en troublant la transparence de l'air. L'atmosphère, ainsi opalescente, modifie puissamment pour nous l'aspect de la voûte céleste ; sa forme apparente est due à un de ces effets de perspective entraînant si souvent, pour nous, une fausse interprétation des formes et des distances. Si l'air était d'une transparence parfaite, le ciel serait sans couleur, le soleil nous apparaîtrait comme un disque incandescent fixé sur un fond noir, les étoiles seraient aussi bien visibles le jour que la nuit; si nous ne les apercevons pas quand le soleil est au-dessus de l'horizon, c'est que leur éclat est inférieur à celui de la lumière diffusée par l'atmosphère ; la flamme d'une bougie exposée au grand jour est pour nous tout aussi invisible.

Quand, à la lumière blanche du soleil, on enlève les rayons bleus, ce qui reste possède une teinte orangée ; telle est, en effet, la nuance de l'atmosphère lorsque les rayons de l'astre la traversent sous une grande épaisseur. Qui n'a admiré cette magique illumination de la nature au lever et au coucher du soleil? Des flots de rayons dorés inondent la terre, le soleil nous apparait comme un globe de feu, et il semble changer de couleur à mesure qu'il monte sur l'horizon. Ce que nous voyons en regardant le ciel, c'est donc l'atmosphère, diversement colorée, selon les conditions de l'éclairage qu'elle reçoit; elle est pour nous comme un voile lumineux, diffusant dans toutes les directions les rayons qui le pénètrent, et multipliant les effets de la radiation solaire par une infinité de répercussions.

Si l'atmosphère n'existait pas, les rayons lancés directement par le soleil parviendraient seuls jusqu'à nous, tous les objets qu'ils n'atteignent pas seraient plongés dans d'épaisses ténèbres; l'ombre si douce d'une forêt serait aussi obscure que la caverne la plus sombre; nous passerions à chaque instant d'une lumière éblouissante à la nuit la plus profonde. Quelques-uns de ces effets se font déjà sentir quand on s'élève à de très grandes hauteurs. Tous les voyageurs ont remarqué la teinte sombre du ciel sur les hautes montagnes; l'éclat de l'air y est tellement affaibli que l'on a pu, dit-on, distinguer quelquefois les étoiles en plein jour en se plaçant à l'ombre.

Les éléments de l'atmosphère n'interviennent pas tous avec la même activité dans ces phénomènes d'illumination, le principal rôle semble dévolu à la vapeur d'eau; c'est elle qui, dans toutes les actions de cette nature, paraît avoir la part prépondérante; mais d'autres influences s'ajoutent encore à celles de ces fluides invisibles. En dehors de son état de vapeur, l'eau existe souvent dans l'atmosphère à l'état de globules infiniment petits qui, réunis en masse, forment les brouillards et les nuages; ces vésicules, à cause même de leur petitesse, donnent lieu à de nombreuses réflexions, quelquefois accompagnées de décompositions de la lumière. Ainsi prennent naissance ces teintes si variées et si mobiles qui colorent les nuages au coucher du soleil. D'autres fois, cette vapeur condensée forme au sein de l'air un léger voile blanchâtre qui en trouble plus ou moins la transparence,

le ciel est alors *vaporeux* : sa couleur azurée a fait place
à ces tons moins brillants, mais pleins de douceur, qui
établissent un contraste si frappant entre le ciel des régions septentrionales et celui des contrées du Midi.

Enfin, l'atmosphère est toujours remplie de fines poussières d'une excessive ténuité, dont le rôle est à plus d'un
titre fort important. Quand un rayon de soleil traverse un
espace peu éclairé, l'œil suit facilement la trace de son
passage, mais ce n'est pas l'air lui-même que l'on aperçoit ; les poussières en suspension, vivement éclairées,
diffusent la lumière dans tous les sens, et illuminent
ainsi le trajet du rayon lumineux ; une bouffée de fumée
projetée sur le faisceau lui donne un éclat plus brillant
encore. Toutes ces particules solides, nageant dans l'air
en prodigieuse quantité, se comportent comme les vésicules de vapeur condensée ; elles agissent sur la lumière comme autant de réflecteurs microscopiques, ren-
voyant dans toutes les directions les rayons qui les
frappent.

En résumé, l'apparence de l'atmosphère est modifiée à
chaque instant par des causes multiples. Sa lumière provient de trois sources principales : une partie est réfléchie par les grains de poussière ou par les vésicules
d'eau ; cette portion est ordinairement blanche, quelquefois colorée comme la lumière d'où elle émane ;
une seconde partie, diffusée par les éléments gazeux de
l'air, est bleue ; la troisième, de couleur orangée, est
transmise directement à travers les molécules d'air ; enfin
ces nuances diverses se combinent encore avec le noir
des espaces célestes, dont l'influence augmente à mesure
que l'épaisseur des couches d'air s'affaiblit.

Cette action de l'atmosphère s'exerce, on vient de le
voir, avec une sorte d'élection sur certaines parties des
rayons solaires ; elle produit une véritable décomposition

de la lumière, en réfléchissant les rayons bleus et laissant un passage librement ouvert à la lumière orangée; mais là ne se borne pas sa façon d'agir. La radiation solaire renferme, nous l'avons déjà dit, d'autres rayons invisibles, dont les uns possèdent d'énergiques propriétés calorifiques, tandis que dans les autres réside une puissante activité chimique.

Nous verrons plus loin ce que deviennent les premiers; quant aux seconds, l'air les absorbe avec avidité. L'activité chimique de la lumière augmente, notablement, à mesure que le soleil s'élève à l'horizon, et l'on constate sans peine qu'elle s'accroît toutes les fois que l'épaisseur de la couche atmosphérique diminue. Une feuille de papier photographique, par exemple, exposée en plein soleil, est plus rapidement impressionnée au milieu de la journée que le matin ou le soir; elle l'est plus rapidement encore dans les hautes régions de l'atmosphère, bien que l'intensité apparente de la lumière y semble, à certains points de vue, diminuée.

La diffusion de la lumière par l'air a encore pour conséquence de prolonger la durée du jour avant le lever du soleil et après son coucher. Sans l'action de l'atmosphère, le jour succéderait brusquement à la nuit; l'apparition soudaine du soleil au-dessus de l'horizon nous inonderait tout à coup d'une éblouissante clarté, tandis que la plus profonde obscurité succéderait sans transition au coucher de l'astre. Mais les choses sont loin de se passer d'une manière aussi brutale : l'aurore nous éclaire le matin de ses douces lueurs bien avant le lever du soleil, et le crépuscule du soir nous fait passer par d'insensibles dégradations de la vive clarté du jour à l'obscurité de la nuit. Ces deux phénomènes ont une même cause : ils sont dus à la réflexion des rayons obliques du soleil par l'air des hautes régions; semblable à un gigantesque réflecteur, l'at-

mosphère les dévie de leur route et les renvoie à la surface
du sol. Toutes les causes qui troublent la transparence
de l'air doivent favoriser, on le comprend, la formation
de ces lueurs crépusculaires. Dans les régions polaires,
où l'air contient toujours en suspension des particules de
neige ou de petits cristaux de glace, l'intensité du crépuscule éclaire d'un demi-jour permanent les longues
nuits de plusieurs mois. Entre les tropiques, au contraire, où l'air est ordinairement très sec et très pur, le
crépuscule a une si faible durée que plus d'un voyageur
a été surpris par l'arrivée subite de la nuit.

Une autre cause, tout à fait indépendante des précédentes, tend encore à augmenter pour nous la durée du
jour, nous voulons parler de la réfraction atmosphérique. Tout le monde a pu observer la curieuse apparence présentée par un bâton à moitié plongé dans
l'eau : le bâton paraît brisé au point où il rencontre la
surface, et la portion immergée semble se relever. Ce
sont, en réalité, les rayons lumineux émanés des points
situés sous l'eau qui, déviés de leur direction rectiligne
en changeant de milieu, produisent sur notre œil cette
singulière illusion. Une action du même ordre s'exerce
sur les rayons solaires au moment où ils atteignent l'atmosphère. Ces rayons sont déviés, ils se courbent vers la
terre, et nous apercevons l'astre dans une position bien
différente de celle qu'il occupe. Il résulte même de cette
inflexion que le soleil devient visible le matin, avant
qu'il ait apparu au-dessus de l'horizon, et nous l'apercevons encore le soir quelques instants après son coucher. Cette réfraction de la lumière par l'air intervient
très souvent pour fausser notre jugement dans l'évaluation de la hauteur des objets terrestres, c'est ainsi que les
montagnes élevées nous paraissent plus hautes qu'elles
ne le sont, à cause de l'inflexion des rayons lumineux

qui pénètrent dans les couches inférieures de l'atmosphère.

A la réfraction atmosphérique se rattachent encore
d'autres apparences intéressantes qui deviennent souvent
pour nous l'origine des plus bizarres illusions. L'air ne
dévie pas toujours avec la même énergie la lumière
qui le traverse. Les moindres variations dans sa densité
modifient considérablement son pouvoir réfringent; et
si un même rayon chemine successivement dans des
couches de densités différentes, il éprouve des alternatives de déviations et de redressements continuels; il se
courbe dans mille directions, et produit sur notre œil de
singulières impressions. C'est ce qui arrive lorsqu'on
regarde les objets éloignés, séparés de nous par de larges
surfaces du sol fortement échauffées. L'air en contact
avec la terre se dilate et s'élève pour faire place à des
couches plus froides. Il en résulte un trouble continuel
dans l'homogénéité de l'atmosphère, trouble qui se tra-
duit par ce tremblotement dont semblent animés
les objets placés à l'horizon; souvent leurs images sont
assez altérées pour rendre impossible l'appréciation
de leur forme et de leur dimension. D'autres fois, enfin, survient un phénomène nouveau, qui a été bien souvent pour le voyageur la cause des plus cruelles déceptions.

Quand le sol est fortement échauffé et l'atmosphère
calme, les couches d'air dilatées à sa surface tendent,
comme toujours, à s'élever. Mais, sous l'influence de
cette cause continue d'échauffement, il s'établit bientôt
d'une manière permanente un état particulier d'équilibre
anormal. Les couches les plus légères sont maintenues
au-dessus de la terre, et leur densité va en augmentant
à mesure qu'elles s'éloignent de sa surface. Les phénomènes de réfraction éprouvent alors des modifications pro-

fondes en rapport avec la nouvelle constitution du milieu :
quand un rayon lumineux chemine obliquement dans
un milieu de cette nature, il devient bientôt incapable de
subir une nouvelle réfraction, il se réfléchit alors à la
surface d'une couche d'air, comme sur un miroir poli,
donnant lieu à la formation d'images symétriques, tout à
fait semblables à celles que produiraient une glace éta-
mée ou la surface d'une eau tranquille ; telle est l

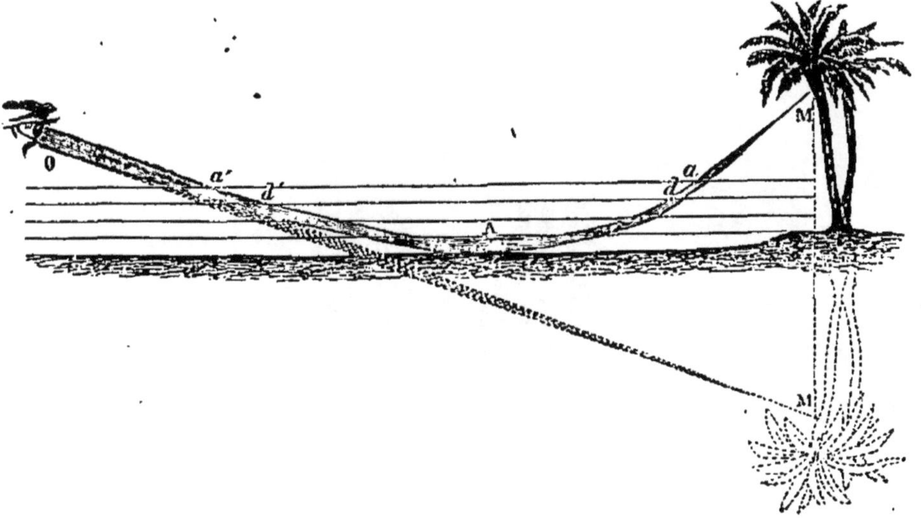

Fig. 50. — Phénomène du mirage.

cause du phénomène connu sous le nom de mirage, dont
on observe si fréquemment les effets dans les régions
méridionales. La figure 30 montre la marche d'un rayon
lumineux émané d'un objet terrestre et parvenant à l'œil
d'un observateur après s'être réfléchi à la surface des
couches d'air échauffées.

On connaît toutes les déceptions dont nos soldats furent victimes pendant la campagne d'Égypte : fatigués
par des marches forcées, exténués par la brûlante ardeur du soleil dans d'immenses plaines arides, ils
croyaient voir au loin de vastes nappes d'eau réfléchis-

Fig. 31. — Mirage dans les mers polaires.

sant l'image des palmiers et de tous les objets placés à l'horizon, mais ce rivage tant désiré fuyait constamment devant eux. C'était l'air échauffé de la plaine qui prenait l'apparence de l'eau, en réfléchissant l'image bleue du ciel et celles de tous les corps qui découpaient l'horizon.

Le mirage s'observe très fréquemment sous cette forme dans le Midi de la France, mais rien n'est varié comme les apparences qu'il est capable de revêtir. Tantôt les objets éloignés acquièrent, dans le sens vertical seulement, des dimensions colossales; d'autres fois, la réflexion s'opère latéralement, comme si un immense miroir invisible était dressé à côté des objets; on a vu des navires apparaître renversés dans les hautes régions de l'atmosphère; souvent, enfin, quelques-unes de ces formes se manifestent simultanément pour donner naissance aux plus étranges illusions. Nous reproduisons ici un cas remarquable, observé dans les mers polaires : le mirage latéral se trouve associé au mirage par suspension et montre l'image du même objet, nettement et plusieurs fois répétée. Mille circonstances, dont l'analyse est souvent très difficile, compliquent encore ces féeriques apparitions; mais, dans tous les cas, elles ont pour cause essentielle la réfraction de la lumière dans des conditions anormales.

A côté de ces phénomènes généraux dans lesquels l'atmosphère intervient par l'ensemble de ses éléments, il en est d'autres, plus remarquables peut-être, exigeant pour leur production un concours de circonstances déterminées; ils sont presque tous sous la dépendance de certains états physiques de l'eau; le plan de cet ouvrage ne nous permet ni de les décrire dans tous leurs détails, ni de les étudier dans leur nature intime, nous devons nous borner à mentionner les plus importants.

Qui n'a été saisi d'admiration à la vue de ce grandiose

spectacle que nous offre fréquemment la nature lorsque, pendant la pluie, le soleil se fait jour à travers les nuages ? L'*arc-en-ciel* a de tout temps excité le poétique enthousiasme des anciens peuples, les Hébreux saluaient en lui la bienfaisante protection de leur Dieu, et les Grecs le considéraient comme la riante apparition de la messagère de Junon, la brillante Iris aux ailes diaprées des plus vives couleurs, venant rassurer la terre par d'heureuses nouvelles apportées de l'Olympe. La science, plus soucieuse d'interprétations rigoureuses que de fictions poétiques, devait rechercher la cause de ce splendide météore; il était réservé à Newton d'en donner une théorie complète, entrevue avant lui par Descartes.

Plusieurs conditions sont nécessaires à la formation de l'arc-en-ciel : il faut d'abord que l'atmosphère contienne des gouttes d'eau d'une certaine dimension, et que ces vésicules soient directement éclairées par le soleil. Aussi, voit-on le phénomène prendre toujours naissance pendant ou après la pluie dans une région du ciel ordinairement vaporeuse; il n'est pas rare de l'observer dans un jet d'eau étalé par le vent ou dans cette pluie fine, sorte de poussière liquide en suspension au-dessus d'une cascade. Il faut de plus que le soleil ne dépasse pas une certaine hauteur au-dessus de l'horizon ; la grandeur de l'arc diminue avec la hauteur de l'astre et augmente à mesure qu'il s'abaisse. Enfin, l'observateur doit nécessairement tourner le dos au soleil; alors l'arc qui se développe peut être considéré comme formant la base d'un cône dont le sommet est dans l'œil de l'observateur, et dont l'axe, prolongé par derrière, passe directement par le centre du soleil. Il est facile de s'assurer que cette condition est toujours remplie soit pour les beaux arcs-en-ciel que donne la pluie des nuées, soit pour ceux qui prennent naissance dans les cascades ou les jets d'eau; elle indique même la position à choisir dans ces derniers

Fig. 52. — Arc-en-ciel.

cas pour voir briller des couleurs de l'iris dans ces gouttelettes flottantes.

Quand ces circonstances se trouvent réalisées, on voit se dessiner dans le ciel une bande circulaire vivement colorée de toutes les nuances du spectre solaire disposées dans le même ordre, et dont le rouge occupe la convexité. Le plus souvent, cet arc est encadré par un second d'un plus grand diamètre, présentant les mêmes couleurs mais groupées dans un ordre inverse. Cette disposition des couleurs de l'iris, identique à celle des nuances du spectre que Newton venait de découvrir, semblait nettement indiquer l'intervention d'une même cause dans la production des deux phénomènes, aussi l'explication de l'arc-en-ciel ne se fit-elle pas longtemps attendre. Newton démontra que les couleurs du brillant météore sont apportées dans l'œil par des rayons qui viennent du soleil après avoir été réfractés, décomposés et réfléchis dans de légères parcelles aqueuses dont la forme est parfaitement sphérique. Sa théorie rend compte de toutes les conditions qui accompagnent la formation de l'arc-en-ciel; la distribution inverse des couleurs dans les deux arcs, leur largeur et leur écartement, leur plus ou moins grande étendue selon la hauteur du soleil, l'apparition possible d'arcs surnuméraires quelquefois observés, tout s'explique avec une merveilleuse simplicité en appliquant les lois ordinaires de la réfraction et de la dispersion à la marche de la lumière dans une simple goutte d'eau.

Il ne faut pas confondre avec l'arc-en-ciel d'autres météores lumineux qui, malgré une apparente analogie, admettent un mode de production complètement différent, nous voulons parler de ces cercles irisés qui entourent la lune ou le soleil lorsqu'un léger nuage en voile la surface; on les désigne sous le nom de *couronnes*. Le diamètre de ces cercles est variable selon l'état des nuages, ils sont séparés les uns des autres par des intervalles égaux, et dans chacun d'eux la bande rouge est extérieure. Les conditions seules dans lesquelles on

Fig. 55. — Couronne formée autour de la lune par diffraction.

les observe prouvent d'ailleurs que le mécanisme de leur formation doit différer essentiellement de celui qui engendre l'arc-en-ciel, puisque le nuage est ici interposé entre l'œil de l'observateur et la source de lumière Les sphérules liquides sont cependant nécessaires à la pro-

Fig. 34. — Halo.

duction des couronnes, mais elles agissent ici comme de simples corps opaques et l'on peut les remplacer par une poudre quelconque formée de grains fins et réguliers. C'est ainsi qu'une lame de verre recouverte d'une légère couche de poudre de lycopode donne naissance à de magnifiques couronnes quand on la place devant la flamme d'une bougie. La lumière éprouve dans ce cas une décomposition comparable à celle que produirait un prisme ou une goutte d'eau, mais engendrée par une cause toute différente : le passage de la lumière à travers des espaces étroits. Ce mode de décomposition appartient à une classe intéressante de faits désignés en physique sous le nom de phénomènes de *diffraction*.

Nous devons citer enfin un dernier groupe de météores dont la production est due non plus à la transmission des rayons solaires à travers des gouttes d'eau, mais à leur réfraction dans des prismes de glace ; les halos en représentent le type. Ce sont des cercles colorés, ordinairement au nombre de deux, qui apparaissent autour du soleil ou de la lune pendant les saisons froides. Leur bord intérieur, coloré en rouge, est en général bien défini, leur bord extérieur est à la fois plus vague et moins brillant ; le diamètre apparent de ces cercles est constant et égal à $22°$ pour le plus petit, à $46°$ pour le plus grand. L'abbé Mariotte avait déjà indiqué la véritable origine des halos ; Bravais en a complété la théorie. Son explication repose sur la présence dans l'atmosphère d'une multitude de petites aiguilles de glace décomposant, comme autant de prismes, la lumière du soleil. L'existence de ces aiguilles a d'ailleurs été directement observée dans un très grand nombre de cas : on a vu quelquefois des halos très rapprochés, formés dans une pluie de particules glacées, être interrompus dans les mêmes endroits que cette pluie et cesser en même temps qu'elle. Dans les régions polaires, les parcelles de glace forment souvent une espèce de brouillard d'un éclat éblouissant ; enfin, les cirrus, constitués comme nous l'avons vu, par des cristaux de glace flottant dans les hautes régions de l'atmosphère donnent lieu sous toutes les latitudes à la formation des halos.

Ces météores ne sont pas toujours limités à l'apparition d'un ou deux cercles concentriques au soleil ; le phénomène est ordinairement compliqué d'autres apparences souvent très brillantes, qui ont reçu différents noms. Les *parhélies* ou *faux-soleils* sont des images diffuses et colorées du soleil se montrant un peu en dehors des halos sur leur diamètre horizontal. Quelquefois on voit apparaître des *arcs tangents* colorés, s'appuyant sur un diamètre vertical et présentant le rouge en dedans ; ces arcs sont plus nombreux pour le grand que pour le petit halo. D'autres fois enfin, tout ce système de cercles et d'arcs lumineux est coupé horizontalement par une large bande blanche faisant le tour entier de l'horizon et passant par le centre du soleil ou de la lune : c'est le *cercle parhélique* sur lequel on peut observer encore, exactement à l'opposé de l'astre, une image blanche et diffuse qui a reçu le nom d'*anthelie*.

Il arrive très rarement que toutes ces apparences se montrent simultanément, et encore faudrait-il en ajouter quelques autres moins communes que les précédentes. Les halos les plus complets sont celui de Saint-Pétersbourg, observé par Lowitz en 1790, et celui qui a été étudié à Pitea en Suède, par MM. Martins et Bravais en 1839. Un assez grand nombre des phénomènes optiques qui viennent d'être indiqués s'y trouvaient réunis à la fois, et leur analyse rigoureuse a confirmé de la manière la plus complète la théorie formulée par Bravais.

V

LA CHALEUR DANS L'ATMOSPHÈRE.

Nous avons, bien souvent déjà, invoqué l'action de la
chaleur ou du froid pour expliquer un grand nombre de
faits ; nous avons vu les gaz se contracter ou se dilater
quand ils sont refroidis ou échauffés; on se souvient
du rôle important de la chaleur dans la formation et la
condensation de la vapeur d'eau : nous avons à examiner
maintenant les relations plus intimes qui existent entre
l'atmosphère considérée dans son ensemble et l'action calorifique exercée par le soleil. Cette étude nous montrera
par quel merveilleux mécanisme s'enchaînent toutes les
forces de la nature, nous verrons l'atmosphère, semblable
à une immense machine alimentée par le feu du soleil,

accomplir un travail prodigieux dont nous ne saurions concevoir la puissance.

Mais nous devons avant tout nous faire une idée nette et précise de la manière dont l'air s'échauffe ou se refroidit ; il ne nous suffit plus de connaitre les résultats définitifs d'une accumulation ou d'une soustraction de chaleur, nous devons jeter un coup d'œil rapide sur le mode particulier de propagation de cet agent dans une masse gazeuse, bien différent, comme on va le voir, de celui qui produit l'échauffement des corps solides.

Si l'on plonge l'extrémité d'une barre de fer dans un foyer incandescent, cette extrémité est rapidement portée au rouge, mais en même temps la chaleur se transmet de proche en proche à la portion de la barre située hors du foyer, et il serait imprudent de porter la main à une petite distance de l'extrémité chauffée ; ce mode de transmission de la chaleur a reçu le nom de conductibilité. D'un autre côté, un corps chaud nous révèle à distance son état calorifique en nous envoyant de la chaleur ; c'est ainsi que, placés à plusieurs mètres d'un poêle en activité, nous ressentons les effets de la chaleur qu'il émet, un thermomètre nous montre mieux encore par ses indications cette influence exercée à distance. Enfin, les corps solides ou liquides soumis à l'action des rayons solaires ne tardent pas à s'échauffer ; ils deviennent alors capables d'émettre à leur tour la chaleur qu'ils ont absorbée. Ces propriétés diverses de conduire, d'émettre ou d'absorber la chaleur se présentent d'ailleurs, dans les différents corps, avec des intensités très variables, voyons comment elles entrent en jeu dans l'air atmosphérique.

Toutes les fois que nous ressentons à distance l'influence d'une source de chaleur, une couche d'air plus ou moins épaisse nous sépare du foyer, et l'on pourrait être tenté de croire que cet air, d'abord échauffé, propage par conductibilité la chaleur qu'il a reçue ; un instant de réflexion suffit pour montrer qu'il n'en est pas ainsi. Cette transmission est, en effet, instantanée du corps chaud à nos organes ; que l'on interpose un écran entre la source et un thermomètre sensible, celui-ci, d'abord stationnaire, commencera à indiquer une élévation de température au moment même où l'écran sera supprimé ; or, la chaleur exige toujours un temps plus ou moins long pour se transmettre par conductibilité dans la masse d'un corps, de sorte que ce mode de propagation ne saurait être invoqué. Mais en admettant même l'intervention de cette propriété, il est facile de se convaincre qu'elle ne pourrait se manifester dans de pareilles conditions, puisque les premières couches, rendues plus légères par leur échauffement, doivent nécessairement s'élever pour faire place à d'autres couches plus froides et plus pesantes. L'air est par conséquent renouvelé sans cesse, et cependant la chaleur du foyer continue à nous arriver librement.

Ce fait ne démontre rien, il est vrai, sur la conductibilité de l'air, il est même difficile de prouver par des expériences décisives si les gaz sont absolument dépourvus de cette propriété ; constatons seulement la facilité avec laquelle ils se laissent pénétrer par la chaleur rayonnante : celle-ci les traverse comme la lumière traverse le verre, sans laisser sur son passage de traces sensibles ; quand l'air est pur, les rayons de soleil se meuvent aussi librement dans l'atmosphère que dans les espaces interplanétaires ; ils viennent sans rencontrer d'obstacles répandre à la surface du globe leur chaleur et leur lumière ; mais cette perméabilité même s'oppose à l'échauffement de l'air, car il transmet presque intégralement la chaleur qu'il reçoit, sans en absorber à son profit une portion appréciable.

La transparence de l'air n'est cependant pas aussi parfaite que nous venons de le supposer; les expériences récentes de M. Tyndall en Angleterre montrent, au contraire, que, dans certaines circonstances, sa perméabilité est loin d'être absolue et, s'il laisse arriver jusqu'à nous la plus grande partie des rayons solaires, il en absorbe toujours une certaine quantité. Une courte digression est ici nécessaire pour nous faire comprendre en quoi consiste cette absorption.

Il existe entre la chaleur et la lumière des analogies étroites qui se poursuivent jusque dans les moindres détails; de même que la lumière nous apparaît avec les couleurs les plus variées, de même la chaleur se manifeste sous différentes formes qui en modifient les propriétés. La chaleur rayonnée par une masse de fer incandescente produit sur nos organes, à l'intensité près, la même sensation que celle qui émane d'un vase rempli d'eau bouillante, les propriétés de ces rayons calorifiques sont cependant très différentes à certains points de vue. Remarquons d'abord que les premiers sont accompagnés d'une vive lumière; les seconds, au contraire, n'exercent aucune impression sur nos yeux. La chaleur peut donc exister sans lumière, et réciproquement la lumière se manifeste souvent sans chaleur, la clarté de la lune nous en fournit un exemple; c'est à peine si les instruments les plus délicats de la physique révèlent quelques traces de chaleur dans les rayons de l'astre des nuits.

On sait déjà (page 79) que la lumière blanche du soleil est formée par le mélange d'une infinité de rayons de diverses couleurs, séparables les uns des autres par la simple action d'un prisme. Le spectre solaire nous a montré toutes ces nuances échelonnées en une série continue depuis le rouge jusqu'au violet. Mais on a vu égale-

ment qu'au delà du rouge existaient des rayons invisibles,
doués d'un pouvoir calorifique puissant. Une étude attentive a même démontré que ces rayons obscurs occupent,
comme la partie colorée du spectre, un assez grand espace ; il est donc naturel de supposer qu'ils partagent les
propriétés générales des rayons lumineux et qu'il existe,
pour les rayons obscurs, des différences analogues à
celles de la couleur pour les rayons visibles. La lumière
bleue, par exemple, traverse sans difficulté un verre
bleu, tandis qu'un verre rouge lui oppose une barrière
infranchissable. Pourquoi n'existerait-il pas de milieux jouissant de propriétés analogues pour des rayons
invisibles ?

Cette analogie est démontrée par l'expérience. Parmi
les milieux transparents pour la lumière, il en est, en
effet, qui arrêtent avec facilité les rayons calorifiques,
tels sont une dissolution limpide d'alun, l'eau, le verre.
D'autres, au contraire, complètement opaques pour les
rayons lumineux, sont d'une grande perméabilité pour
la chaleur obscure. Une curieuse expérience de M. Tyndall met ce fait en évidence de la manière la plus
saisissante.

Quand on reçoit les rayons du soleil sur un globe de
verre rempli d'eau, ils se concentrent, après avoir traversé le liquide, en un point très brillant, placé derrière
le ballon à une petite distance de ses parois ; ce point est
à la fois un foyer intense de chaleur et de lumière.
Substituons à l'eau du ballon une solution d'iode dans le
sulfure de carbone ; cette liqueur, aussi opaque que de
l'encre, interceptera toute la lumière, et cependant la
chaleur continuera à circuler librement dans ce nouveau
milieu, accusant sa présence par des effets d'une surprenante intensité : de la poudre s'enflamme presque instantanément à ce foyer obscur, un fil de platine y est rapidement porté à l'incandescence; la lumière seule a disparu,

mais la puissance calorifique n'a pas sensiblement diminué.

Comment se comporte l'atmosphère par rapport à cette
chaleur invisible ? Des expériences récentes démontrent,
à n'en pas douter, qu'elle l'absorbe avec énergie ; elle
agit sur ces rayons, comme le ferait une solution d'alun
ou une épaisse couche de verre ; semblable aux vitres d'une
serre, elle laisse pénétrer jusqu'à nous la chaleur lumineuse du soleil, et opère sur ses rayons uue sorte de
triage, comme le font la plupart des corps transparents.

La chaleur solaire n'arrive donc pas en totalité à la
surface du sol, une partie est arrêtée par l'atmosphère ;
toutefois, la part qui revient à l'air dans cette absorption
est relativement très minime. Si l'air était constamment
sec et pur, sa perméabilité serait très grande ; mais tous
les corps gazeux sont loin d'être aussi transparents que
lui pour les rayons calorifiques, et la vapeur d'eau qu'il
contient toujours en proportion plus ou moins grande
joue le principal rôle dans ce phénomène d'absorption.
M. Tyndall estime que la vapeur d'eau exerce sous ce
rapport une action 70 fois plus énergique que l'air. Cependant la chaleur solaire ainsi interceptée par ces écrans
gazeux n'est pas perdue pour nous ; un corps ne peut,
en effet, absorber de la chaleur qu'en s'échauffant lui-
même ; il l'emmagasine pour ainsi dire, pour l'abandonner ensuite par voie de rayonnement.

Cette absorption par l'atmosphère est une cause puissante de l'inégale répartition de la chaleur à la surface
du globe, suivant les heures du jour ou suivant les latitudes. La température s'élève pendant le jour depuis le
lever du soleil jusqu'au moment où il atteint sa plus
grande hauteur ; elle décroît ensuite jusqu'à son coucher.
L'astre est cependant resté à la même distance de la
terre, mais l'obliquité de ses rayons a changé, et cette

différence d'inclinaison exerce une double influence sur la quantité de chaleur reçue par la surface du sol.

La figure 35 rend compte de cette action de l'obliquité des rayons incidents. Les deux faisceaux égaux de lumière solaire A et B possèdent le même pouvoir calorifique jusqu'au moment où ils pénètrent dans l'atmosphère terrestre ; mais les rayons obliques de A couvrent une plus grande surface du sol. Chacun des points de cette surface sera donc moins échauffé. De plus, ce même

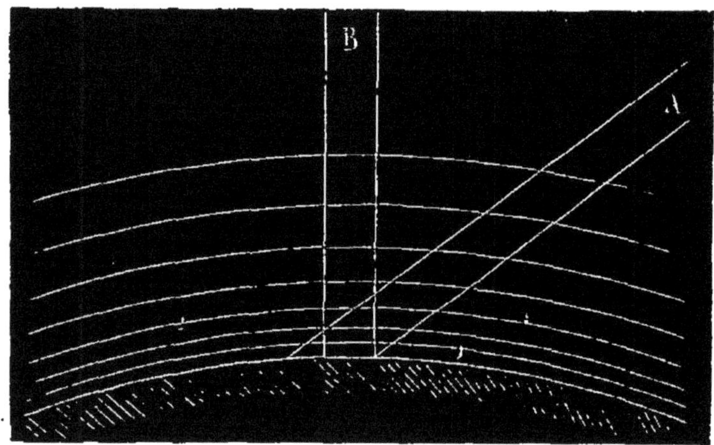

Fig. 35. — Variations de l'échauffement du sol.

faisceau traverse une couche d'air plus épaisse, et celle-ci absorbera une plus grande quantité de chaleur que la couche beaucoup plus mince interposée sur le trajet des rayons verticaux. La hauteur du soleil au-dessus de l'horizon exerce donc une double influence sur la chaleur reçue par la terre, et ce qui se passe selon les heures de la journée en un même point du globe se reproduit à la même heure aux diverses latitudes. Dans les régions polaires, où le soleil est toujours près de l'horizon, l'atmosphère et la terre reçoivent, à surface égale, moins de chaleur que dans le régions équatoriales, où le soleil s'élève tous les jours jusqu'au zénith.

L'action de l'atmosphère semble avoir pour résultat de diminuer la part de chaleur que le soleil nous envoie. Mais, par une heureuse compensation, elle nous garantit contre un refroidissement trop rapide. Les rayons qui ont pénétré jusqu'à la terre échauffent, avons-nous dit, la surface du sol, dont le pouvoir absorbant considérable accumule rapidement jusqu'à une certaine profondeur une grande quantité de chaleur, de sorte que pendant le jour sa température est plus élevée que celle des couches d'air qui la recouvrent. Cette action continue à se produire avec des intensités variables tant que l'astre est au-dessus de l'horizon. Mais dès que le nuit a succédé au jour, la terre, soustraite à cette action calorifique, tend, au contraire, à perdre par rayonnement la chaleur qu'elle a reçue dans la journée ; elle se refroidit. L'atmosphère intervient alors pour recueillir en quelque sorte la chaleur qu'elle émet.

N'oublions pas que c'est surtout sur la chaleur obscure que l'air humide exerce son pouvoir absorbant. Or, la terre, échauffée par les rayons lumineux du soleil, transforme en chaleur obscure tout ce qu'elle a reçu de l'astre, et les rayons qu'elle émet en se refroidissant sont précisément ceux que l'atmosphère absorbe avec la plus grande puissance. « En considérant la terre comme une source de chaleur, dit M. Tyndall, on pourrait admettre comme certain que 10 pour 100 au moins de la chaleur qu'elle tend à rayonner dans l'espace sont interceptés par les 10 premiers pieds d'air humide qui entourent sa surface. Ce seul fait indique assez l'énorme influence que cette propriété de la vapeur d'eau doit avoir dans les phénomènes de la météorologie. »

En résumé, l'atmosphère agit dans son ensemble comme un grand régulateur de la chaleur émanée du soleil. Pendant le jour, elle en absorbe une partie qu'elle dissémine dans tous les sens. Pendant la nuit, elle recueille celle que la terre rayonne vers les espaces célestes, et la protège ainsi contre le refroidissement. Cette chaleur n'est pourtant pas anéantie, l'atmosphère la tient en réserve pour la répartir avec uniformité dans toutes les régions du globe. C'est principalement à la vapeur d'eau dissoute dans l'air qu'est dévolu ce rôle important dans l'économie de la nature; si l'air était absolument sec, nous passerions brusquement des chaleurs brûlantes du jour aux froids les plus rigoureux. « La suppression pendant une seule nuit d'été de la vapeur d'eau contenue dans l'atmosphère, nous dit encore M. Tyndall, serait accompagnée de la destruction de toutes les plantes que la gelée fait périr. Dans le Sahara, où le sol est de feu et le vent de flamme, le froid de la nuit est souvent très pénible à supporter. On voit dans cette contrée si chaude de la glace se former pendant la nuit... Une grande transparence pour la lumière est d'ailleurs parfaitement compatible avec une grande opacité pour la chaleur. L'atmosphère peut être chargée de vapeur d'eau sous un ciel d'un bleu foncé ; et s'il en est ainsi, la radiation terrestre serait interceptée malgré la transparence parfaite de l'air. »

Une conséquence de ce pouvoir absorbant de l'air s'impose naturellement d'elle-même : il semble, au premier abord, que sur les hautes montagnes, où dans les régions élevées de l'atmosphère, la température devrait être plus haute que dans la plaine puisque les rayons du soleil ont à traverser une couche d'air de plus en plus faible. Cependant l'observation est en contradiction formelle avec ces déductions de la théorie ; tout le monde sait que l'air devient d'autant plus froid qu'on s'élève davantage sur les montagnes ; les nombreuses observations faites depuis Gay-Lussac, pendant les voyages aérostatiques,

donnent un démenti complet à des conclusions logiques
en apparence.

Sans relater ici les observations nombreuses recueillies
dans les ascensions sur les montagnes, nous indiquerons
sommairement quelques-uns des résultats dont la navigation aérienne a récemment enrichi la science. Dans son
célèbre voyage aérostatique, Gay-Lussac trouva à une hauteur de 7,000 mètres un froid de 10° au-dessous de zéro,
tandis qu'un thermomètre indiquait au même instant, dans
la cour de l'Observatoire, une température de 28°. Barral
et Bixio, dans leur ascension de 1850, observèrent à la
même hauteur une température inférieure à 39° au-dessous de zéro ; leur thermomètre cessait d'ailleurs de
donner la moindre indication, car il n'a pas été construit dans la prévision de froids aussi intenses. Les nombreux voyages aéronautiques, effectués dans ces dernières
années par MM. Flammarion, de Fontvielle, et d'autres
savants, ont conduit à des résultats analogues, et l'on est
aujourd'hui assez d'accord à évaluer dans nos pays le
décroissement moyen de la température à 1 degré pour
190 mètres d'élévation ; mais ce décroissement est soumis
à des variations nombreuses ; il dépend de la saison, de
l'état de l'atmosphère, de la hauteur absolue à laquelle
on s'élève, de l'heure de la journée, etc. On peut dire
que d'une manière générale, un thermomètre baisse
beaucoup plus vite en été qu'en hiver, à mesure que l'on
s'élève dans l'atmosphère.

Quelle est la cause de ce refroidissement des hautes
régions en opposition apparente avec toutes les données
qui précèdent ? Cette cause n'est pas unique, elle dépend
d'éléments nombreux, et en faisant à chacun d'eux la
part qui lui revient, on arrive sans peine à la solution
du problème. D'une part, un rayon solaire doit être plus
chaud à 3,000 mètres au-dessus du sol que s'il traversait
l'atmosphère dans toute son épaisseur : l'expérience con-

firme cette prévision. Nous citerons entre autres observations celles de MM. Bravais et Martins sur le grand plateau du mont Blanc. Ces savants ont constaté que la température du sol était constamment plus élevée au mont Blanc qu'à Chamounix, bien qu'à l'ombre un thermomètre indiquât une température supérieure de 20° environ à Chamounix qu'au mont Blanc, c'est que le grand plateau est élevé de 2890 mètres au-dessus de Chamounix.

Les voyages aéronautiques signalent des faits du même ordre. « Lorsqu'on a dépassé les régions inférieures de l'atmosphère, dit M. Flammarion, et, en général, l'altitude de 2000 mètres, on ne peut s'empêcher de constater l'accroissement très sensible de la chaleur du soleil relativement à la température de l'air ambiant. Ce fait ne m'a jamais plus impressionné que dans une ascension aéronautique, le 10 juin 1867, lorsque, nous trouvant, à sept heures du matin, à une hauteur de 3300 mètres, nous avons eu pendant une demi-heure 15° de différence entre la température de nos pieds et celle de nos têtes, ou pour mieux dire entre la température de l'intérieur de la nacelle (ombre) et celle de l'extérieur (soleil). Le thermomètre à l'ombre marquait 8°, le thermomètre au soleil, 23°. Tandis que nos pieds souffraient de ce froid relatif, un soleil ardent nous brûlait le cou, les joues et, en général, les parties du corps directement exposées à la radiation solaire. L'effet de cette chaleur était encore augmenté par l'absence du plus léger courant d'air. »

Cette augmentation de pouvoir calorifique est largement compensée, dépassée même par de puissantes causes de refroidissement liées aux propriétés même de l'atmosphère. Remarquons d'abord que l'humidité de l'air va toujours en diminuant à mesure qu'on s'élève, de sorte qu'à une altitude suffisante l'air doit être absolument sec. De là résulte que, pendant la nuit, le sol des hauts plateaux doit perdre avec une prodigieuse rapidité, par voie de rayonnement, la chaleur absorbée pendant le jour. Tous les objets placés à la surface du sol, hommes, animaux, plantes, se refroidissent aussi, chacun suivant sa faculté rayonnante ; or cette faculté n'existe dans aucun corps avec plus d'intensité que dans la neige ; sa présence constante sur les sommets élevés doit donc agir comme une source permanente de déperdition de chaleur. Ainsi, la transparence et la faible épaisseur de l'atmosphère, causes puissantes d'échauffement du sol sur les montagnes, deviennent des causes plus énergiques encore de refroidissement pour tous les corps que les rayons du soleil ne frappent plus directement.

D'un autre côté, la perméabilité de l'air aux ondes calorifiques constitue nécessairement un obstacle à son échauffement ; comment concevoir que sa température puisse s'élever, puisqu'il est incapable d'absorber de la chaleur? enfin, le contact incessant du froid des espaces célestes, dont il n'est abrité par rien, doit encore intervenir pour une large part. Ajoutons encore que la chaleur rayonnée par la terre ne peut arriver à une bien grande hauteur, car elle trouve une barrière infranchissable dans les premières couches d'humidité qui recouvrent la surface du sol.

Une autre influence intervient encore dans le même sens : on a vu plus haut que l'évaporation de l'eau absorbait toujours une certaine quantité de chaleur; or, les montagnes se trouvent, malgré leur basse température, dans des conditions très favorables à l'évaporation; la faible pression de l'atmosphère et l'action presque continue du vent activent la volatilisation de l'eau et même de la neige, de là une nouvelle cause de refroidissement.

On pourrait croire que les courants ascendants qui sillonnent continuellement l'atmosphère, doivent apporter

dans les régions élévées l'air échauffé de la plaine et
augmenter ainsi la température de ces régions ; il est bon
de se mettre en garde contre cette erreur. L'air chaud se
dilate pendant son mouvement ascensionnel, et cette augmentation de volume correspond à une production réelle
de travail mécanique qui ne peut s'exécuter qu'aux dépens de la chaleur accumulée à son point de départ.
Ainsi, non seulement cet air chaud n'apporte pas de chaleur dans les régions qu'il traverse ; il se refroidit au contraire, et dans bien des cas cette nouvelle cause s'ajoute
encore à celles qui ont déjà été signalées.

La température de l'air va donc en s'abaissant d'une
manière graduelle et continue quand il s'éloigne de la
surface du sol ; mais ce refroidissement suit-il une progression indéfinie, ou bien existe-t-il un moment d'arrêt
correspondant à un froid absolu ? Que se passe-t-il aux
limites même de l'atmosphère, là où les dernières couches d'air sont en contact avec le vide des espaces célestes ; enfin, à quelle hauteur s'étend notre atmosphère
elle-même ? Voilà bien des questions nouvelles étroitement unies entre elles et dont la solution présente un vif
intérêt.

Ce n'est évidemment pas à l'expérience que l'on peut
demander une réponse, toutes les ressources de la science
sont impuissantes à sonder directement ces régions ina-
bordables ; nous pouvons cependant déduire avec quelque
probabilité leur manière d'être, en combinant les données de la météorologie avec celle de l'astronomie.

Un premier fait est en dehors de toute discussion :
l'atmosphère ne s'étend pas infiniment au-dessus de
nos têtes, elle est certainement limitée ; les observations astronomiques démontrent qu'elle est entraînée par
la terre dans son mouvement de rotation, elle ne peut
donc être indéfinie. N'oublions pas d'ailleurs que l'air est

pesant ; il est donc attiré sans cesse vers le centre de notre globe. En tenant compte de toutes les forces qui agissent sur lui, on peut même assigner par un calcul assez simple une limite *théorique* à l'épaisseur de l'atmosphère ; on trouve ainsi que cette épaisseur ne saurait dépasser 9 à 10 000 lieues, mais d'autres considérations montrent qu'elle est loin d'atteindre une aussi grande hauteur.

En coordonnant tous les documents capables d'éclairer ce sujet délicat, on avait été conduit à fixer à 50 ou 60 kilomètres seulement l'épaisseur de la couche atmosphérique ; c'est surtout en se basant sur certains phénomènes optiques, que les astronomes avaient été conduits à cette conclusion : des observations plus récentes démontrent, à n'en pas douter, que cette évaluation est environ trois fois trop faible.

Il n'est personne qui n'ait observé bien des fois ces singuliers météores qui sillonnent le ciel comme des fusées et que l'on désigne sous le nom d'étoiles filantes ; leur nature est aujourd'hui parfaitement connue. Ce sont des astres infiniment petits que leur exiguïté dérobe, dans l'espace, à nos moyens les plus parfaits d'observation ; ils circulent en nombre prodigieux autour du soleil, comme autant de planètes microscopiques animées d'une énorme vitesse. Lorsque la terre, dans sa course annuelle, vient à rencontrer un de ces nuages de corpuscules météoriques, son attraction les fait dévier un peu de leur orbite normal et les force à se rapprocher tellement de nous, qu'ils passent en partie dans les couches supérieures de l'atmosphère, où ils échauffent jusqu'à l'incandescence et deviennent visibles ; dans certains cas, leur course devient assez inclinée pour qu'ils atteignent la surface terrestre ; nous assistons alors à la chute d'un aérolithe.

D'après un grand nombre de mesures faites avec le plus grand soin, on s'est assuré que la hauteur des étoiles filantes atteint souvent 180 kilomètres, et comme on ne peut se rendre compte de leur inflammation et de leur extinction subite qu'en l'attribuant à la résistance de l'air qui les échauffe au point de les rendre incandescentes, on est bien forcé d'admettre que l'atmosphère s'étend à une hauteur de 180 kilomètres ou 45 lieues au moins : tel est le chiffre qui semble aujourd'hui le plus probable, il est encore bien éloigné des 9 à 10 mille lieues assignées par les données théoriques.

Puisque l'atmosphère n'est pas indéfinie, le décroissement de la température dans les régions élevées doit aussi avoir une limite ; nous avons vu d'ailleurs ce qu'on devait penser d'un abaissement infini de température, et l'examen des propriétés des gaz nous a fait entrevoir l'existence d'un zéro absolu placé à 273° au-dessous du point de congélation de l'eau ; telle est probablement la température des espaces célestes. Si donc la terre cessait de recevoir de la chaleur, elle perdrait peu à peu toute celle qu'elle possède en la rayonnant vers l'espace, l'atmosphère refroidie tomberait à la surface du globe, s'y condenserait sous forme solide, le refroidissement ne cesserait qu'après avoir atteint la température du zéro absolu.

Cet avenir réservé à la terre est-il une pure fiction ou doit-il se réaliser un jour ? Depuis l'apparition de l'homme, la radiation solaire n'a certainement pas diminué d'une manière appréciable ; cependant, pour si immense que soit l'approvisionnement de la chaleur solaire, pour si prodigieuses que soient les causes qui en entretiennent l'activité, on est forcé d'admettre que cet approvisionnement, diminuant toujours sans jamais pouvoir augmenter, sera un jour complètement épuisé. Faut-il nous en effrayer ? Si ces changements sont inévitables, ils s'opérent avec une telle lenteur que nous sommes incapables de mesurer le temps nécessaire pour les rendre apparents. La persistance des conditions physiques indispensables à la vie est assurée pour une période infiniment plus longue que celle durant laquelle ce monde a déjà été habité, de sorte que nous n'avons rien à craindre pour nous-même, ni pour de longues générations après nous.

Nous devons maintenant examiner à un autre point de vue l'action de la chaleur solaire sur l'atmosphère et considérer les conséquences de ces alternatives d'échauffement et de refroidissement qui agissent sans cesse sur elle; il doit nécessairement en résulter une perpétuelle agitation, transportant d'un lieu à un autre des masses d'air plus ou moins considérables, et établissant ainsi dans l'atmosphère une véritable circulation. Nos vents dérivent tous, en effet, de la chaleur solaire, nous allons rapidement étudier leur mode de production.

Une expérience bien simple, facile à répéter, permet de réaliser en petit les conditions qui, à la surface du globe, agissent sur une vaste échelle : si l'on fait communiquer deux pièces, l'une chaude, l'autre froide, en entr'ouvrant légèrement la porte qui les sépare, on constate aussitôt l'existence de deux courants de sens contraire se produisant, l'un près du plafond, l'autre près du sol. Une bougie allumée, promenée de haut en bas sur la fente de la porte entr'ouverte, permet d'en déterminer aisément la direction ; tandis que la flamme s'élance droite au milieu de l'ouverture, elle est aspirée vers la pièce chaude à la partie inférieure; elle est au contraire rejetée vers la pièce froide à sa partie supérieure.

La différence de température des deux masses d'air est la seule cause de ce phénomène : l'air chaud, par sa tendance à s'élever, s'étale en nappe vers le plafond pour se superposer à l'air froid ; celui-ci au contraire descend et remplace sur le sol les couches qui s'élèvent. Ce mouvement se produira, on le conçoit, jusqu'à ce qu'un équilibre de température se soit établi. S'il existait dans la pièce chaude une source constante de chaleur, et si en même temps la seconde était continuellement refroidie,

Fig. 36. — Mode de formation des vents.

ce mouvement se produirait indéfiniment et établirait entre les deux pièces voisines une circulation continue.

La chaleur du soleil, en agissant sur l'atmosphère, y produit des mouvements du même ordre; mais combien de complications doivent intervenir dans cette action; toutes les conditions locales qui modifient l'échauffement de l'air exerceront leur influence sur la direction des cou-

rants atmosphériques, de sorte qu'il semble au premier
abord difficile, impossible même, de découvrir les lois
auxquelles ils obéissent. Qui n'a été frappé, en effet, de
l'irrégularité de leur direction, de ces changements brusques et continuels dans la hauteur barométrique, de
l'apparition subite des ouragans et des tempêtes? Cependant, en considérant les phénomènes dans leur ensemble,
l'ordre réel ne tarde pas à apparaître au milieu de ce
désordre apparent; en faisant pour un instant abstraction
des causes locales, on constate dans l'atmosphère une
large circulation, s'effectuant avec régularité, toujours
dans la même direction.

Les navigateurs qui, dans le quinzième siècle, se hasar-
dèrent les premiers sur l'Atlantique, observèrent avec
étonnement la constance des vents d'est qui soufflent entre les tropiques. Christophe Colomb, à la recherche de
la nouvelle route des Indes, qu'il supposait exister à
l'occident, vit d'abord avec joie la régularité des brises
qui le poussaient vers le but de son entreprise; peu à peu,
cependant, l'inquiétude et l'effroi succédèrent à ce premier sentiment; l'invariable constance de ces vents d'est
était pour Colomb et ses compagnons une énigme inex-
plicable, et l'on se demanda bientôt comment pourrait
s'effectuer le retour; des séditions s'élevèrent, et la vie
de Colomb fut sérieusement menacée par ses hommes,
qui désespéraient de jamais revoir leur patrie.

Ce mystérieux phénomène n'a reçu que longtemps après
sa véritable explication; il résulte à la fois de l'inégale
distribution de la chaleur à la surface du globe et du
mouvement diurne de la terre.

La terre, on le sait, a été divisée en cinq zones dont les
noms indiquent les conditions générales de température
qui leur correspondent. Ce sont : la zone torride, comprise entre les deux tropiques et partagée par l'équateur
en deux parties égales; les deux zones tempérées, limi-

tées par les tropiques et les cercles polaires; enfin, les deux zones glaciales s'étendant des cercles polaires aux pôles mêmes du globe. Dans la zone torride, le soleil occupe toute l'année de grandes hauteurs au-dessus de l'horizon, c'est là qu'il répand sur la terre la plus grande quantité de chaleur; la bande équatoriale, plus privilégiée encore, correspond dans la zone torride à la portion la plus puissamment échauffée.

A cette inégale température, des divers points du globe doivent nécessairement correspondre différents degrés d'échauffement de l'air; de là, des mouvements atmosphériques dont la direction est facile à prévoir. L'air fortement dilaté dans la zone équatoriale s'élèvera en masse vers les hautes régions; parvenue à une certaine élévation, qui dépasse plusieurs kilomètres, cette colonne ascendante s'étalera en nappe horizontale et s'écoulera vers les deux pôles, formant ainsi à une grande hauteur deux courants dirigés en sens inverse. En même temps, le vide partiel produit par le mouvement ascensionnel de la colonne équatoriale produira, par une sorte d'aspiration à la surface du sol, un appel d'air des régions froides ou tempérées, de sorte que deux courants de direction opposée aux précédents devront sans cesse raser la surface de la terre; nous devrions constamment trouver un vent du nord dans l'hémisphère boréal, un vent du sud dans l'hémisphère austral.

Telle serait, en effet, la direction constante de ces vents, si la terre était immobile; mais elle tourne sur elle-même de l'ouest à l'est, et chacun de ses points effectue une révolution complète en vingt-quatre heures. Si l'on considère les différents parallèles terrestres, on voit sans peine que les points situés sur chacun d'eux sont animés de vitesses très inégales. Cette vitesse possède sa valeur maximum sur le plus grand parallèle, c'est-à-dire à l'équateur, tandis qu'elle est nulle aux pôles; entre ces

deux positions extrêmes elle acquiert des valeurs intermédiaires. Un point situé à l'équateur, par exemple,
parcourt en une heure une distance de 416 lieues environ;
tandis qu'à la latitude de Paris, le chemin parcouru dans
le même temps n'est plus que de 273 lieues. L'atmo-

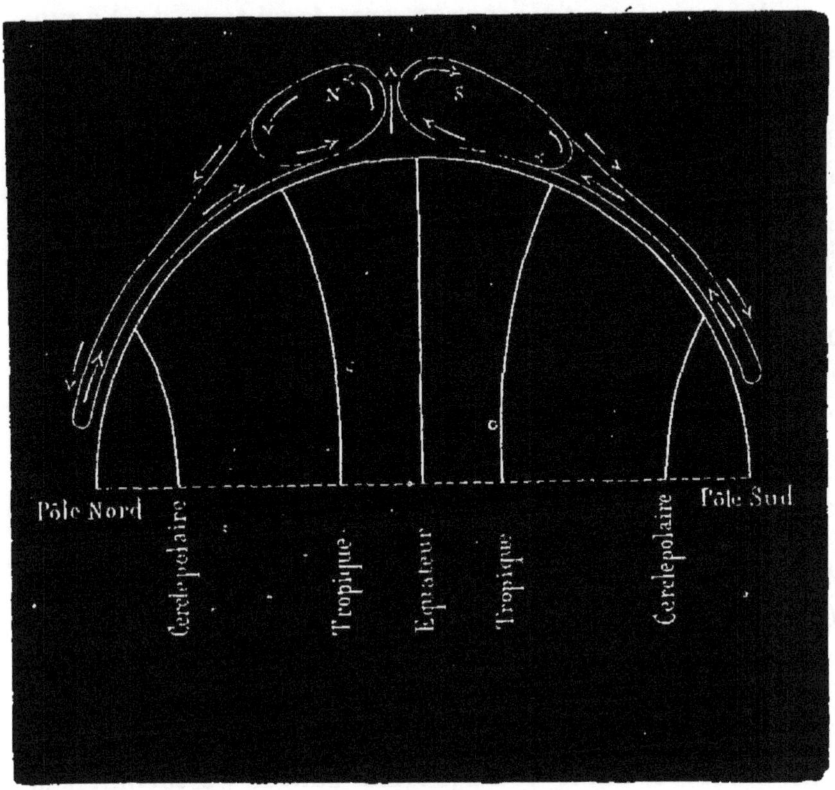

Fig. 37. — Formation des vents alizés.

sphère, entraînée par la terre dans son mouvement diurne,
partagera nécessairement la vitesse des divers parallèles
auxquels elle correspond.

Considérons maintenant une masse d'air s'avançant des
pôles vers l'équateur. Dans notre hémisphère, elle rencon-
trera les différentes parallèles se dirigeant vers l'est avec
une vitesse plus grande que la sienne, de sorte qu'un objet
lié à la surface du sol sera frappé par un vent qui semblera

souffler des régions vers lesquelles il s'avance, c'est-à-dire par un vent d'est. En réalité, le mouvement absolu de l'air vers l'équateur **se** combine avec son mouvement apparent vers l'ouest, et la direction du vent sera celle du nord-est aux latitudes élevées s'inclinant d'autant plus vers l'est qu'on se rapprochera davantage de l'équateur.

Les mêmes phénomènes se produiront dans un ordre inverse dans l'hémisphère austral : on devra y constater la présence de courants dirigés successivement du sud-est à l'est. Ces vents réguliers sont connus sous le nom d'*alizés;* arrivés des deux hémisphères dans le voisinage de l'équateur, ils se redressent sous l'influence de l'action solaire, et s'élèvent avec une telle force que leur mouvement horizontal se trouve neutralisé. Entre les deux régions alizées on trouve en effet celle des *calmes équatoriaux*, où le calme plat n'est troublé que par de violentes bourrasques appelées *tornados* ou *travados* par les Espagnols et les Portugais.

Tel est, dans sa simplicité théorique, le mode de génération des grands courants qui circulent à la surface du globe; si cette surface était partout de même nature, la distribution de la chaleur serait soumise à une loi régulière et la direction des vents pourrait être rigoureusement calculée, mais combien de causes perturbatrices interviennent à chaque instant. La répartition inégale des continents et des mers dans les deux hémisphères, les sinuosités de leurs côtes, ici des montagnes élevées, là des plaines sablonneuses, apportent de nombreuses complications. Si ces courants normaux conservent dans leur ensemble leur allure théorique, ils n'en sont pas moins modifiés par une foule de circonstances locales dont l'action est d'autant plus marquée qu'on s'éloigne davantage du lieu même de leur formation ; aussi voit-on les anomalies s'accentuer avec énergie dans les régions septentrionales et disparaître peu à peu pour rentrer dans la loi générale aux approches de la zone torride.

Les vents alizés rasent, pour ainsi dire la surface du sol, mais leur formation est nécessairement liée à celle de courants inverses, marchant de l'équateur aux pôles dans les régions supérieures de l'atmosphère ; on leur a donné le nom de *vents alizés supérieurs* ou de *contre-alizés*. A leur origine, ces courants sont à une hauteur si considérable, que l'observation directe est impuissante à en démontrer l'existence ; cependant, à mesure qu'ils s'approchent des régions tempérées, ils s'abaissent suffisamment pour atteindre le sommet des pics élevés ; c'est ainsi qu'au pic de Ténériffe, à 28° de latitude, soufflent à peu près constamment des vents d'ouest plus ou moins violents, pendant qu'un vent diamétralement opposé règne à la surface du sol. La présence des vents alizés supérieurs est mise en évidence par des observations d'un autre ordre, recueillies, avec soin et dont la discussion ne peut laisser aucun doute sur leur existence et leur direction. En voici deux des plus démonstratives.

Les habitants de l'île Barbade, située au nord de la chaîne des Antilles, virent un jour, à leur grand étonnement, des cendres volcaniques tomber du ciel ; elles provenaient du volcan de Saint-Vincent, situé à 80 kilomètres à l'ouest de leur île. Ces cendres, lancées dans les airs par le volcan jusque dans la région du courant supérieur, avaient été transportées dans la direction de l'ouest à l'est. Un fait plus récent, observé en 1835 dans le Guatemala, fournit encore une preuve évidente de l'existence des contre-alizés ; les cendres du volcan de Coziguina obscurcirent pendant cinq jours la lumière du soleil, elles s'élevèrent à une hauteur prodigieuse et tombèrent peu après dans la Jamaïque, située à 200 lieues au nord-est du volcan.

Ces courants supérieurs, en cheminant vers les régions froides du globe, rencontrent des parallèles de plus en plus petits, de sorte que l'air doit se comprimer lui-même dans un lit de plus en plus resserré à mesure qu'il s'avance vers le nord. L'espace allant sans cesse en diminuant, en se rapprochant des pôles, il deviendra bientôt incapable de contenir tout l'air parti de l'équateur ; cet air, refroidi d'ailleurs, doit s'abaisser vers la terre avant d'avoir atteint les latitudes extrêmes, et le courant de retour qui constitue les alizés inférieurs devra se former, non au pôle, mais à une distance plus ou moins considérable déterminée par les influences multiples qui agissent sur les alizés supérieurs ; c'est en effet aux environs des tropiques que ces derniers s'abaissent vers le sol pour compléter un premier circuit ; une autre portion chemine vers les pôles où elle ferme le second circuit principal.

Ces vents alizés sont loin d'être les seuls que l'on observe à la surface du globe, il existe encore des vents périodiques qui, dans certaines régions, soufflent pendant six mois dans une direction déterminée, et subissent un renversement complet durant les six autres mois ; tels sont les vents que l'on observe avec une grande netteté dans la mer des Indes, entre l'Asie et l'Afrique méridionale, et désignés sous le nom de *moussons*, mot dérivé du malais *moussin*, qui veut dire saison. Les moussons ont pour cause essentielle le déplacement périodique de la colonne ascendante d'air chaud dans la zone équatoriale sous l'influence des saisons ; à l'action de ce déplacement se joint pour une large part celle des continents qui modifie la direction de ces vents selon leur configuration et leur étendue relative.

Des vents de moindre importance naissent aussi de l'action locale de la chaleur dans des régions plus limitées

De ce nombre sont les brises, qui affectent sur nos côtes deux directions inverses dans le cours d'une même journée. Le matin, après le lever du soleil, la terre s'échauffe plus rapidement que la mer, et tant que sa température continue à croître, il s'établit à la surface du sol un courant ascendant qui appelle l'air de la mer. C'est la *brise de mer*, qui se fait sentir à une assez grande distance des côtes. Faible d'abord, elle augmente peu à peu de force jusque vers trois heures de l'après-midi, puis elle faiblit pour céder la place au vent de terre, qui s'élève peu après le coucher du soleil, et atteint sa plus grande force au moment du lever de l'astre ; cette *brise de terre* a pour cause le refroidissement de la terre pendant la nuit, beaucoup plus rapide que celui de la mer.

Enfin, il est des vents dont la météorologie explique plus difficilement l'origine, l'époque ou la durée ; on les désigne quelquefois sous le nom de vents irréguliers. Les progrès récents et rapides de cette science parviennent tous les jours à rattacher la plupart d'entre eux aux vents réguliers et principalement aux alizés. Quand on connaîtra avec précision toutes les conditions locales qui interviennent à chaque instant, il deviendra possible de mesurer leur influence, et de faire rentrer dans une loi générale tous les phénomènes isolés qui semblent s'en éloigner.

Cette perpétuelle agitation de l'atmosphère doit nécessairement donner lieu à des changements continuels dans la pression barométrique. Le baromètre est effectivement soumis à des oscillations constantes, il n'est jamais en repos absolu. A l'origine même de sa découverte, Toricelli avait remarqué des relations évidentes entre ses mouvements et l'état de l'atmosphère; il savait que le mercure s'élevait pendant le beau temps et s'abaissait pendant les pluies. La moyenne d'un grand nombre d'observations a même permis d'estimer approximativement la hauteur barométrique correspondant aux diverses conditions météorologiques. C'est ainsi que presque tous les baromètres de salon portent les indications suivantes en regard des hauteurs exprimées en millimètres :

Très sec . . . . ,	785	millimètres.
Beau fixe	775	—
Beau temps	762	—
Variable	758	—
Pluie ou vent	750	—
Grande pluie	740	—
Tempête	730	—

Ces rapprochements font trop souvent considérer le baromètre comme un instrument prophétique, capable de nous prédire, par le sens et l'étendue de ses excursions, les changements qui peuvent survenir dans l'atmosphère. Un préjugé très généralement répandu lui attribue, en effet, cette merveilleuse faculté, et bien des personnes ne manquent pas d'accuser d'inexactitude l'instrument qu'elles observent quand ces coïncidences cessent de se produire. Il y a dans cette croyance une exagération évidente des services que peut rendre le baromètre ; on ne saurait cependant nier l'importance de ses indications. Il faut, pour en bien comprendre la valeur, faire à la fois la part des causes qui interviennent dans ses mouvements et de celles qui nous apportent le beau temps ou la pluie.

L'air dilaté par la chaleur est moins pesant que l'air froid à égale élasticité. Un vent chaud devra donc provoquer une baisse barométrique ; l'arrivée d'un vent sec et froid, au contraire, fera monter la colonne mercurielle. Or, d'après la position géographique de l'Europe, les vents du sud ou du sud-ouest qui soufflent des régions chaudes sont en même temps les plus humides, à cause de leur long parcours à la surface des mers, ils sont par conséquent dans les conditions les plus favorables pour amener la pluie et les orages. Les vents du nord et du nord-est, au contraire, desséchés pendant le trajet au-dessus des continents, apportent ordinairement le beau temps. C'est par leur température que les vents de mer abaissent le baromètre dans nos climats, et que les vents du nord le font monter. L'on conçoit donc que, dans d'autres régions, des courants d'air chaud produisent dans l'atmosphère des changements complètement opposés. Sur les côtes de la Nouvelle-Hollande, par exemple, les vents secs qui soufflent de la terre font baisser le baromètre, et sont les précurseurs du beau temps.

Les causes qui font varier la hauteur barométrique sont encore beaucoup plus complexes que ne semblent l'indiquer les notions précédentes. Dans une atmosphère mouvementée comme la nôtre, une foule d'actions locales s'ajoutent à l'action générale des vents pour troubler à chaque instant l'équilibre, de sorte que la hauteur de la colonne mercurielle en un même lieu peut être modifiée par diverses influences sans effet sensible sur la pureté du ciel. Malgré cela, les indications fournies par le baromètre sont d'une extrême importance pour la prévision du temps, mais c'est surtout le sens de ses excursions, leur durée, leur amplitude, qui fournissent d'utiles renseignements, bien plus que la hauteur absolue de la colonne. Nous ne saurions entrer ici dans tous les détails relatifs à cette intéressante question, nous dirons seulement que le baromètre est le plus précieux instrument du météorologiste : ses indications s'étendent bien au-delà des lieux où elles sont recueillies; bien interprétées, elles constituent la base la plus solide pour la prédiction des grands changements atmosphériques.

La circulation continue que les vents établissent dans l'atmosphère a pour résultat d'en mélanger sans cesse toutes les parties ; elle explique l'homogénéité absolue de l'air pris dans tous les points du globe ; elle exerce de plus, dans l'économie de la nature, une action d'une énorme importance, en servant de véhicule à la chaleur qu'elle transporte de la zone tropicale vers les pôles, distribuant ainsi à ces contrées déshéritées le trop-plein que le soleil verse à profusion dans les régions équatoriales. Mais à cette circulation se rattachent encore d'autres phénomènes qui en sont une conséquence inévitable, et qui jouent dans la physique du globe un rôle capital.

La colonne d'air ascendante, en s'élevant de l'équateur vers les régions élevées de l'atmosphère, entraîne nécessairement avec elle une quantité considérable de vapeur d'eau dont la légèreté facilite l'ascension de l'air auquel elle est mélangée. Cet air humide rencontre bientôt des régions plus froides, et il se refroidit aussi par l'effet de sa propre dilatation. La vapeur dont l'air est chargé se condense donc en grande partie pour donner lieu à d'épais nuages se résolvant tous les jours en pluies torrentielles : la région des calmes équatoriaux est aussi la région classique des orages. Le soleil se lève presque toujours sur un ciel serein, mais vers midi apparaissent des nuages obscurs qui envahissent peu à peu l'atmosphère, et versent sur le sol une énorme quantité de pluie. L'expression de *pot au noir*, dont se servent nos marins pour désigner ces sombres parages, donne une idée de l'impression qu'elle produit sur eux. Vers le soir, les nuages se dissipent, et le soleil se couche dans un air parfaitement pur.

L'air s'est ainsi déchargé à son point de départ d'une grande partie de la vapeur empruntée à l'Océan. Mais, au moment où il s'étale à une grande hauteur pour former les deux alizés supérieurs, il est encore saturé à une température relativement élevée. C'est dans cet état qu'il marche vers les deux pôles, s'abaissant continuellement vers la terre à mesure qu'il parcourt des régions plus froides, et produisant de la pluie ou de la neige, selon les conditions thermiques qu'il rencontre. Nous ne reviendrons pas sur les causes qui provoquent la précipitation de la vapeur d'eau sous forme de pluie ou de neige ; l'abondance ou la rareté des pluies est nécessairement liée à une foule d'influences locales qui en favorisent ou en empêchent la formation ; l'on doit donc s'attendre à trouver sur la terre des régions que l'eau semble fuir, d'autres, au contraire, où elle afflue en grande quantité.

Il nous suffira de faire remarquer que toute l'eau qui circule à la surface du globe a pour origine la vapeur engendrée dans l'Océan équatorial sous l'action de la chaleur solaire. « La terre et l'atmosphère constituent un vaste appareil de distillation, dans lequel la mer équatoriale joue le rôle de chaudière, et les régions glacées des pôles celui de condensateur. » La vapeur condensée à l'état de neige sur les hauts plateaux, ou dans les régions polaires, formes d'immenses glaciers qui, à leur tour, enfantent les ruisseaux et les fleuves, ceux-ci enfin la rapportant à la mer, où l'action du soleil la ramène indéfiniment dans le même cercle.

« On a supposé, dit M. Tyndall, que si la chaleur solaire diminuait, il se formerait des glaciers plus étendus que ceux qui existent actuellement. Mais la diminution de la chaleur solaire ferait infailliblement décroître la quantité de vapeur d'eau, ce qui arrêterait la source même des glaciers... Comme la pluie, la neige vient des nuages, et ceux-ci proviennent des vapeurs que pompe le soleil. Sans le feu du soleil, nous ne pourrions avoir de vapeur d'eau dans l'atmosphère : sans vapeur, pas de nuages ; sans nuages, pas de neige ; et sans neige, pas de glaciers. Ainsi, chose curieuse à dire, la glace des Alpes tire son origine de la chaleur du soleil. »

VI

PHÉNOMENES ÉLECTRIQUES DE L'ATMOSPHÈRE

Découverte de Franklin. — Les lois physiques de l'électricite. — Origine de l'électricité atmosphérique. — État électrique de l'atmosphère par un temps calme. — Orages électriques. — Éclairs et tonnerres. — Forme des éclairs. — Trombes. — Aurores boréales.

Les mouvements qui bouleversent continuellement l'atmosphère revètent, on vient de le voir, les formes les plus diverses, mais d'autres causes interviennent encore pour augmenter l'incessante agitation de l'air. A côté des puissants effets mécaniques dus à la vitesse du vent, à côté de ces masses d'eau souvent prodigieuses qui s'échappent des nuages, on observe presque toujours pendant les orages des phénomènes d'un autre ordre qui occupent une importante place dans les mouvements atmosphériques, nous voulons parler des manifestations électriques, à la fois si imposantes par leur splendeur et si redoutables par leurs effets.

La puissance colossale du tonnerre et les conditions mystérieuses au milieu desquelles il prend naissance,

n'étaient pas faites pour laisser en repos les idées superstitieuses des populations ignorantes, pas plus que l'imagination des anciens philosophes. Sans parler des croyances
antiques qui faisaient de la foudre un attribut de la divinité, les opinions les plus absurdes ont été émises tour à
tour pour en expliquer la cause ; pour les uns, elle était
le produit d'émanations s'élevant de lâ terre, ou bien le
résultat de certaines influences que se renvoyaient mu-
tuellement les astres. Pour d'autres, le tonnerre provenait du choc des nuages lancés les uns contre les autres.
Les alchimistes l'expliquaient par la réaction d'un mélange de nitre, de soufre, de fer, d'esprits acides ou
d'huiles essentielles dont ils admettaient l'existence dans
les hautes régions. Ce n'est qu'après la découverte de
l'étincelle électrique que l'on commença à se faire une
idée nette de la nature de ces phénomènes. Nous empruntons à M. Pouillet les quelques détails historiques sui-
vants :

« Otto de Guericke, bourgmestre de Magdebourg, et
célèbre inventeur de la machine pneumatique, fut le premier qui découvrit quelque apparence de lumière électrique. Le docteur Wall, presque à la même époque, en
excitant l'électricité sur un grand cylindre d'ambre,
observa une étincelle plus vive et un bruit beaucoup plus
fort ; et, chose digne de remarque, cette première étincelle produite par la main des hommes fut à l'instant
comparée aux éclats de la foudre. Cette lumière et ce cra-
quement, dit M. Wall dans son mémoire, paraissent en
quelque sorte représenter le tonnerre et l'éclair. L'analogie
était frappante, il ne fallait que de l'imagination pour la
saisir ; mais, pour en démontrer la vérité, pour trouver
dans un phénomène si petit les lois et les causes du plus
grand phénomène de la nature, il fallait une série de
preuves que l'on ne pouvait attendre que d'un génie su-

périeur. Cependant, plusieurs physiciens cherchaient ces preuves dans des rapprochements plus ou moins ingénieux ; les uns remarquaient que l'étincelle est *crochue* comme l'éclair, d'autres pensaient que le tonnerre est entre les mains de la nature ce que l'électricité est entre les nôtres : « J'avoue que cette idée me plairait beaucoup, disait l'abbé Nollet, si elle était bien soutenue, et pour la soutenir combien de raisons spécieuses ne se présentent pas à un homme qui est au fait de l'électricité ! » Enfin, tout se passait en raisonnements qui ne pouvaient rien conclure, parce qu'en physique c'est l'expérience seule qui doit donner ses conclusions. Pendant que l'on raisonnait ainsi en Europe et dans tout l'ancien monde savant sur cette grande question, l'on expérimentait en Amérique, chez un peuple nouveau, à peine connu dans les sciences, et ces expériences s'attaquaient directement à la foudre. Franklin trouvait le moyen de la faire descendre du ciel pour l'interroger elle-même sur son origine. Après avoir fait plusieurs découvertes électriques, particulièrement sur la bouteille de Leyde et sur le pouvoir des pointes, Franklin eut la pensée hardie d'aller chercher l'électricité au sein des nuages ; il avait conclu de quelques expériences décisives, qu'une tige de métal pointue, élevée à une grande hauteur au sommet d'un édifice, devait recevoir l'électricité des nuées orageuses, il attendait avec une grande anxiété la construction d'un clocher que l'on devait à cette époque élever à Philadelphie ; mais lassé d'attendre, et impatient d'exécuter une expérience qui devait lever tous les doutes, il eut recours à un autre moyen plus expéditif et non moins sûr pour les résultats. Comme il ne s'agissait que de porter un corps dans la région du tonnerre, c'est-à-dire à une assez grande hauteur dans les airs, Franklin imagina que le cerf-volant dont s'amusent les enfants, pouvait lui servir aussi bien que quelque clocher que ce pût être. Il prépara donc deux bâtons en croix, un mouchoir de soie, une corde d'une longueur convenable, et profitant du premier orage, il s'en fut dans les champs tenter l'expérience; une seule personne l'accompagnait, c'était son fils. Craignant le ridicule dont on ne manque pas de couvrir les essais infructueux, comme il le dit avec ingénuité, il n'avait voulu mettre personne dans sa confidence. Le cerf-volant était lancé; un nuage qui promettait beaucoup ne produisit aucun effet; d'autres nuages s'avançaient, et l'on peut juger de l'inquiétude avec laquelle ils étaient attendus. Tout paraissait tranquille, on ne voyait aucune étincelle, aucun signe électrique; à la fin, cependant, quelques filaments de la corde commençaient à se soulever comme s'ils eussent été repoussés; un petit bruissement se fit entendre; encouragé par ces apparences électriques, Franklin présente le doigt à l'extrémité de la corde, et voit paraître à l'instant une vive étincelle qui fut bientôt suivie de plusieurs autres. Ainsi, pour la première fois, le génie de l'homme put se jouer avec la foudre et surprendre le secret de son existence.

« L'expérience de Franklin eut lieu en juin 1752; elle fut répétée dans tous les pays savants, et partout avec le même succès. Un magistrat français, de Romas, assesseur au présidial de Nérac, profitant de la première pensée de Franklin, qui avait été publiée en France, avait imaginé aussi de substituer le cerf-volant aux barres élevées, et dès le mois de juin 1753, avant d'avoir connaissance des résultats de Franklin, il avait obtenu des signes électriques très énergiques, parce qu'il avait eu l'heureuse idée de mettre un fil de métal dans toute la longueur de la corde. Plus tard, en 1757, de Romas répéta de nouveau ces expériences pendant un orage, et cette fois obtint des étincelles d'une grandeur surprenante. « Imaginez-vous de voir, dit-il, des lames de feu de 9 ou 10 pieds de longueur, et de 1 pouce de grosseur, qui faisaient autant

Fig. 38. -- Expérience de Franklin.

ou plus de bruit que des coups de pistolet. En moins d'une heure, j'eus certainement trente lames de cette dimension, sans compter mille autres de sept pieds ou au-dessous.

« Malgré toutes les précautions bien entendues que prenait cet habile expérimentateur, il fut une fois renversé par la violence du choc. Ces résultats démontrent d'une manière assez éclatante que la foudre n'est, en effet, qu'une étincelle électrique. »

Mais quelle est la puissante machine capable d'engendrer ces effets formidables? Comment l'électricité prend-elle naissance au sein de l'atmosphère? Cette question est encore entourée d'une grande obscurité. Le mécanisme qui développe l'électricité sur nos machines devait faire songer tout d'abord à considérer le frottement réciproque des couches d'air comme la cause de l'électricité atmosphérique. Plus tard, Volta et après lui de Saussure, l'attribuent à l'évaporation de l'eau des mers et des lacs; quelques expériences de M. Pouillet semblaient même confirmer cette manière de voir, mais les travaux plus récents de M. Gaugain paraissent au contraire démontrer qu'il n'est pas possible d'invoquer une pareille origine.

Quoi qu'il en soit de ces divergences d'opinions, un point paraît nettement établi, c'est que l'électricité atmosphérique prend surtout naissance aux environs de l'équateur; il existe, par conséquent, une relation directe entre les causes de sa formation et celles qui engendrent les vents et accumulent dans l'air ces torrents de vapeur d'eau. Une fois formée, elle chemine avec les vents eux-mêmes et se transporte vers les régions polaires, laissant sur sa route des traces constantes de son passage.

Quelques notions sur les propriétés fondamentales des corps électrisés trouvent ici leur place : les physiciens admettent deux manières d'être distinctes de l'électricité ; ils appellent *vitrée* ou *positive*, celle qui se développe sur le verre frotté avec une étoffe de laine, *résineuse* ou *négative*, celle qui se dégage sur la résine ou sur la gomme laque dans les mêmes conditions. Ces deux électricités se distinguent l'une de l'autre par leur action réciproque : deux corps électrisés de la même manière se repoussent, ils s'attirent quand ils sont chargés de fluides contraires. Elles se combinent l'une à l'autre à travers l'air quand elles sont en présence à une petite distance : de cette combinaison résultent les étincelles ou décharges électriques. Ajoutons encore qu'une substance électrisée d'une manière quelconque, détermine toujours par sa seule présence l'électrisation des objets ambiants ; ces corps, ainsi électrisés *par influence*, donnent toujours des manifestations électriques de signe contraire à celle du corps qui agit sur eux. Enfin, la forme des conducteurs est loin d'être sans influence sur la manière dont l'électricité s'accumule à leur surface ; les corps à formes arrondies la retiennent avec facilité, elle s'échappe au contraire par toutes les saillies anguleuses pour se porter sur les objets environnants. Les pointes effilées jouissent à un très haut degré de cette propriété, que l'on met à profit dans une foule de circonstances.

Ce n'est pas seulement pendant les orages que l'air contient de l'électricité, il en renferme toujours plus ou moins, même par le ciel le plus serein ; on se sert, pour en constater la présence, de divers appareils appelés électroscopes ou électromètres. La figure 59 représente un des plus simples, sinon des plus parfaits ; deux feuilles d'or extrêmement minces, ou deux brins de paille très légers, sont fixés à la partie inférieure d'une longue tige de cuivre terminée en pointe à son autre extrémité ; ces deux lames sont protégées contre l'air extérieur par une cloche de verre, enfin un chapeau en laiton met l'appareil à l'abri de la pluie. Si un corps électrisé est placé au-dessus de la tige, même à une grande distance, l'électromètre s'électrise aussitôt par influence, et les deux lames, chargées de la même électricité, se repoussent en divergeant; il est facile de reconnaître d'ailleurs la nature de l'électricité dont l'appareil est chargé; on peut aussi, d'après le degré de divergence, comparer l'intensité relative des charges reçues par l'instrument.

A la surface du sol, par un temps serein, un électroscope donne rarement des signes d'é-lectricité, mais si on l'élève seulement de quelques mètres, il ac-cuse le plus souvent une élec-trisation positive de l'air. Tou-tes les recherches faites sur ce sujet montrent que la quantité d'électricité augmente avec la hauteur, mais elle est toujours extrêmement faible; c'est à peu près tout ce que l'on sait sur cette question importante. Quand le ciel se couvre, les phénomènes électriques acquiè-rent une extrême mobilité; les indications des instruments de-

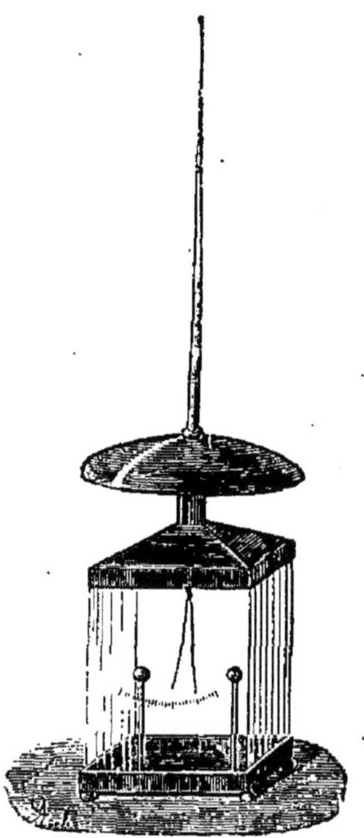

Fig. 59. — Électroscope à feuilles d'or.

viennent alors des plus capricieuses. Aux approches des orages, les perturbations s'accentuent de plus en plus, mais il a été jusqu'à présent impossible de saisir une loi permettant de coordonner tous les phénomènes observés.

Ces variations exercent cependant sur nous une puis-sante influence; nous ressentons, à l'approche de l'orage, un malaise indéfinissable qui n'a pas d'autre origine;

les changements brusques dans l'état électrique de l'air
réagissent sans cesse sur nous; de là cette anxiété si vivement éprouvée par les tempéraments nerveux, bien
différente de la frayeur occasionnée par la crainte des
effets redoutables de la foudre.

Il y a bien loin de ces signes électriques, souvent difficiles à saisir dans l'atmosphère en repos, avec les quantités énormes d'électricité qui entrent en jeu pendant
les orages; concentré dans un nuage, cet agent acquiert
une tension excessive et tend à s'échapper sous l'influence de la moindre cause : les actions réciproques de la
terre ou de nuées voisines troublent à chaque instant un
état d'équilibre instable, on voit alors des nuages s'attirer
ou se repousser, s'élever ou s'abaisser brusquement;
enfin, au milieu de cette tourmente se produisent ces
formidables explosions qui se manifestent par des éclairs
et des tonnerres.

Les grands orages nous arrivent formés de toutes
pièces des régions intertropicales, planant à de grandes
hauteurs dans l'atmosphère; mais, de même que des
causes locales sont capables d'engendrer dans nos climats des vents et des nuages, de même des orages électriques peuvent y prendre naissance; ces derniers, ordinairement moins redoutables, cheminent dans des régions peu élevées, aussi les voit-on, arrêtés ou déviés par
les moindres saillies du sol, exercer leur funeste influence sur les vallées au-dessus desquelles ils voyagent.

L'éclair et le tonnerre ne sont autre chose que la lumière et le bruit accompagnant une étincelle électrique
de dimension colossale. Quand un orage éclate à une
petite distance, on peut facilement étudier la forme de
l'éclair, et l'on constate les plus étroites analogies avec
les étincelles électriques. Nous donnons ici le dessin
d'une étincelle sinueuse, fournie par une puissante ma-

chine, et représentant, sur une petite échelle, toutes les particularités que nous offrent les éclairs ; on y voit ces angles vifs donnant la forme de zigzag au trait lumineux, et ces fines ramifications latérales qu'on observe très souvent aussi dans les éclats de foudre. Mais quelle différence entre les dimensions des plus petits éclairs et celles de nos plus grandes étincelles ! c'est à peine si nos meilleures machines donnent des traits de feu de 1 mètre

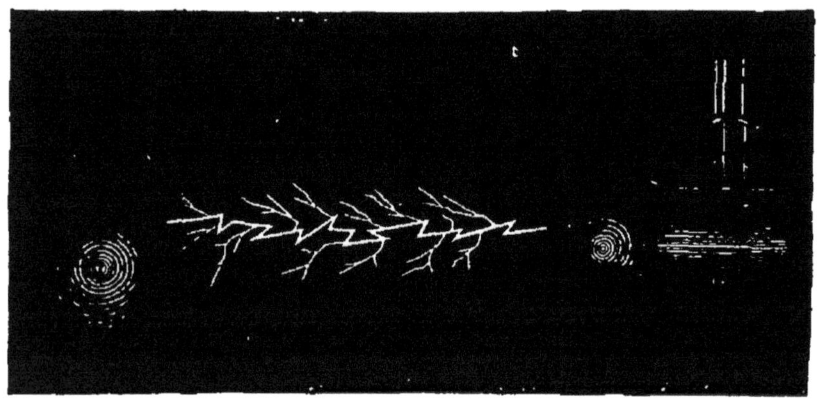

Fig. 40. — Forme particulière de l'étincelle électrique.

de longueur dans un air très sec, tandis que la foudre parcourt dans l'atmosphère des distances parfois égales à 10 et 15 kilomètres.

Ces éclairs en zigzag qui jaillissent souvent entre deux nuages, mais plus fréquemment entre un nuage et la terre, sont toujours accompagnés pour nous de bruyantes détonations ; mais il en est d'autres, de beaucoup plus communs, dont la lumière diffuse embrasse de très grandes surfaces. Tantôt ils sont accompagnés de tonnerre, d'autres fois ils paraissent silencieux ; tels sont par exemple ces éclairs si fréquents à la suite des journées chaudes de l'été et que l'on désigne ordinairement sous le nom d'éclairs de chaleur. Beaucoup de savants ont admis qu'il n'y a pas d'éclairs sans tonnerre ; quand celui-ci semble manquer, la distance, dit-on, nous empêche de l'entendre. Le bruit des plus fortes détonations ne dépasse guère, en effet, 5 ou 6 lieues, tandis que la lueur des éclairs se distingue facilement à 25 lieues et plus ; un orage lointain pourrait donc laisser arriver jusqu'à nous de vives

Fig. 41. — Éclairs en zigzag.

lueurs reflétées par les nuages et paraître silencieux à cause de la distance qui le sépare de nous.

Ce raisonnement n'est pas à l'abri de toute critique : une expérience de laboratoire bien connue montre que, dans un gaz très raréfié, l'étincelle affecte une apparence spéciale ; elle n'est plus brillante et sinueuse comme dans l'air, elle n'a, pour ainsi dire, plus de formes. La décharge électrique se manifeste alors comme une effluve de lumière tranquille s'écoulant silencieusement entre deux conducteurs. Pourquoi n'en serait-il pas de même dans

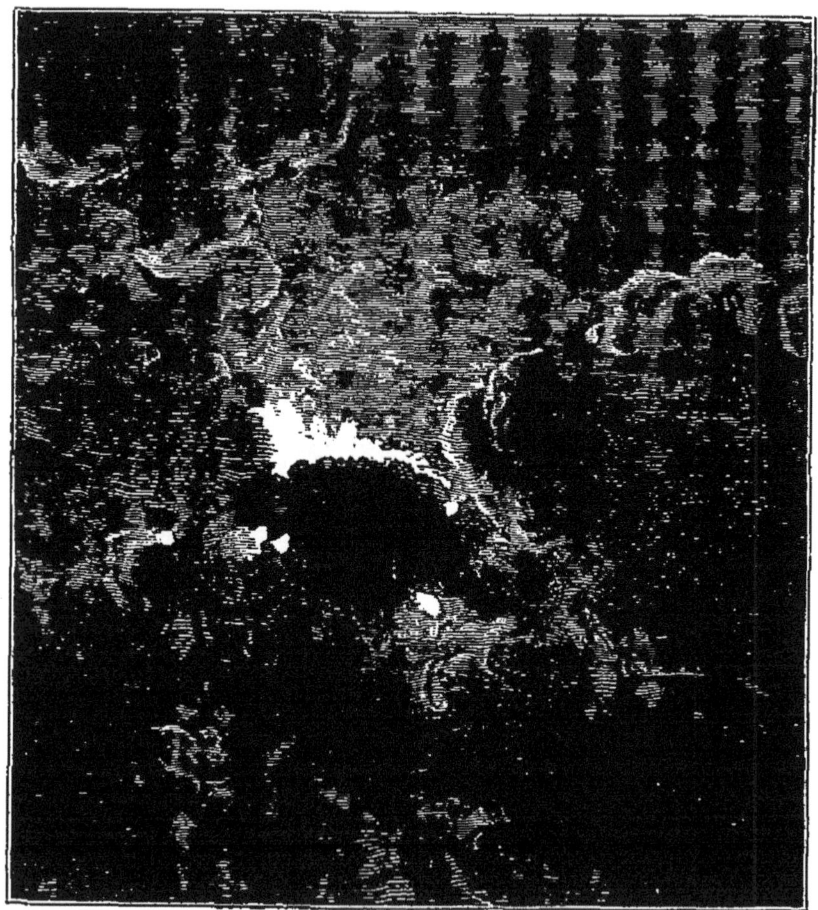

Fig. 42. — Éclairs diffus.

les régions élevées de l'atmosphère, où la raréfaction de l'air peut atteindre tous les degrés possibles ? Nous ne tarderons pas, d'ailleurs, à invoquer cette interprétation pour expliquer d'autres phénomènes électriques.

La foudre n'est pas la seule manifestation par laquelle

l'électricité bouleverse l'atmosphère, il faut encore rattacher à la même origine ces désastreux météores connus
sous le nom de trombes. L'origine de la puissance extraordinaire des trombes a pendant bien longtemps été une
énigme pour les météorologistes, mais leur nature électrique est aujourd'hui hors de doute. Ces météores consistent ordinairement en une colonne de couleur sombre,
plus ou moins inclinée et contournée, réunissant un
nuage à la surface de la terre, presque toujours animée
d'un mouvement giratoire rapide et d'un mouvement de
translation. L'air tourbillonne souvent jusqu'à une certaine distance autour de la colonne, au delà règne un
calme complet. Le météore se forme soit sur les mers,
soit sur la terre; dans le premier cas, les eaux de la mer
semblent en ébullition et sont soulevées jusque dans le
nuage, à l'état de vapeur dense et épaisse; cette colonne
de vapeur est souvent lumineuse et comme phosphorescente dans toute son épaisseur, la mer elle-même devient
quelquefois resplendissante de lumière sur une assez
grande étendue.

Les trombes terrestres sont moins fréquentes que les
premières. Leur apparition est précédée d'une chaleur
étouffante et d'un calme absolu ; elles succèdent quelquefois à un orage, d'autres fois elles naissent spontanément sans être précédées de manifestations électriques.
Une des trombes les plus célèbres par les affreux ravages
qu'elle a exercés, est celle de Monville et de Malaunay,
analysée avec soin par M. Pouillet dans un intéressant
mémoire lu à l'Académie des sciences. Nous empruntons
à M. Daguin la description suivante relative à ce terrible
météore :

« Le 19 août 1845, il régnait aux environs de Rouen un
vent violent du sud; dans l'après-midi, un vent du sud-
ouest, chassant des nuages très noirs, rencontra le vent
du sud et forma un violent tourbillon, animé d'un mou-

vement de translation, qui arracha 180 gros arbres en les tordant presque tous, et renversa une sécherie dépendant d'une fabrique d'indienne. Au même moment, il tomba une forte averse accompagnée de grêle et de tonnerre. Il n'y avait pas encore de trombe proprement dite ; après s'être éloigné et avoir parcouru 4 kilomètres, ce tourbil-

Fig. 45. — Trombe marine

lon revint tout à coup dans la vallée, près de Malaunay et Monville, en traversant un bois dont les arbres furent brisés près de leur base. C'est alors qu'il se forma un énorme cône à contours nettement dessinés, et noir comme de la fumée de charbon de terre. Le sommet était d'un jaune rouge, des éclairs s'échappaient du cône, et l'on entendait un fort roulement. En quelques secondes, la trombe se porta successivement et en zigzag sur trois filatures considérables qu'elle écrasa avec tous les ou-

vriers. Les toits furent soulevés et il ne resta pas pierre
sur pierre! les métiers étaient brisés, tordus ; les fortes
pièces étaient brisées, principalement dans les endroits
où il y avait de grosses masses de métal. Les arbres dans
les environs étaient renversés en tout sens, clivés et desséchés sur une longueur de 2 à 7 mètres. En déblayant,
pour tâcher de sauver les malheureux ensevelis sous les
ruines, on remarqua que les briques étaient brûlantes.
On trouva des planches charbonnées, du coton brûlé et
roussi ; beaucoup de pièces de fer et d'acier se trouvèrent
aimantées. Des cadavres présentaient des traces de brû-
lures ; d'autres ne présentaient pas de lésions apparentes,
comme s'ils avaient été frappés de la foudre. Des ouvriers
qui furent lancés dans des prairies environnantes, s'accor-
dèrent à dire qu'ils avaient vu de vives lueurs et senti
une forte odeur de soufre. Des personnes placées sur les
hauteurs ont vu les usines enveloppées par la trombe,
couvertes de flammes et de fumée, et crurent à un incendie.
La largeur de la bande ravagée était de 200 mètres sur le
plateau de Malaunay, à 2 kilomètres du point où les dégâts
avaient commencé; de 307 mètres au milieu, et de 60
près de Cleres, où la trombe disparut. La longueur de la
bande à vol d'oiseau était de 15 kilomètres.

« Un fait très remarquable, c'est que des débris de toute
sorte, ardoises, vitres, planches, chevrons, tombèrent
près de Dieppe, à une distance de 25 à 28 kilomètres du
lieu de la catastrophe. Ces divers objets furent aperçus
dans les airs par plusieurs personnes, qui les prirent
pour des feuilles d'arbres, tant ils étaient élevés. Parmi
ces débris, on cite une planche de $1^m,4$ de longueur, de
$0^m,12$ de largeur et de $0^m,01$ d'épaisseur. Toutes les trombes, heureusement, ne sont pas aussi désastreuses que
celle que nous venons de citer. »

L'intervention de l'électricité est rendue évidente dans
les trombes par la plupart des phénomènes observés;

Fig. 44. — Trombe terrestre.

mais il est à remarquer que lorsqu'une trombe succède à un orage, le bruit du tonnerre cesse aussitôt. Les décharges électriques se font alors des nuages au sol par l'intermédiaire de tous les objets qui le recouvrent. Les arbres, par exemple, servent de conducteur à d'énormes quantités d'électricité ; leur température, fortement élevée par ce rapide écoulement de fluide, vaporise instantanément toute l'eau de ces conducteurs végétaux, et cette évaporation subite les fait éclater longitudinalement, les divisant en lanières souvent aussi minces que des allumettes.

Les nuages orageux donnent encore naissance à des phénomènes d'une violence extraordinaire, dans lesquels l'impétuosité effrayante du vent se joint aux manifestations électriques ; tels sont ces vastes tourbillons, très communs dans les mers tropicales, formant les tornades et les cyclones, si justement redoutés des marins. Nous sortirions de notre sujet, en consacrant plus de temps à l'étude de ces puissants météores ; nous en avons dit assez pour montrer l'intervention de l'électricité dans la production des mouvements tumultueux qui tourmentent sans cesse toutes les régions de l'atmosphère. Ces bouleversements profonds paraissent cependant nécessaires pour rétablir dans l'air un équilibre indispensable à l'entretien de la vie : tandis que les courants atmosphériques renouvellent sans cesse à la surface du globe les couches d'air viciées par des émanations de toute nature, les décharges électriques agissent de leur côté comme un puissant moyen de purification. L'air électrisé jouit de propriétés spéciales que nous étudierons plus loin : à son contact disparaissent des miasmes délétères dont l'accumulation ne tarderait pas à devenir funeste. Chaque coup de foudre donne naissance à des produits nouveaux par la combinaison directe des éléments de l'air, et ces produits deviennent pour les végétaux une des sources où leur vie s'alimente. Toutes ces convulsions de la nature exercent au fond une influence salutaire, devant laquelle s'effacent les terreurs qu'elles nous inspirent.

L'électricité ne se montre pas toujours sous cette forme menaçante et terrible, elle nous apparaît souvent comme une lumière douce et tranquille, d'une imposante beauté, illuminant le ciel de lueurs éclatantes et variées, singulier contraste avec les bruyantes manifestations des trombes et de la foudre. Les aurores boréales, dont il nous est quelquefois permis d'admirer la majestueuse splendeur, ont leur origine, comme les éclairs et les tonnerres, dans l'électricité de l'atmosphère. Ce n'est plus alors au milieu de décharges violentes et brutales que les deux fluides se précipitent l'un vers l'autre ; leur marche calme et silencieuse ne laisse d'autres traces de leur passage que l'éclat d'une féerique illumination.

Dans nos climats, les aurores boréales sont des météores peu communs et de courte durée ; mais, dans les régions polaires, elles se montrent pour ainsi dire d'une manière continue ; leur lumière adoucit dans ces contrées la triste monotonie de la longue nuit hibernale. « Ces clartés irrégulières suffisent, dit de Humboldt, aux Lapons, aux Samoyèdes et aux Esquimaux, traînés par leurs rennes ou par leurs chiens, pour parcourir en traîneau les neiges sans limites qui couvrent leur pays ; et lorsque l'absence de soleil tend à assombrir leurs idées, l'éclat capricieux des apparitions umineuses leur présente des images fantastiques bien propres à réveiller leur imagination, et sur lesquelles elle s'est merveilleusement exercée. »

Nous n'avons qu'une bien faible idée du resplendissant aspect des aurores polaires par les apparences qu'elles revêtent sous nos latitudes ; les plus brillantes parviennent seules jusqu'à nous, et encore ne voyons-nous guère

qu'une portion de cet imposant spectacle. Dans les contrées septentrionales, elles se montrent avec une magni-

Fig. 4. — Aurore polaire.

ficence qui défie toute description ; rien de mobile
comme leur parure, rien de comparable à leur éclat. Le
phénomène débute à l'horizon par l'apparition d'un

segment circulaire obscur, d'une teinte violacée, derrière lequel on voit encore les étoiles comme au travers
d'un brouillard. Bientôt cette brune se borde d'un arc
lumineux, ordinairement d'un blanc jaunâtre et transparent. Cet arc est souvent encadré par un second, quelquefois même on en voit trois ou un plus grand nombre.

Ces arcs lumineux, presque toujours agités par une sorte
d'effervescence, ne tardent pas à lancer vers le zénith
des rayons brillants dont l'éclat et la couleur sont variables comme ceux des arcs, et qui, semblables à des
fusées, se meuvent avec une vivacité extrême. Ils se
brisent et se reforment sans cesse, s'allongent et se rac-
courcissent, et finissent par envahir toute le voûte céleste, formant comme une coupole de feu d'une excessive mobilité. Ils se réunissent enfin en un point du ciel
pour y former une couronne complète ou incomplète ; en
ce point de convergence, les rayons toujours en mouvement brillent du plus vif éclat ; ils se colorent en rouge,
en vert, en jaune. La couronne offre alors le plus haut
degré de magnificence que puisse déployer l'aurore ; mais
bientôt ces vives lueurs pâlissent, les rayons et les arcs
perdent leur éclat ; semblable ou bouquet d'un feu d'ar-
tifice, l'apparition de la couronne a annoncé la fin du
phénomène.

D'autres fois, la lumière aurorale revêt des formes plus
admirables encore. De larges surfaces lumineuses flottent
au-dessus du spectateur, changeant sans cesse de forme
et de couleur. On dirait de longues draperies étincelantes,
élégamment suspendues dans le ciel, constamment agitées
par le souffle du vent. Dans quelques cas plus rares,
d'immenses traînées de lumière s'étallent en replis sinueux
sur la voûte céleste, semblables à un serpent de feu.

La nature des aurores boréales a de tout temps excité
la curiosité des observateurs, et mille théories ont été
émises tour à tour pour expliquer le brillant météore.

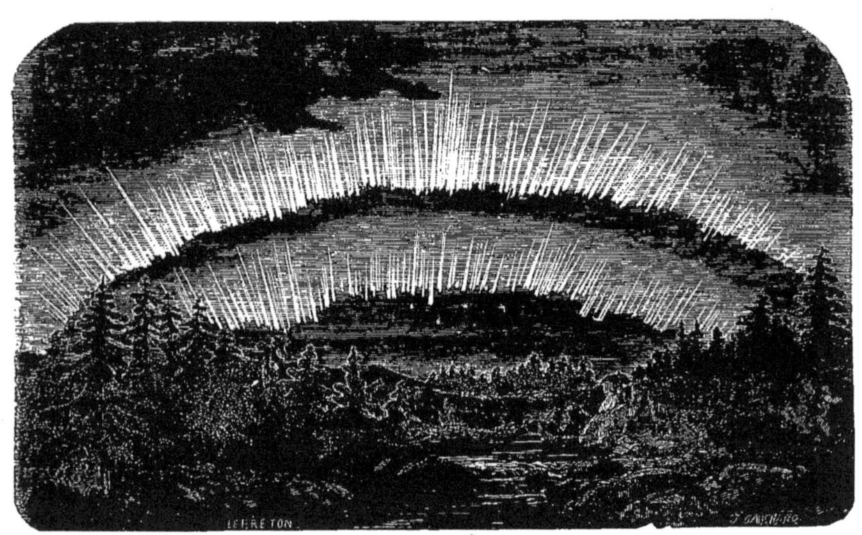

Fig. 46. — Aurore boréale.

Toutes les observations modernes concourent aujourd'hui pour lui assigner une origine électrique. Les vapeurs formées en abondance dans les régions tropicales s'écoulent vers les pôles, charriant avec elles l'électricité qu'elles renferment. Resserrée dans des espaces de plus en plus étroits, cette électricité atmosphérique augmente sans cesse de tension, et finit par se joindre à celle de la terre par l'intermédiaire des particules glacées qui flottent dans l'air. De là résulte un véritable courant électrique marchant de l'équateur aux pôles dans l'atmosphère, et des pôles à l'équateur dans l'intérieur du globe. La production de ce courant est rendue manifeste par les agitations continuelles qu'éprouve l'aiguille aimantée pendant la manifestation des aurores. La terre réagit à son tour sur ces décharges silencieuses, comme le ferait un aimant d'une puissance colossale ; c'est elle qui détermine, par la situation de ses pôles magnétiques, la direction constante de ces effluves lumineuses, et les mouvements de giration dont elles sont animées. Une élégante expérience de M. de Larive réalise quelques-unes des conditions qui s'observent pendant les aurores, et sanctionne ainsi par une démonstration directe les données théoriques que nous venons d'énoncer.

VII

LE SON DANS L'ATMOSPHÈRE

Le son dans l'atmosphère. — Mouvements vibratoires des corps sonores. —
Le son ne se propage pas dans le vide. — Transmission par l'air. —
Mouvement ondulatoire de l'air. — Vitesse de propagation du son. —
Influence de la température. — Réflexion du son. — Le son dans les
hautes régions. — Transparence acoustique de l'air.

A côté de cette agitation tumultueuse d'où naissent les
vents et les tempêtes, l'air est encore le siège de mouvements d'un ordre bien différent, qui éveillent en nous
les plus douces sensations. C'est lui qui transmet à notre
oreille tous les sons dont la nature est animée; il intervient sans cesse comme un messager invisible pour nous
apporter avec une scrupuleuse fidélité les voix diverses
qui remplissent l'atmosphère. Sans air, la nature serait
muette; le silence de la mort remplacerait cette vive
animation; la parole, précieux auxiliaire de la pensée,
cesserait de se produire; nous serions insensibles à ces
harmonies suaves, qui unissent par des relations incessantes le cœur de l'homme avec tout ce qui vit ou s'agite
autour de lui. Cette mystérieuse transmission, l'air l'ac-

complit avec une merveilleuse facilité. Le mouvement
sonore le traverse, sans rencontrer d'obstacle, dans mille
directions diverses. Tous les sons se croisent et s'enche-
vêtrent au sein de l'atmosphère, mais chacun d'eux arrive toujours sûrement à l'oreille, sans être gêné pendant
sa route par ceux qui cheminent à ses côtés. Pour bien
comprendre le mécanisme de cette curieuse propagation,
il est avant tout nécessaire d'examiner
rapidement quelle est la nature de ces
mouvements.

Le son a toujours pour origine une
agitation particulière de la matière qui,
transmise aux milieux ambiants, parvient de proche en proche jusqu'à l'o-
reille, dont la fonction est de la transformer en sensation auditive. Une foule
d'expériences mettent en évidence le
mouvement du corps sonore. Ce phénomène est surtout frappant dans les cordes de certains instruments. Les oscillations sont, il est vrai, trop rapides
pour qu'on puisse les compter, mais
l'œil les aperçoit, il saisit les limites
des excursions de la corde ; il croit
la voir en même temps dans toutes les
positions intermédiaires, à peu près

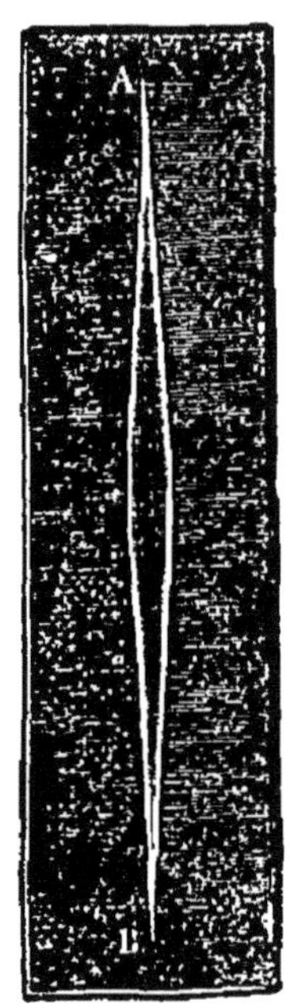

Fig. 47.

comme il voit un cercle de feu lorsqu'un charbon enflammé et tourné en rond avec une vitesse suffisante.
Les mouvements de va-et-vient d'un corps sonore constituent ce qu'on appelle en acoustique des *vibrations.*

Tous les corps sonores exécutent ainsi des mouvements
vibratoires plus ou moins étendus et souvent faciles à
mettre en évidence. Une cloche de verre, ébranlée par
un moyen quelconque, repousse violemment la boule
d'un petit pendule approché avec précaution de sa sur-

face. Il suffit de poser légèrement le doigt sur un corps
en vibration pour sentir un frémissement qui accompagne toujours la production du son; mais si l'on exerce
une pression un peu forte, le mouvement est arrêté, et
le son s'éteint.

D'un autre côté, on démontre sans peine que le son a

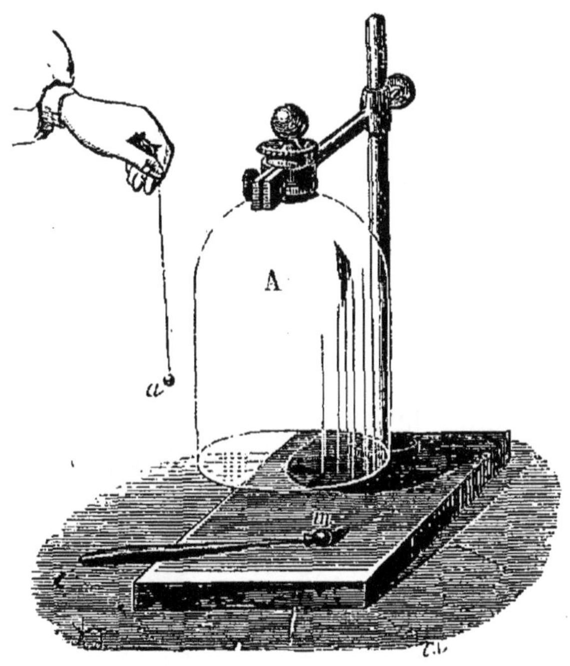

Fig. 48.

besoin, pour se propager jusqu'à l'oreille, de l'intermédiaire d'un milieu pondérable, et que, dans les circonstances ordinaires, c'est à l'air qu'est dévolue cette mission. Une expérience bien simple permet de vérifier
l'exactitude de cette proposition : on place sous la cloche
d'une machine pneumatique une sonnerie reliée à un
mouvement d'horlogerie, un réveil-matin par exemple.
Tant que le récipient est plein d'air, on entend distinctement le son de l'appareil, mais il devient extrêmement
faible, et disparaît même complètement dès qu'on y fait

le vide, pour reparaître quand l'air est de nouveau rendu au récipient.

Le son ne peut donc se propager dans le vide, mais il ne faudrait pas conclure de cette expérience que l'air ait le privilège exclusif de conduire ainsi les vibrations sonores. L'eau et les autres liquides, le bois, les métaux et, en général, tous les corps pondérables, jouissent de cette propriété à des degrés différents, qui dépendent de leur élasticité. Mais, dans les conditions ordinaires, nous pouvons considérer l'atmosphère comme le seul véhicule naturel des sons transmis à notre oreille. Il résulte de là que les plus formidables détonations pourraient se produire dans les espaces interplané-

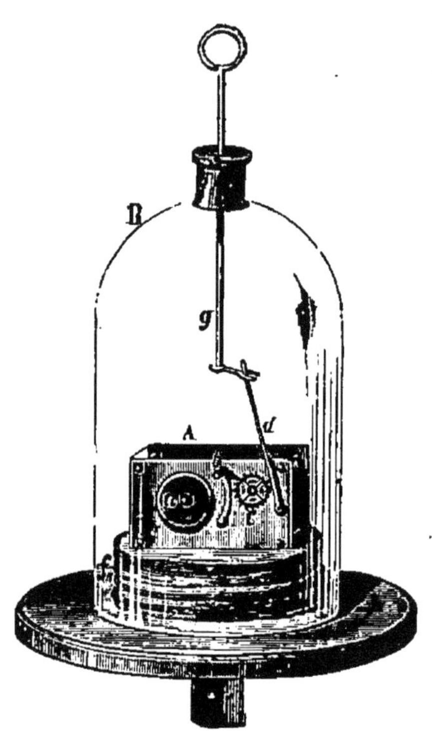

Fig. 49.

taires sans arriver jusqu'à la terre; mais, d'un autre côté, un air très raréfié est encore capable de nous transmettre des sons avec intensité. Ce fait est démontré par les explosions des météorites à de grandes hauteurs dans l'atmosphère; il est vrai que, dans ce cas, la cause initiale de l'ébranlement doit être extrêmement violente.

Quand un son chemine à travers l'atmosphère, l'air est dans un état particulier de mouvement désigné sous le nom de mouvement ondulatoire. On peut se faire une

idée assez nette du mécanisme par lequel le son se propage, en considérant ce qui se passe à la surface d'une
eau tranquille dont on trouble en un point, l'équilibre.
Si l'on jette un caillou, par exemple, dans une masse
liquide, il produit en s'y enfonçant, une dépression bientôt
comblée par l'eau qui afflue des points environnants, et
qui se transforme presque aussitôt en une petite émi-
nence; puis, tout autour de ce centre d'ébranlement,
apparaissent des cercles concentriques, alternativement
déprimés et élevés, formant de véritables vagues qui
cheminent régulièrement en s'agrandissant.

Il est important de remarquer que la progression de
ces ondes circulaires ne produit aucun mouvement de
transport dans la masse liquide; un corps léger flottant à
la surface est seulement élevé ou abaissé alternativement,
mais il conserve toujours sa place sans éprouver aucun
déplacement. Un phénomène tout à fait analogue se produit dans l'air ébranlé par un corps sonore. La propagation du son consiste en une simple communication de
mouvement sans translation des couches de l'air; c'est ce
mouvement qui, parvenu jusqu'à notre oreille, éveille en
nous la sensation du son.

La transmission du son doit, on le conçoit, employer
un certain temps à se produire; c'est, en effet, ce que
démontre l'observation de tous les jours. Ainsi, dans
l'explosion d'une arme à feu, on aperçoit ordinairement
la lumière avant d'entendre le coup, et le temps écoulé
entre l'apparition de la lumière et la perception du
bruit devient plus sensible à mesure que la distance
augmente. De même, en temps d'orage, on voit le plus
souvent briller l'éclair avant que le coup de tonnerre se
fasse entendre, et tout le monde sait qu'on n'a rien à
redouter des effets de la foudre quand l'éclair a précédé
les éclats du tonnerre. Le son met donc un certain temps

à parcourir l'espace; il se meut avec une certaine *vitesse*, que l'on s'est efforcé de mesurer avec exactitude.

Cette question a longtemps occupé l'attention des savants de tous les pays : aux physiciens français revient l'honneur d'avoir définitivement résolu ce difficile problème. L'expérience semblait cependant bien simple dans son exécution, mais combien de difficultés ne devait-elle pas présenter, que de causes d'erreur à écarter, que de précautions minutieuses nécessaires pour assurer l'exactitude des résultats. Les premières expériences précises sont dues à une commission nommée, en 1738, par l'Académie des sciences; elles furent répétées, en 1822, par le Bureau des longitudes.

Le temps que la lumière met à parcourir des espaces terrestres peut être considéré comme nul. On peut donc admettre que l'instant précis de la détonation d'une arme à feu est marqué par l'apparition de sa lumière. Se basant sur ce principe, les observateurs choisirent deux stations dont la distance avait été mesurée avec le plus grand soin. A Villejuif, l'une des deux stations, était disposée une pièce de canon de six, avec des gargousses de 2 et de 3 livres de poudre; les savants placés autour de la pièce étaient MM. de Prony, Arago et Mathieu. A Montlhéry, se trouvait une pièce de même calibre avec des gargousses de même poids; les observateurs étaient MM. de Humboldt, Gay-Lussac et Bouvard. Les expériences furent faites de nuit; de Villejuif, on apercevait le feu de l'explosion de Montlhéry, et réciproquement; le ciel était serein et l'air à peu près calme. On avait, d'ailleurs, imaginé des moyens d'évaluer avec une extrême précision le temps employé par le son pour faire son trajet d'une station à l'autre.

Douze coups alternés furent tirés de dix en dix minutes à chacune des stations, et chaque observateur compte le nombre de secondes écoulées entre l'apparition de la lumière et l'arrivée du son. On trouva ainsi un temps moyen de 54″6 pour le trajet du son d'une station à l'autre ; et comme elles étaient distantes de 18,612 mètres, on a pu en déduire que le son cheminait dans l'air

Fig. 50. — Expérience faite à Villejuif pour mesurer la vitesse du son

avec une vitesse de 340^m,88 par seconde. La températurature pendant l'expérience était de 16⁰.

La température de l'air exerce une influence notable sur la rapidité avec laquelle le son se propage, la vitesse augmente quand l'air est chaud, elle diminue quand il devient plus froid; aussi était-il important de déterminer cette influence de la chaleur sur la vitesse de transmission. Le calcul permettait de résoudre le problème, et l'on trouva ainsi qu'à 10° cette vitesse serait de 339 mètres par seconde; elle s'abaisserait à 333 mètres à la tempéture de la glace fondante.

D'un autre côté, à égalité de température, la pression de l'air est sans influence sur la vitesse du son; il se propagerait avec la même rapidité dans les régions élevées de l'atmosphère ou à la surface du sol si la température y était la même; mais comme l'air subit un refroidissement progressif à mesure qu'on s'élève à de grandes hauteurs, il en résulte que la vitesse du son est nécessairement plus faible à une grande altitude qu'au niveau de la mer.

Enfin, l'observation journalière nous démontre que tous les sons marchent avec la même vitesse. Lorsque plusieurs observateurs écoutent un concert à diverses distances, ils entendent tous la même mesure et la même harmonie, tous les sons se propagent donc dans le même ordre et aux mêmes intervalles; s'il en était autrement, si les sons graves, par exemple, prenaient l'avance sur les sons aigus, la mesure serait bientôt rompue, et ce qui, à dix pas, serait une harmonie, deviendrait à cent pas une insupportable cacophonie.

Parmi les conséquences de ce mode de propagation du son, nous devons en citer une fort remarquable par le rôle qu'elle joue dans la nature. Quand une onde sonore rencontre un obstacle, elle lui transmet une faible partie de son mouvement, et se trouve légèrement affaiblie; mais la plus grande partie de l'onde éprouve une déviation dans sa marche, elle *se réfléchit*. Il se passe à la surface de l'obstacle un fait complètement identique à celui que produit un rayon lumineux tombant sur un

miroir; de même que nous voyons dans une glace
l'image fidèle des objets placés dans son voisinage, de
même l'oreille perçoit dans ces conditions de véritables
images sonores, reproduisant avec exactitude tous les
caractères des sons qui leur donnent naissance. Cette
réflexion du son est la cause d'un phénomène connu de
tout le monde, et désigné sous le nom d'écho. Tout objet capable de dévier une onde sonore donne naissance à
des échos : un mur, une colline, la surface d'un lac, les
nuages même, réfléchissent le son avec intensité. Souvent même différents obstacles donnent lieu, par leur
disposition, à des échos multiples; ils agissent comme
une série de miroirs, convenablement orientés, réfléchissant un grand nombre de fois l'image des objets éclairés.
C'est à la répercussion du son sur les nuages ou sur les
corps terrestres qu'est dû le roulement prolongé du tonnerre; les échos nombreux, produits sur toutes ces surfaces réfléchissantes, mettent des temps différents pour
parvenir à notre oreille; de là ce bruit continu, ces éclats
successifs, engendrés par une seule détonation.

On distingue dans le son plusieurs qualités fondamentales, désignées sous le nom de hauteur, de timbre et d'intensité. Les deux premières sont liées à des conditions
physiques dont l'étude serait ici hors de propos. Quant
à la troisième, elle dépend pour une large part de l'état
du milieu au sein duquel le son se produit ou se propage. On sait que le son s'affaiblit toujours quand on
s'éloigne des corps sonores; ce fait n'a rien de surprenant, il est une conséquence nécessaire du mécanisme
de sa propagation; mais en faisant abstraction de la distance qui sépare le corps sonore de l'oreille, on observe
dans l'intensité du son des variations souvent remarquables, selon les conditions au milieu desquelles il prend
naissance.

A de grandes hauteurs dans l'atmosphère, l'intensité du son est notablement diminuée. Suivant l'estimation de Saussure, la détonation d'un coup de pistolet au sommet du mont Blanc équivaut à celle d'un pétard ordinaire au niveau de la plaine. M. Tyndall, qui a plusieurs fois répété ces expériences, a été particulièrement frappé de l'absence de cette plénitude et de cette netteté qui caractérisent d'ordinaire le bruit d'un coup de pistolet ; le coup produisait, dit-il, l'effet d'une bouteille de vin de Champagne, et cependant le son ne laissait pas d'être encore assez intense. L'intensité du son dépend, en effet, de la densité de l'air au sein duquel il prend naissance : sur une haute montagne, l'air est toujours plus ou moins raréfié ; et si la force du son est primitivement déterminée par la violence du mouvement qui l'engendre, ce qui en parviendra à l'oreille dépend nécessairement de la nature du milieu qui le propage.

Le mouvement sonore, comme tout autre mouvement, s'affaiblit lorsqu'il se communique d'un corps léger à un corps pesant ; c'est ce qui explique pourquoi les sons émis à la surface de la terre se transmettent de bas en haut bien plus facilement que dans toute autre direction ; de nombreuses observations, faites pendant des voyages aéronautiques, montrent l'exactitude de ce fait. Le sifflet d'une locomotive, nous dit M. Flammarion, s'entend à 5000 mètres de hauteur, le bruit d'un train à 2500 mètres, les aboiements jusqu'à 1800 mètres. A 1400 mètres on entend très distinctement les coups de tambour et tous les sons d'un orchestre. A 1000 mètres on reconnaît l'appel de la voix humaine ; pendant la nuit silencieuse, le cours d'un ruisseau ou d'une rivière un peu rapide produit à cette hauteur l'effet de chutes d'eau puissantes et sonores, et le léger *cri-cri* du grillon s'entend très distinctement jusqu'à 800 mètres de hauteur.

Il en est tout autrement pour les sons dirigés de haut en bas. Tandis que nous entendons une voix qui nous parle à 500 mètres au-dessous de nous, on ne perçoit plus clairement les paroles d'un aéronaute qui plane à plus de 100 mètres au-dessus de nos têtes.

Pendant la nuit, la transmission du son se fait avec une étonnante facilité; l'explication naturelle de ce fait semble liée à l'absence relative de tous ces bruits confus qui se croisent dans l'atmosphère pendant le jour. Une pareille cause intervient certainement pour une très large part; l'oreille, délassée par un silence presque complet, doit être beaucoup plus sensible à de légères excitations, comme l'œil qui, reposé par l'obscurité, devient sensible à de fugitives lueurs, incapables de l'impressionner pendant le jour. Cette explication est cependant bien souvent insuffisante. Humboldt rapporte que, dans une certaine position dans les plaines d'Antures, le bruit de la grande chute de l'Orénoque ressemble au bruit des flots qui se brisent sur un rivage rocheux, et il ajoute, comme une circonstance remarquable, que ce bruit est beaucoup plus fort la nuit que le jour. Cette différence ne peut s'expliquer par la tranquillité de la nuit, car le bourdonnement des insectes et le rugissement des bêtes fauves rendent, dans cette contrée, la nuit beaucoup plus bruyante que le jour. La véritable cause de ce fait a été indiquée par de Humboldt, et tout récemment elle vient d'être vérifiée par les observations suivantes de M. Tyndall.

On se préoccupe très sérieusement depuis quelque temps des moyens d'avertir et de guider les vaisseaux par des signaux sonores lorsque, par les temps de brouillard, les phares lumineux cessent d'être visibles. Malheureusement l'emploi de ces moyens présente les plus grandes irrégularités. On se sert, comme source sonore, soit de cloches colossales mises en branle par de puissantes machines ; soit de sifflets à vapeur, analogues à ceux de nos locomotives ; soit de trompettes gigantesques, alimentées par un courant d'air à haute pression. A Boulogne, une cloche est disposée au foyer d'un réflecteur parabolique, destiné à diriger l'onde sonore ; quelquefois, enfin, on fait usage de tam-tams ou de canons. Malgré l'intensité des sons ainsi produits, leur portée n'est jamais très considérable, mais, chose plus remarquable, elle est soumise à des anomalies dont rien, jusqu'à présent, ne faisait soupçonner la cause. Tantôt une couche d'air de 5 à 6 kilomètres suffit pour étouffer les sons les plus intenses ; d'autres fois on les entend distinctement encore à 25 kilomètres, sans que les conditions atmosphériques paraissent avoir subi de notables changements. D'où viennent ces variations brusques dans la perméabilité acoustique de l'air ? sont-elles sous la dépendance des causes qui modifient ses propriétés optiques, ou admettent-elles une explication d'un autre ordre ?

On avait admis jusqu'à ce jour qu'une atmosphère claire et calme était le meilleur véhicule du son, tandis que les brouillards opposaient à sa propagation une barrière difficile à franchir. Les récentes recherches de M. Tyndall démontrent, au contraire, que la transparence acoustique de l'air n'est nullement en relation avec sa transparence optique ; il faut donc chercher ailleurs la cause de ces anomalies. Dans une série d'expériences habilement exécutées sur les côtes d'Angleterre, les sons étaient produits sur le rivage par les procédés indiqués plus haut ; les observateurs, embarqués sur un steamer, les écoutaient attentivement à des distances variables de la côte. Il arriva plusieurs fois que le bruit du canon disparaissait déjà à 3 ou 4 kilomètres, bien que l'atmo-

sphère présentât une limpidité parfaite. D'autres fois, au
contraire, la portée des mêmes sons dépassait 18 kilomètres, malgré l'interposition d'une brume épaisse entre
les corps sonores et les observateurs. Un jour même,
la transparence optique de l'air était parfaite; les observateurs apercevaient nettement de leur steamer les
côtes de France ; une distance de 15 kilomètres les sépa-
rait de la station d'où partaient les signaux sonores, ils
les entendaient très faiblement. Vers le milieu de la journée, une nuée épaisse et noire couvrit le ciel, et donna
lieu bientôt à une averse d'une violence tropicale. Au milieu de la tempête, on entendait distinctement les sons
partis de la côte. A mesure que la pluie diminuait, et
que le bruit local de sa chute s'affaiblissait, la force des
sons augmentait au point qu'à 14 kilomètres on les entendait beaucoup mieux qu'à 9 kilomètres, avant la pluie.
Cette observation est tout à fait opposée à l'assertion de
Derham, reproduite par tous les auteurs depuis son
époque, que la pluie étouffait le son.

En analysant avec soin toutes les conditions qui interviennent dans la production de ces curieuses alternatives, M. Tyndall a été conduit à admettre que c'est au
défaut d'homogénéité de l'atmosphère, et non à sa transparence plus ou moins grande, qu'il faut attribuer sa
propriété de propager le son avec une intensité variable.
Lorsque, dans les observations précédentes, la mer était
échauffée par le soleil, elle donnait lieu à une abondante évaporation, et la vapeur engendrée ne pouvait
s'élever sans altérer l'homogénéité primitive de l'atmosphère ; il en résultait des couches à divers degrés de
saturation. Aux surfaces de séparation de chacune de ces
couches naissent des échos partiels, nécessairement accompagnés d'un affaiblissement du son. Un pareil mélange peut former dans l'air un *nuage acoustique* opaque
pour les sons, très perméable au contraire à la lumière.

On obtient de même des milieux opaques pour la lumière par la juxtaposition de substances douées individuellement d'une transparence parfaite. C'est ce qui arrive, par exemple, pour l'écume formée par un mélange d'air et d'eau. La lumière, en tombant sur un pareil mélange, est réfléchie par les nombreuses facettes qu'elle rencontre, et ne peut le traverser. Du verre transparent, réduit en poudre fine, donne lieu aux mêmes apparences. Ce n'est donc pas par une absorption réelle que se produit l'extinction de la lumière ou du son, mais bien par un grand nombre de réflexions intérieures.

D'après cette théorie, on devait supposer qu'en se mettant devant le nuage acoustique au lieu de se placer derrière lui, on recevrait par réflexion le son auquel il refuse passage, c'est en effet ce qu'a confirmé l'expérience. M. Tyndall s'installa au pied du rocher même, au sommet duquel étaient disposés les instruments acoustiques, et constata que les ondes sonores étaient renvoyées vers lui avec une intensité surprenante. La mer était calme, il n'y avait aucun vaisseau à sa surface; l'atmosphère était sans nuage; on n'apercevait aucun objet capable de produire un pareil effet. Les échos venaient de l'air parfaitement transparent, comme renvoyés par des murs magiques absolument invisibles. La présence des nuages n'est donc pas nécessaire, comme on l'a cru jusqu'à ce jour, pour la production des échos atmosphériques.

Ces observations rendent compte des opinions divergentes émises par les savants qui ont étudié la propagation du son dans des circonstances variées. Beaucoup d'observateurs ont constaté que le froid semble augmenter la portée des sons. Forster, l'un des compagnons du capitaine Parry dans ses voyages aux régions polaires, raconte que, à Port-Rowen, il a pu faire une conversation avec un homme de l'équipage à 2040 mètres de distance, par un froid de 28° au-dessous de zéro ; on attribuait à la condensation de l'air cette facile propagation du son. Mais des expériences contradictoires de MM. Bravais et Martins ne confirment pas cette manière de voir.

Ces savants observèrent que le son d'un diapason, monté sur une caisse de résonnance, s'entendait dans la plaine à 254 mètres à une heure de l'après-midi, et jusqu'à 379 mètres à minuit. Sur le Faulhorn, montagne du canton de Berne élevée de 2680 mètres au-dessus du niveau de la mer, le son du même diapason parvenait à 550 mètrés ;. et sur le grand plateau du mont Blanc, à 4000 mètres d'altitude, on l'entendait encore à 337 mètres; l'air est pourtant bien moins dense sur ces hauteurs que dans la plaine. C'est à l'homogénéité de l'atmosphère beaucoup plus qu'à sa température ou à sa densité que l'on doit attribuer ces résultats. Pour la même raison, les sons se transmettent plus facilement la nuit que le jour, car l'absence du soleil sur l'horizon supprime la cause qui trouble sans cesse l'homogénéité de l'air. A cette action on doit ajouter sans doute le silence plus profond de la nuit, silence qui devient absolu dans les hautes régions. Mais on a vu, par les observations de de Humboldt, que la plus facile propagation du son pendant la nuit est en relation directe avec l'état de l'atmosphère beaucoup plus qu'avec l'état de repos ou d'excitation de notre oreille.

VIII

CONSTITUTION CHIMIQUE DE L'AIR

La chimie des anciens. — Les quatre éléments. — Les alchimistes. —
Théorie du phlogistique de Stahl. — Scheele. — Priestley. — Lavoisier.

Nous venons d'étudier l'air dans ses rapports avec les
grandes lois physiques de la nature; nous l'avons vu
intervenir tour à tour, par ses diverses propriétés, dans
tous les phénomènes météorologiques, les modifiant
sans cesse et imprimant à chacun d'eux une allure spéciale. Nous avons maintenant à l'examiner sous un point
de vue nouveau, bien différent et plus intéressant encore. L'air n'est pas seulement, en effet, le milieu dans
lequel se passe notre existence; il est, de plus, l'élément
indispensable à toutes les manifestations de la vie.

On pourrait concevoir à la rigueur une atmosphère
constituée par un fluide gazeux tout autre que l'air,
la plupart des actions que nous venons d'examiner ne
seraient pas modifiées d'une manière essentielle. Si, par
exemple, l'air que nous respirons était subitement rem-

placé par une égale masse d'hydrogène ou d'azote, le vent ne continuerait pas moins à se produire sous l'influence de la chaleur solaire, la vapeur d'eau ne cesserait pas de circuler dans ce nouveau milieu, elle se condenserait encore sous forme de pluie ou de neige, le ciel conserverait sa couleur d'azur, la foudre sillonnerait les nuages, les mouvements sonores se propageraient avec une merveilleuse facilité. Mais la vie, telle que nous la concevons du moins, s'éteindrait subitement; et si des êtres organisés peuplaient encore la terre, ils ne présenteraient, nous pouvons l'affirmer, aucun trait de ressemblance avec ceux qui l'habitent ou qui l'ont habitée depuis les époques les plus reculées.

Cette faculté d'entretenir la vie constitue, en réalité, un des caractères les plus essentiels de l'air atmosphérique; il la doit à l'oxygène, un des éléments qui entrent dans sa constitution; mais elle est inséparable d'une autre propriété non moins importante : celle d'alimenter la combustion. Une bougie qui brûle, aussi bien qu'un animal qui respire, puisent dans l'atmosphère les aliments nécessaire à leur entretien. Sans air, le feu s'éteint comme la vie; et cette image poétique qui compare la vie à la flamme d'une lampe et l'agonie de la mort à ses dernières lueurs, devient l'expression fidèle et scientifique de la vérité.

Par quel procédé l'air accomplit-il ce merveilleux travail ? Cette question a dû certainement préoccuper les philosophes dès la plus haute antiquité; ils savaient très bien que l'*air vicié* est impropre à la respiration aussi bien qu'à la combustion, mais leur ignorance absolue sur la nature intime de l'air devait nécessairement reculer la solution de ce grand problème. Rien n'est plus intéressant, dans l'histoire de la science, que l'évolution de cette importante question. On voit les esprits les plus élevés, engagés tour à tour dans la lice, se heurter sans cesse contre d'insurmontables difficultés. Les travaux des savants donnent naissance aux plus éclatantes découvertes, pendant que leur imagination enfante les plus grossières erreurs.

Ce n'est qu'à la fin du dix-huitième siècle qu'on voit se déchirer, sous la main d'un puissant génie, le voile épais qui obscurcissait ce point fondamental de la science. Dès ce moment, l'empirisme fait place à la méthode, et la chimie s'élève d'un bond au rang des sciences exactes. Les progrès, ou plutôt la naissance même de la chimie, datent du jour où la constitution de l'air a été nettement établie. Pouvait-il en être autrement quand ce milieu intervient sans cesse dans toutes nos opérations de laboratoire? Dès que le génie de Lavoisier eût montré le rôle immense de l'oxygène atmosphérique dans la plupart des phénomènes chimiques, les transformations jusqu'alors mystérieuses de la matière, les faits les plus étranges et les plus incompréhensibles reçurent une explication d'une merveilleuse simplicité. Quelques notions historiques sur cette révolution de la science trouvent ici naturellement leur place.

Les anciens se faisaient la plus fausse idée de la constitution des corps. Il existait pour eux quatre éléments fondamentaux, dont les combinaisons engendraient toutes les substances répandues sur le globe : l'air, l'eau, la terre et le feu, faisaient à eux seuls tous les frais de ces propriétés si variées dans les productions de la nature; et, par un singulier contraste, ils considéraient comme composées d'autres substances dont la chimie moderne affirme l'unité de constitution. C'est ainsi que tous les métaux étaient pour eux des corps composés, de là l'idée qui a dirigé plus tard les alchimistes vers la transmutation des métaux. Ils admettaient dans tout métal deux éléments primordiaux : le *mercurius* et le *sulphur*,

bien différents d'ailleurs du mercure et du soufre ordinaires; réunis en diverses proportions, ils engendraient
toutes les substances métalliques. Cette théorie est nettement formulée dans les œuvres de l'Arabe Geber, l'auteur des plus anciens ouvrages de chimie qui nous soient
parvenus. Quelques phrases empruntées à l'un de ses
écrits vont nous initier à la chimie de cette époque.

« Prétendre à extraire un corps de celui qui ne le
contient pas, c'est folie. Mais comme tous les métaux
sont formés de mercure et de soufre plus ou moins purs,
on peut ajouter à ceux-ci ce qui est en défaut ou leur ôter
ce qui est en excès. Pour y parvenir, l'art emploie des
moyens appropriés aux divers corps. Voici ceux que
l'expérience nous a fait connaître. La calcination, la
sublimation, la décantation, la solution, la distillation,
la coagulation, la fixation et·la procréation. Quant aux
agents, ce sont les sels, les aluns, le vitriol, le verre, le
borax, le vinaigre le plus fort, et le feu. » On sent, à la
fermeté du style de Geber et à la netteté de ses expressions, qu'il résume des idées bien arrêtées, et qui probablement lui viennent de loin[1].

Ces idées, plus ou moins modifiées selon le caprice des
alchimistes, ont dirigé pendant des siècles leurs recherches empiriques; ce qui frappe le plus dans tous leurs
ouvrages, c'est la puissance inépuisable et sans bornes
attribuée à l'action du feu; rien ne se fait sans lui,
avec lui tout est possible, et cependant on ne rencontre
aucune tentative pour en expliquer la nature. Toujours
entraînés vers la recherche de la pierre philosophale ou
de la panacée universelle, ils mettent en œuvre toutes
les ressources dont ils disposent, peu soucieux des questions accessoires, qui n'ont pour eux qu'un intérêt secon-
daire. Dans la dernière moitié du quinzième siècle, seu-

___

1. Dumas, *Leçons sur la philosophie chimique.*

lement, on voit naître une théorie justement célèbre par l'influence énorme qu'elle a exercée sur le mouvement scientifique de l'époque, nous voulons parler de la fameuse théorie du phlogistique de Sthal.

Stahl donnait le nom de *phlogistique* à un principe insaisissable, existant à l'état de combinaison dans tous les corps combustibles, et se dégageant pendant la combustion; un corps ainsi privé de son phlogistique cessait d'être combustible; au contraire, cet élément absorbé par un corps incombustible lui communiquait la propriété de pouvoir brûler. Ainsi, par exemple, quand une barre de fer est portée au contact de l'air à une haute température, elle éprouve une véritable combustion; elle change de nature et se transforme en une substance nouvelle, douée de propriétés très différentes de celle du fer, désignée aujourd'hui sous le nom d'oxyde de fer. Ce corps nouveau était pour Sthal du fer *déphlogistiqué;* mais il était possible de le transformer de nouveau en fer métallique, à la seule condition de lui rendre le phlogistique qu'il avait perdu. C'est ainsi que le charbon, substance très combustible, et par conséquant très riche en phlogistique, était capable d'amener à l'état métallique tous les oxydes ou *terres métalliques* en les *phlogistiquant.*

D'après cette théorie, un corps en brûlant doit nécessairement diminuer de poids, puisqu'une partie de ses éléments se dégage, or, l'expérience démontre précisément le contraire; ce qui étonne le plus, c'est que Sthal savait parfaitement bien à quoi s'en tenir à ce sujet. Un demi-siècle avant les travaux du savant allemand, un médecin français, Jean Rey, avait constaté que le plomb augmente de poids quand on le chauffe dans un fourneau au contact de l'air; Sthal lui-même a vérifié l'exactitude de ce fait, mais cette difficulté ne paraît pas l'avoir frappé

ni lui ni les savants qui, acceptant aveuglément sa doctrine, ont cependant enrichi la science des plus fécondes
découvertes. Cette théorie, purement spéculative, ne re-
posait, on le voit, sur aucune base solide ; malgré cela, on
serait tenté, comme le dit Thénard, de mettre cette grande
erreur au rang des grandes découvertes, parce qu'elle a
servi de lien aux faits épars dont se composait alors la
chimie. Il est probable d'ailleurs que si Sthal n'eût été
profondément imbu des idées régnantes à son époque sur
la composition des métaux, son esprit inventif l'aurait
conduit à la découverte de la vérité.

L'hypothèse de Stahl régnait en maîtresse absolue depuis plus d'un siècle, lorsqu'en 1775 parurent sur la
scène du monde trois hommes qui devaient changer la
face des sciences. Lavoisier, Priestley et Scheele étu-
diaient en même temps la nature de l'air et contribuaient
chacun pour une large part à poser les premiers fondements de la chimie. M. Dumas nous a tracé d'une main
magistrale, dans ses leçons de philosophie chimique,
l'histoire émouvante de ces trois éminents génies et l'influence de leurs travaux sur le mouvement scientifique de
leur époque; quelques fragments empruntés à cette savante étude vont nous montrer comment s'est accompli
cette grande révolution de la science.

« Divers de pays, d'âge et de position, comme ils diffèrent d'esprit et de génie, tous les trois travaillent à la
même tâche, avec un égal courage, pendant le même
temps, mais non avec la même fortune.

« L'un, homme du monde, riche, entouré de l'élite des
savants et marchant à leur tête, s'élève au-dessus de
toutes les gloires contemporaines ; l'autre, ecclésiastique,
théologien fougueux, homme politique par position, sans
fortune, mais soutenu par quelques amis des sciences,
jette un éclat passager, mais un éclat si vif que nous en

sommes encore ébloui. Le dernier, élève en pharmacie, pauvre et modeste, ignoré de tous et se connaissant à peine, inférieur au premier, mais bien supérieur au second, maîtrisant la nature de son côté à force de patience et de génie, lui arrache ses secrets et s'assure une éternelle renommée.

« Entre eux s'établit une lutte animée, et pourtant leurs efforts tendent au même but sans qu'ils s'en aperçoivent toujours, mais les idées qu'ils débattent sont si saisissantes qu'ils ne s'en écartent jamais. Et quand, au bout de quelques années, leur tâche commune est accomplie, quand ils n'ont plus qu'à jouir de leur gloire, qu'à se reposer sur leurs nobles souvenirs, une destinée implacable vient s'appesantir sur eux, les brise comme trois instruments providentiels dont la mission est terminée; et la nature qu'ils ont tant tourmentée semble éprouver quelque repos. »

Des trois rivaux, le plus humble était Scheele, il était Suédois, la nature fut son seul maître. Le hasard fit tomber entre ses mains un ouvrage de Neumann, élève et admirateur de Stahl, il le lut et l'étudia avec soin ; voilà toutes ses études en chimie. Après mille vicissitudes, il finit par s'installer dans une petite ville de Suède, à Kœping, où il devient propriétaire d'une pharmacie; c'est dans cette retraite calme, dans cette situation obscure, qu'il interroge la nature et la force à lui dévoiler ses secrets. Dans l'officine de Kœping, Scheele exécuta ses travaux les plus remarquables, mais peut-être auraient-ils été longtemps ignorés sans l'enthousiasme qu'ils excitèrent chez un savant professeur d'Upsal, Bergmann, ami de Scheele, qui fut le plus ardent propagateur de ses découvertes; bientôt sa renommée remplissait l'Europe savante, pendant que dans sa patrie, son nom était à peine connu.

« On raconte même, nous dit M. Dumas, que le roi de Suède dans un voyage hors de ses États, entendant sans cesse parler de Schecle comme d'un homme des plus éminents, fut peiné de n'avoir rien fait pour lui. Il crut nécessaire à sa propre gloire de donner une marque d'estime à un homme qui illustrait ainsi son pays, et il s'empressa de le faire inscrire sur la liste des chevaliers de ses ordres. Le ministre chargé de lui conférer ce titre demeura stupéfait. Scheele ! Scheele ! c'est singulier, dit-il. L'ordre était clair, positif, pressant, et Scheele fut fait chevalier. Mais, vous le devinez, ce ne fut pas Scheele, l'illustre chimiste, l'honneur de la Suède, ce fut un autre Scheele qui se vit l'objet de cette faveur inattendue. »

La chimie doit à Scheele la découverte d'un très grand nombre de corps importants : « La nature semblait vouloir le consoler des mésaventures que lui faisaient éprouver les hommes ; elle se plaisait à lui dévoiler ses secrets les plus beaux. Il ne touchait pas à un corps sans faire une découverte, et il est tel de ses mémoires où l'on trouve trois ou quatre nouveaux corps simples reconnus en même temps. On peut citer comme exemple son *Mémoire sur l'oxyde de Manganèse*, dont l'étude l'a conduit à découvrir le manganèse, le chlore, la baryte, et peut-être l'oxygène ; car on peut présumer, bien qu'il ne le dise pas, que c'est dans le cours des travaux qui font l'objet de ce mémoire, qu'il a découvert ce gaz, mais il l'a réservé, en raison de son importance, pour le soumettre à une étude particulière dans son *Traité de l'air et du feu.* »

Il établit dans cet ouvrage la véritable composition de l'air ; il le présente comme formé de deux principes distincts, dont l'un est absorbable par certaines substances, tandis que le second qu'il nomme *air corrompu*, reste intact. Le premier de ces principes n'est autre chose que l'oxygène, qu'il avait extrait d'ailleurs d'un certain nombre de substances telles que le nitre, le peroxyde de manganèse, l'oxyde de mercure; il décrit très bien toutes les propriétés de ce gaz et le désigne sous le nom d'*air du feu*.

On ne peut se lasser d'admirer dans Schœle la singulière pénétration de son esprit qui le fait toujours arriver à la vérité avec une remarquable sûreté ; tant qu'il se renferme dans l'étude des faits, toutes les observations sont d'une rigoureuse exactitude, on ne trouve pas une seule erreur à relever, ses mémoires sont inimitables. Mais il n'en est plus de même dès qu'il veut s'élever plus haut : cherche-t-il à coordonner par une théorie générale toutes les richesses qu'il vient de découvrir, il tombe dans des erreurs grossières et se lance dans les hypothèses les plus étranges. Admirateur passionné des idées de Stahl, il considère la chaleur et la lumière comme des combinaisons du phlogistique avec l'air du feu qu'il suppose pesants l'un et l'autre, et par une bizarrerie difficile à comprendre, il admet que de leur combinaison peut résulter un corps sans pesanteur. « Ainsi Scheele, avec des expériences dont le nombre, la variété, l'exactitude étonnent à chaque instant, arrive à des conclusions si erronées, si étranges, que Lavoisier les a dissipées d'un souffle. »

Pendant que Scheele parcourait en Suède sa modeste et brillante carrière, Priestley se livrait en Angleterre, avec une rare sagacité, à des travaux du même genre ; il devançait même le chimiste suédois dans la découverte de l'oxygène. Il retira ce gaz de l'oxyde de mercure le 1er août 1774; dans le courant du mois de mars de l'année suivante, il reconnut en lui la propriété d'entretenir la respiration, et il constata son action sur le sang veineux. Mais là ne se bornent pas les découvertes de Priestley ; on ne connaissait à son époque que deux substances gazeuses : l'acide carbonique qu'on appelait *air fixe*, et

l'hydrogène ou *air inflammable*. Il commença par étudier
ces deux corps, et sembla se vouer ensuite à l'étude, si
difficile à son époque, des substances gazeuses; il imagina
des appareils ingénieux et simples pour les recueillir et
les transvaser, et une fois en possession de moyens commodes, il recherche ces corps dans toutes les actions auxquelles il soumet la matière; il les saisit partout où ils se
produisent et il fait bientôt connaître l'existence de neuf
gaz qui sont, sans contredit, les plus importants.

« Mais, pour coordonner les faits qu'il observait, pour
imaginer la théorie générale à laquelle il préparait de si
riches matériaux, il fallait cette logique puissante qui lui
a manqué, il fallait un vrai génie. Or, si Priestley pouvait,
sans connaissances chimiques, découvrir des gaz, les
étudier, mettre à nu leurs propriétés et faire une foule
d'observations détachées, toujours utiles et souvent même
éclatantes, Priestley ne pouvait plus si aisément exécuter
la réforme que ses propres découvertes rendaient immi-
nente; comme il fait ses expériences sans motif et sans
plan arrêté, leurs résultats ne se groupent jamais dans
son esprit. Aussi, à mesure qu'il trouve des corps nouveaux il s'égare davantage. Plus ses découvertes se multiplient, moins il s'en rend compte; plus la lumière qui
doit jaillir de ses observations semble près de briller, et
plus l'obscurité de ses idées se montre profonde. En 1776,
ses découvertes étaient l'objet de l'admiration de tous les
savants et tenaient le monde en suspens. En 1796, cet
homme dont l'autorité avait été si grande dans la science,
et que le vulgaire avait cru destiné à changer nos destinées, cet homme a disparu de la scène, et son souvenir
s'évanouit.

« Que s'était-il donc passé de 1776 à 1796, et comment
cette voix jadis si puissante se trouvait-elle alors si dé-
daignée? Ah! c'est que le génie, tant nié par Priestley,
c'est que le génie dont il n'avait jamais compris le pou-

voir immense était venu lui donner un éclatant démenti.
Épurées et vivifiées par sa flamme vengeresse, les observations de Priestley, jadis en désordre, s'étaient coordon-
nées comme les parties de l'édifice le plus régulier, et
après avoir applaudi aux efforts de l'ouvrier heureux, qui
savait tirer de la carrière des blocs du marbre le plus
beau, le monde l'oubliait, pour s'incliner devant l'artiste
inimitable qui avait su s'en servir pour élever un monu-
ment d'une perfection achevée. »

A l'époque même où Scheele et Priestley remplissaient
le monde de leurs éclatantes découvertes, Lavoisier s'occupait en France des mêmes questions avec un merveilleux talent soutenu par le plus puissant génie. « Lavoisier, l'homme le plus complet, le plus grand homme
peut-être que la France ait produit dans les sciences, Lavoisier est né à Paris le 16 août 1743, six mois après la
naissance de Scheele. Son père, qui possédait une fortune
assez considérable, acquise dans le commerce, l'avait
placé au collège Mazarin où il fit de brillantes études. Le
voyant animé d'un zèle ardent pour les sciences, il eut le
bon esprit de lui abandonner la libre disposition de son
temps, se confiant à bon droit en sa raison, jeune sans
doute mais éprouvée. Il le laissa donc libre de suivre ses
dispositions naturelles, au lieu de lui assigner un état et
de l'enfermer dans une existence routinière; il l'aban-
donna à ses propres inspirations, à l'âge où l'imagination
pleine de sève possède des trésors de fécondité. Aussi le
voyons-nous se livrer aux études scientifiques les plus
variées, mais toujours d'une manière profonde, en homme
que le besoin d'inventer pousse et maîtrise d'une manière
impérieuse. Il étudia les mathématiques, l'astronomie
auprès de l'abbé Lacaille; il reçoit des leçons de botanique de notre illustre Jussieu; enfin, il veut apprendre la
chimie, et c'est à Rouelle, qui professait alors avec éclat,

qu'est réservé l'honneur singulier de guider les premiers pas de Lavoisier dans l'étude de cette science.

« Pendant quelque temps, Lavoisier fut indécis sur la route qu'il devait suivre; il réussissait également dans ses études mathématiques et dans ses études relatives aux sciences naturelles. Un moment même on aurait pu le croire perdu pour la chimie, entraîné qu'il était dans le tourbillon d'un homme ardent, auquel on doit les premiers essais d'une carte géologique de la France. Guettard veut l'associer à sa vaste entreprise, lui inspire le goût de la géologie, et Lavoisier s'en occupe avec ardeur. »

Cependant sa passion pour la chimie le ramène bientôt vers cette science. En 1766 il obtient une médaille d'or de l'Académie pour un remarquable mémoire sur l'éclairage de la ville de Paris, il avait alors vingt-deux ans; et en 1770, apparaît son premier mémoire de chimie; c'est d'une recherche fort simple au fond qu'il est question dans ce travail; il s'agit de savoir si l'eau possède ou non la propriété de se convertir en terre. Cette question, qui paraît aujourd'hui presque puérile, avait une grande importance à cette époque, et l'on voit naître, dans le premier travail de Lavoisier, la méthode féconde qui devait, dans sa courte carrière, le conduire aux plus grandioses conceptions. Guidé par une pensée aussi nouvelle que profonde, il attribue tous les phénomènes de la chimie à des déplacements de la matière, à l'union ou à la séparation des corps. *Rien ne se perd, rien ne se crée*, voilà sa devise, voilà sa pensée, et pour en démontrer l'exactitude, il a recours à un instrument dont l'emploi constant doit caractériser plus tard toutes ses recherches; il fait construire une balance d'une parfaite précision, en étudie le fonctionnement; dès lors il est en mesure de suivre la matière dans toutes ses transformations; la balance devint entre ses mains un guide fidèle qui ne doit jamais l'abandonner.

En 1772, dans une note à l'Académie des sciences, il affirme plusieurs faits de la plus haute importance, qui ont évidemment servi de point de départ à l'admirable théorie qui a rendu son nom si justement illustre. Il démontre que les corps qui brûlent augmentent constamment de poids, « cette augmentation de poids, dit-il, vient de la fixation d'une prodigieuse quantité d'air. Cette découverte, ajoute-t-il, est une des plus intéressantes qu'on ait faites depuis Sthal, » mais ces idées sont trop avancées pour être comprises par ses contemporains; renverser la théorie du phlogistique était un acte trop audacieux pour ne pas exciter le mécontentement des esprits routiniers auxquels il imposait une nouvelle éducation. Cependant la conviction est profonde dans l'esprit du jeune Lavoisier, et dès cet instant il n'hésita pas à sacrifier sa vie à l'étude des grands problèmes qui le poursuivent.

« Mais pour atteindre le but, il lui fallait une vie arrêtée et calme, car il avait besoin de longues veilles, de veilles tranquilles ; il lui fallait une grande fortune, car il avait besoin d'aides, de produits coûteux et d'appareils de grand prix. Il s'occupa dès lors, en conséquence, à organiser son existence comme un général organise un plan de campagne; il mesure de l'œil toute l'étendue de sa mission et se prépare à l'accomplir avec ordre et avec méthode. Aussi, en 1771, au moment même où il vient de se livrer à ses premières expériences sur l'emploi de la balance dans l'étude des phénomènes chimiques, le voit-on chercher tout à coup dans les finances une place de fermier-général qui doit lui procurer le revenu nécessaire. Il obtient en même temps la main de mademoiselle Paulze, fille elle-même d'un fermier-général. Sa fortune étant ainsi devenue considérable, il put consacrer à ses travaux une portion de son revenu qui paraîtra très forte, car elle s'élevait de 6 à 10 000 francs, comme on a pu

s'en assurer après sa mort dans ses comptes de laboratoire, qui étaient tenus avec autant de régularité que ses
comptes de fermier-général ; ses habitudes d'ordre se
portaient sur les moindres détails.

« Ses occupations nombreuses, et en partie nouvelles
pour lui, eussent complètement absorbé son existence, si
cet ordre parfait qui suppléait à tout, si cette rare présence d'esprit qui lui permettait de faire chaque chose au
moment prévu, ne lui eussent permis de partager son
temps de façon à satisfaire à toutes les exigences de sa position et de ses goûts; tous les matins, tous les soirs, il
donnait quelques heures à la chimie; le milieu du jour,
consacré aux affaires, il le passait à s'acquitter en homme
de conscience des devoirs que sa charge lui imposait.
Mais le dimanche, ce jour du repos, était pour lui un
jour de bonheur complet, il ne sortait pas de son laboratoire, et c'est là qu'avaient lieu ces réunions dont nos
pères nous ont conservé le souvenir. »

Lavoisier faisait déjà partie de l'Académie des sciences
lorsqu'il entra dans la compagnie des fermiers-généraux, et les nouvelles fonctions qu'il venait d'accepter ne
tardent pas à susciter bien des murmures : les savants
le blâment déjà comme un déserteur, « c'est un jeune
homme plein d'avenir, disait-on, mais s'il se jette dans la
finance il est perdu pour la chimie, il ne produira plus
rien; » d'un autre côté, ses collègues dans la finance le
traitaient comme un intrus incapable de s'élever aux
finesses de la profession, mais à ceux-ci il sut bientôt im-
poser une considération qui allait jusqu'au respect. Quant
à ses devoirs envers la science, est-il nécessaire d'essayer
une justification? De 1772 à 1786, Lavoisier publie plus
de quarante mémoires relatifs à l'établissement de sa
doctrine; en 1782, les volumes de l'Académie ne peuvent
donner place à ses travaux et l'on est obligé de dire :

« Cette année M. Lavoisier a présenté tant de mémoires, qu'il a été impossible de les imprimer tous. » Mais, comme le fait observer M. Dumas, ces années d'abondance ne sont pas toujours celles qui ont coûté les plus grands travaux; les mémoires dans lesquels des recherches profondes et sévères se manifestent, sont toujours précédés par quelque temps de repos et paraissent pour ainsi dire isolés.

Les recherches de Lavoisier sont aussi variées que nombreuses, il s'attaque successivement aux questions les plus ardues et les plus délicates de la chimie et de la physique, chacune d'elles est un progrès pour la science. Mais ce qu'il y a de remarquable surtout dans l'ensemble de ses travaux, c'est l'enchaînement méthodique qui les rattache les uns aux autres; il existe entre eux une filiation non interrompue, on ne peut y remarquer le moindre défaut de continuité.

Lavoisier avait compris que la chimie ne pouvait avoir de base solide tant qu'on n'aurait pas de notions précises et rigoureuses sur la constitution de l'air, de ce milieu où s'accomplissent la plupart de nos réactions; dès ses premières recherches il entrevoit le nœud de la question : les corps qui brûlent fixent de l'air : c'est là le point de départ de tous ses travaux. Bientôt il obtient le gaz oxygène, et la lumière la plus vive se fait aussitôt dans son esprit; presque en même temps il exécute son analyse de l'air, restée si justement célèbre, et établit d'une manière définitive sa composition jusqu'alors méconnue. Ce travail le conduit à s'occuper de la respiration des animaux, et à peine a-t-il reconnu ce qui se passe dans cet acte physiologique qu'on le voit expliquer la combustion des corps gras, de la cire, du bois. Enfin, dans toutes ces actions, il voit apparaître un terme constant, l'acide carbonique; persuadé aussitôt de l'importance de cette substance, il se livre à un travail d'une admirable précision pour connaître la nature exacte de ce composé ; presque aussitôt on voit paraître le plus merveilleux travail, digne couronnement de tout l'édifice.

De même que ses contemporains, Lavoisier avait d'abord considéré l'eau comme un corps simple, mais il ne fut pas longtemps à soupçonner que l'oxygène entre dans sa constitution, et il démontre bientôt sa véritable nature par une analyse célèbre que l'on répète encore aujourd'hui dans tous les cours de chimie. Cette découverte complète tous ses travaux de la façon la plus admirable, elle lui permet d'achever la théorie de la respiration et de la combustion dont l'étude était seulement ébauchée, et toutes ses expériences anciennes qui semblaient inexactes et imparfaites deviennent tout à fait précises, sans qu'il y ait rien à modifier dans le jugement général qu'il en avait porté.

Lavoisier ne s'est pas seulement occupé de ces grandes questions fondamentales de la chimie, ses idées avaient besoin d'autres contrôles ; aussi le voit-on s'attaquer aux phénomènes les plus obscurs de la physique. L'étude des actions calorifiques devait nécessairement compléter celle de la combustion et de la respiration : dans une série de mémoires sur la chaleur, il se montre aussi supérieur comme physicien que comme chimiste. Ainsi, pendant quatorze ans, sa pensée toujours féconde, sa main toujours infatigable n'ont pas un seul instant connu le repos, et combien de prodiges cet incomparable génie promettait-il encore ; combien de découvertes plus merveilleuses peut-être n'auraient-elles pas étonné le monde si les fureurs de la Révolution n'avaient cruellement arrêté dans son élan cette vie si honorable et si pure !

« Lavoisier était fermier-général, et comme tel il fut compris dans la proscription qui les atteignit tous. Il connut son péril, mais dans le moment même où la mort

planait sur sa tête, il continuait encore ses travaux; il
poursuivait, il hâtait l'impression de ses œuvres avec un
calme, une sérénité dignes des temps antiques. Peut-être
pensa-t-il qu'il était au-dessus du péril, et que sa répu-
tation, sa gloire, exigerait quelque prétexte raisonnable à
son accusation. Confiance funeste! le prétexte ne manqua
pas; on se contentait si aisément alors!

« En 1794, le 2 mai, un membre de la Convention,
nommé Dupin, ancien commis de son beau-père, vint porter à cette assemblée un acte d'accusation contre tous les
fermiers-généraux; Lavoisier s'y trouva compris. Peu de
jours après, le rapport est lu et changé par Fouquier-
Thinville en un acte d'accusation près le tribunal révolu-
tionnaire. Lavoisier était de garde; il apprend le danger
qui menace sa tête; on le prévient qu'il va être arrêté.
Moment cruel! que devenir? que faire? Représentez-vous
le grand homme proscrit, isolé tout à coup, déjà retran-
ché de la société par ce décret funeste; n'osant plus
rentrer chez lui; errant dans ce Paris où il n'a plus d'asile
qu'il puisse réclamer, qu'il ose accepter, car il porte la
mort avec lui.

« Le hasard lui fait rencontrer un homme de cœur,
notre vieux Lucas, de l'Académie. Lucas prend Lavoisier,
l'emmène avec lui et le cache au Louvre dans le cabinet
le plus retiré du secrétariat de l'Académie des sciences,
qui était déjà détruite elle-même. Circonstance touchante!
comme si cette Académie que Lavoisier avait tant illustrée, où il avait jeté tant d'éclat, se ranimant tout à coup
au péril qui menace sa tête, ouvrait son sein pour y
cacher son bien-aimé, ou pour recueillir au moins les
pensées solennelles de ses dernières heures.

« Lavoisier passe un jour ou deux tout au plus dans
cette retraite; il apprend que ses collègues sont arrêtés,
que son beau-père est arrêté. Il n'hésite plus : il s'arrache à l'asile qu'on lui avait ouvert et va se constituer

prisonnier. Le 6 mai, il est condamné à mort ; et le 8 mai, jour de funeste mémoire, il monte à l'échafaud.

« Le tribunal, s'il est permis de profaner ainsi ce nom, n'hésite pas un instant ; pour lui, Lavoisier n'est qu'un chiffre. Ce n'est pas Lavoisier qu'on a condamné, c'est le fermier-général numéro cinq, sans plus d'attention ; et c'est peut-être cette indifférence imprévue pour lui qui a causé sa perte. D'autres ont échappé au même péril à la faveur des démarches les plus actives ; mais lui et les siens n'ont pu s'imaginer que cette gloire, dont ils sentaient tout le poids, n'aurait aucune espèce d'influence sur ses juges ; ils se sont trompés. Il fut condamné, comme tous ses collègues, sous le prétexte le plus puéril ; mais il n'en fallait pas d'autres à cette époque... L'arrêt porte :

« Condammé à mort, comme convaincu d'être auteur ou complice d'un complot qui a existé contre le peuple français, tendant à favoriser les succès des ennemis de la France, notamment en exerçant toute espèce d'exactions et de concussions sur le peuple français, en mettant au tabac de l'eau et des ingrédients nuisibles à la santé des citoyens qui en faisaient usage. » Vous n'ignorez point que, dans la fermentation du tabac, il est nécessaire d'ajouter une certaine quantité d'eau ; c'est parce qu'un ancien commis vint assurer, et sans preuve aucune, qu'on en avait mis trop, que les fermiers-généraux furent condamnés à mort.

« On dit que Lavoisier, condamné à mort, aurait demandé un sursis, sous prétexte de terminer quelques expériences importantes et que ce sursis lui fut refusé ; cela paraît douteux. Lavoisier est mort comme on mourait alors, avec calme et résignation, en même temps que ses collègues, avec le même sentiment qui l'avait porté à venir partager leur captivité. »

IX

ANALYSE DE L'AIR

Oxydation des métaux. — Expériences de Lavoisier. — L'oxygène et l'azote.
— Analyse endiométrique de Gay-Lussac et de Humboldt. — Travaux de
MM. Dumas et Boussingault. — Analyse par le phosphore. — L'air en divers
points du globe. — Recherche de M. Regnault. — Solubilité de l'air dans
l'eau.

Voyons maintenant par quel merveilleux enchaînement
d'idées, par quelles expériences admirables Lavoisier est
parvenu à mettre l'ordre le plus parfait dans tous les documents épars qui encombraient la science à son époque,
comment il a éclairé de la plus vive lumière les questions les plus obscures devant lesquelles avait reculé la
sagacité de ses devanciers et de ses contemporains. Il est
souvent difficile, au milieu des découvertes importantes
et nombreuses qui sortent chaque jour des laboratoires
de Priestley, de Scheele, de Lavoisier, de faire la part qui
revient à chacun des trois savants. Lancés dans la même
voie, ils devaient nécessairement se rencontrer sur un
terrain commun. Les mêmes faits devaient leur apparaître
dans leurs laborieuses recherches; mais ce ne sont pas

ces questions de priorité qui intéressent la gloire de Lavoisier ; la découverte d'un corps nouveau était pour lui
peu importante tant qu'il ne formait pas un des chaînons
de sa doctrine ; aussi renonce-t-il, avec une modestie souvent exagérée, à l'honneur de découvertes qui suffiraient
à illustrer un homme. Mais, dès qu'il s'agit de ses doc-
trines, son noble orgueil se réveille aussitôt. « Cette
théorie, s'écrie-t-il, n'est pas, comme je l'entends dire,
celle des chimistes français, elle est la mienne. C'est une
propriété que je réclame auprès de mes contemporains
et de la postérité. » Le point de départ de cette théorie
réside dans la critique sévère de phénomènes vulgaires,
connus de temps immémorial, mais dont l'interprétation
avait arrêté tous les observateurs.

Tout le monde sait que la plupart des métaux perdent
rapidement leur éclat quand on les abandonne au contact
de l'air. Le fer poli se rouille rapidement ; le cuivre, le
plomb, le zinc se ternissent assez vite. Cette altération,
relativement lente à la température ordinaire, se produit
avec une très grande facilité sous l'action de la chaleur.
C'est ainsi qu'une tige de fer, chauffée au rouge blanc,
se transforme en quelques instants en une matière noire
d'une constitution semblable à celle de la rouille ; du
plomb fondu se recouvre d'une poudre jaune, désignée
par les anciens sous le nom de *massicot* ou de *litharge ;*
le zinc donne lieu, dans les mêmes circonstances, à d'é-
clatants phénomènes : chauffé au rouge dans un creuset,
il brûle en émettant une vive lumière, dont l'œil a de la
peine à soutenir l'éclat, et donne naissance à de légers
flocons, blancs comme la neige, autrefois connus sous
les noms de *fleur de zinc, lana philosophica,* etc. — Presque toutes les substances métalliques partagent ces propriétés à des degrés divers, quelques-unes seulement ont
le privilège de résister à ces causes d'altération : ce sont

malheureusement les plus rares ; aussi les désigne-t-on sous le nom de métaux précieux : l'or, l'argent, le platine sont les principaux représentants de ce groupe.

Que s'est-il passé pendant cette transformation ? Pour les anciens, elle était complètement mystérieuse ; ils savaient par expérience que les métaux se changent en terres, que celles-ci peuvent, à leur tour, régénérer les

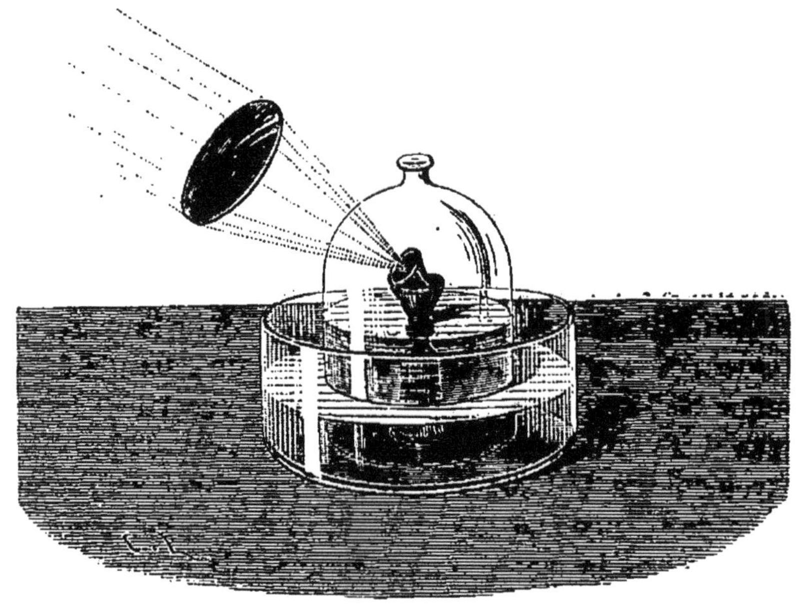

Fig. 51. — Calcination des métaux dans un volume d'air limité.

métaux, mais là s'arrêtaient leurs connaissances. Nous avons déjà fait connaître les opinions de Stahl sur cet important sujet ; il était réservé à Lavoisier de trancher définitivement la question.

Suivant pas à pas le phénomène dans toutes ses phases, la balance à la main, il commence par démontrer que, dans tous les cas, la calcination d'un métal au contact de l'air est accompagnée d'une augmentation de poids, qu'il n'hésite pas à attribuer à la fixation d'une certaine quantité d'air. Bientôt il reconnaît que l'air ne peut se fixer

en totalité sur les substances métalliques. ŞAyant calciné,
à l'aide d'un verre ardent, du plomb, de l'étain et plusieurs autres métaux dans des cloches de verre renfermant un volume d'air limité, il constate que, dans ces
conditions, « la transformation ne se fait pas, à beaucoup
près, aussi facilement qu'à l'air libre ; que cette calcination même a des bornes, c'est-à-dire que, lorsqu'une
certaine portion de métal a été réduite en chaux dans
une quantité donnée d'air, il n'est plus possible de porter
au delà la calcination dans le même air ; qu'à mesure
que la calcination s'opère, il y a une diminution dans le
volume de l'air, et que cette diminution est à peu près
proportionnelle à l'augmentation du poids du métal. »

Rien n'est à changer à des conclusions si nettement formulées ; elles suffisaient presque à expliquer la nature de
la calcination et faisaient pressentir que l'air n'est pas,
comme on l'avait cru jusqu'alors, une substance homogène ; il n'y avait plus qu'un pas à faire pour établir définitivement ce fait fondamental. Une mémorable expérience de Lavoisier a levé tous les doutes à cet égard en
établissant de la façon la plus irrécusable la constitution
de l'air atmosphérique. La calcination des métaux engendre, on vient de le voir, des substances nouvelles, des
terres ou chaux métalliques ; celles-ci, convenablement
traitées, peuvent régénérer, à leur tour, le métal primitif ; c'est ordinairement par l'action du charbon, aidée
d'une température élevée, que se font ces *réductions;* la
métallurgie tout entière repose sur ce principe.

Mais, parmi les métaux, il en est un, le mercure, qui
jouit, sous ce rapport, d'une remarquable propriété.
Chauffé au contact de l'air, il suit la loi générale et se
convertit en une poudre rouge, véritable *chaux mercu-*
rielle, connue des anciens sous le nom de précipité rouge
ou de précipité *per se.* Vient-on à chauffer cette poudre à

une température un peu supérieure à celle qui a nécessité
sa production, elle éprouve aussitôt une modification inverse ; elle change de nature, et reproduit le métal qui
lui avait donné naissance. La simplicité de ces transformations successives devait frapper l'esprit de Lavoisier ;
écoutons-le, résumant lui-même les résultats de cette
étude.

« J'ai pris un matras de 36 pouces cubiques environ de
capacité, dont le col était très long et avait 6 à 7 lignes
de grosseur intérieurement ; je l'ai courbé, comme on le
voit représenté (fig. 52), de manière qu'il pût être placé
dans un fourneau, tandis que l'extrémité de son col irait
s'engager sous une cloche placée dans un bain de mercure. J'ai introduit dans ce matras 4 onces de mercure
très pur, puis, en suçant avec un siphon que j'ai introduit sous la cloche, j'ai élevé le mercure jusqu'en LL ;
j'ai marqué soigneusement cette hauteur avec une bande
de papier collé, et j'ai observé exactement le baromètre
et le thermomètre.

« Les choses ainsi préparées, j'ai allumé du feu dans le
fourneau, et je l'ai entretenu presque continuellement
pendant douze jours, de manière que le mercure fût
échauffé jusqu'au degré nécessaire pour le faire bouillir.

« Il ne s'est rien passé de remarquable pendant tout le
premier jour : le mercure, quoique non bouillant, était
dans un état d'évaporation continuelle ; il tapissait l'intérieur des vaisseaux de gouttelettes, d'abord très fines, qui
allaient ensuite en augmentant, et qui, lorsqu'elles avaient
acquis un certain volume, retombaient d'elles-mêmes au
fond du vase et se réunissaient au reste du mercure. Le
second jour, j'ai commencé à voir nager sur la surface du
mercure de petites parcelles rouges, qui, pendant quatre
ou cinq jours, ont augmenté en nombre et en volume ;
après quoi elles ont cessé de grossir et sont restées absolument dans le même état. Au bout de douze jours, voyant

que la calcination du mercure ne faisait aucun progrès,
j'ai éteint le feu et j'ai laissé refroidir les vaisseaux. Le
volume d'air contenu, tant dans le matras que dans son
col et sous la partie vide de la cloche, réduit à une pression de 28 pouces et à 10 degrés du thermomètre, était,
avant l'opération, de 50 pouces cubiques environ. Lorsque l'opération a été finie, ce même volume, à pression

Fig. 62. — Appareil de Lavoisier pour l'analyse de l'air.

et à température égalés, ne s'est plus trouvé que de 42 à
43 pouces. Il y avait eu, par conséquent, une diminution
de volume d'un sixième environ. D'un autre côté, ayant
rassemblé soigneusement les parcelles rouges qui s'é-
taient formées, et les ayant séparées, autant qu'il était
possible, du mercure coulant dont elles étaient baignées,
leur poids s'est trouvé de 45 grains.

« L'air qui restait après l'opération, et qui avait été réduit aux cinq sixièmes de son volume par la calcination
du mercure, n'était plus propre à la respiration ni à la
combustion ; car les animaux qu'on y introduisait y péris-
saient en peu d'instants, et les lumières s'y éteignaient
sur-le-champ, comme si on les eût plongées dans l'eau.

« D'un autre côté, j'ai pris les 45 grains de matière rouge qui s'était formée pendant l'opération ; je les ai introduits dans une très petite cornue de verre à laquelle était adapté un appareil propre à recevoir les produits liquides et aériformes qui pourraient se séparer ; ayant allumé le feu dans le fourneau, j'ai observé qu'à mesure que la matière rouge était échauffée, sa couleur augmentait d'intensité. Lorsque ensuite la cornue a approché de l'incandescence, la matière rouge a commencé à perdre peu à peu de son volume, et en quelques minutes elle a entièrement disparu ; en même temps, il s'est condensé dans le petit récipient 41 grains ½ de mercure coulant et il a passé sous la cloche 7 à 8 pouces cubiques d'un fluide élastique beaucoup plus propre que l'air à entretenir la combustion et la respiration des animaux.

« Ayant fait passer une portion de cet air dans un tube de verre d'un pouce de diamètre, et y ayant plongé une bougie, elle y répandait un éclat éblouissant : le charbon, au lieu de s'y consumer paisiblement comme dans l'air ordinaire, y brûlait avec une flamme et une sorte de décripitation à la manière du phosphore, et avec une vivacité de lumière que les yeux avaient de la peine à supporter. Cet air que nous avons découvert presque en même temps, M. Priestley, M. Scheele et moi, a été nommé par le premier, air déflogistiqué ; par le second, air empyréal. Je lui avais d'abord donné le nom d'*air éminemment respirable ;* depuis, on y a substitué celui d'*air vital.* Nous verrons bientôt ce qu'on doit penser de ces dénominations.

« En réfléchissant sur les circonstances de cette expérience, on voit que le mercure, en se calcinant, absorbe la partie salubre et respirable de l'air, ou, pour parler d'une manière plus rigoureuse, la base[1] de cette partie

1. Lavoisier admettait que les gaz résultaient de l'union du calo-

respirable ; que la portion d'air qui reste est une espèce
de mofette[1] incapable d'entretenir la combustion et la
respiration ; l'air de l'atmosphère est donc composé de
deux fluides élastiques de nature différente et, pour ainsi
dire opposée.

« Une preuve de cette importante vérité, c'est qu'en
recombinant les deux fluides élastiques qu'on a ainsi obtenus séparément, c'est-à-dire les 42 pouces cubiques de
mofette ou air non respirable, et les 8 pouces cubiques
d'air respirable, on reforme de l'air, en tout semblable à
celui de l'atmosphère, et qui est propre, à peu près au
même degré, à la combustion, à la calcination des métaux et à la respiration des animaux. »

Lavoisier ajoute que la proportion du gaz respirable,
trouvée par son expérience, est probablement un peu
trop faible, parce qu'on ne parvient jamais à la combiner
directement au mercure. Enfin, discutant la nomencla-
ture qu'il convient d'adopter pour les différentes parties
constitutives de l'air : « Nous avons donné, dit-il, à la
base de la portion respirable de l'air le nom d'*oxygène*
en le dérivant de deux mots grecs, ὀξύς, acide, γείνομαι,
j'engendre, parcequ'en effet une des propriétés les plus
générales de cette base est de former des acides en se
combinant avec la plupart des substances... Les propriétés chimiques de la partie non-respirable de l'air de
l'atmosphère n'étant pas encóre très bien connues, nous
nous sommes contenté de déduire le nom de sa base de
la propriété qu'a ce gaz de priver de la vie les animaux
qui le respirent, nous l'avons donc nommé *azote*, de l'α
privatif des Grecs, et de ζοή, *vie;* ainsi la partie non respirable de l'air sera le gaz azotique. »

rique, remplissant en quelque façon l'office de dissolvant, et d'une
substance qui, combinée avec le calorique, forme la *base* du gaz.

1. Les anciens chimistes donnaient le nom de *mofette* à tout gaz
non respirable. L'hydrogène est souvent désigné par eux sous le
nom de mofette inflammable.

Ici se pose naturellement une question importante : Les expériences de Lavoisier ont démontré de la manière la plus nette que l'air ne saurait être considéré comme un élément indivisible, puisqu'on peut le résoudre en deux corps gazeux de propriétés fort différentes ; mais l'oxygène et l'azote sont-ils eux-mêmes irréductibles ? Ne pourrait-on pas, en poussant plus loin l'analyse, les dédoubler à leur tour et extraire de chacun deux des matières plus simples ? Tous les efforts de la science ont répondu négativement à cette question. Quelles que soient les actions auxquelles on les soumette, l'oxygène et l'azote apparaissent toujours avec leur individualité propre, comme des substances homogènes, formées d'une seule espèce de matière ; ils sont les types de ce que les chimistes appellent des *corps simples.*

Ces deux gaz sont invisibles comme l'air ; rien, dans leur apparence, ne permet de les distinguer l'un de l'autre : vient-on à les comprimer ou à les dilater, à les chauffer ou à les refroidir, leurs changements de volume sont identiques à ceux qu'éprouverait une égale masse d'air. Comme l'air, ils ont longtemps résisté à tous nos moyens d'action pour les faire passer à l'état liquide ou solide, et ont été considérés jusqu'à ces derniers temps comme des gaz permanents. Il serait inutile d'ajouter qu'ils sont pesants, si nous n'avions à signaler à cet égard une différence caractéristique : l'oxygène est un peu plus lourd que l'air, l'azote l'est un peu moins. Nous savons déjà qu'un litre d'air pèse environ 13 décigrammes ; un litre d'oxygène pur, dans les mêmes conditions, en pèse un peu plus de 14, tandis que le poids d'un égal volume d'azote est seulement un peu supérieur à 12.

Mais si, laissant de côté ces analogies physiques, communes à presque tous les gaz, nous envisageons leurs propriétés chimiques, nous constatons aussitôt des différences profondes qui ne permettent plus de les confondre.

L'oxygène est remarquable par sa grande activité chimique ; il tend à s'unir à tous les corps ; dans bien des cas, même, ces combinaisons sont assez actives pour donner naissance à un dégagement de chaleur et de lumière. L'azote, au contraire, semble doué de la plus grande inertie, et ce n'est que dans des conditions spéciales qu'il entre en combinaison avec les autres éléments. Nous aurons occasion de revenir sur les propriétés de l'oxygène ; quant à l'azote nous dirons seulement qu'à l'état de corps simple, ses caractères sont, pour ainsi dire, négatifs : il éteint les corps en combustion, il est impropre à la vie, les réactifs n'éprouvent sous son influence aucune modification. Ce n'est pas à dire cependant qu'il soit inutile dans l'atmosphère ; par son inertie même, il exerce un rôle fort important ; il atténue l'activité excessive de l'oxygène, et, sous ce rapport, il se comporte comme un puissant modérateur nécessaire à l'équilibre des forces si diverses qui sont en jeu à la surface du globe.

Le remarquable procédé d'analyse imaginé par Lavoisier laissait beaucoup à désirer au point de vue de la précision ; Lavoisier lui-même ne se faisait pas illusion sur l'exactitude des résultats numériques fournis par son expérience. Quelques années après la publication de ses travaux, les chimistes se mirent de nouveau à l'œuvre, et bientôt la composition quantitative de l'air fut connue avec la plus grande rigueur. Tous les procédés mis en usage reposent d'ailleurs sur le principe posé par Lavoisier. Tous les corps capables, comme le mercure, d'absorber l'oxygène de l'air, peuvent, on le conçoit, être substitués à ce métal ; sans doute un petit nombre possèdent comme lui la faculté de céder aussi facilement l'oxygène absorbé ; mais, une fois la constitution intime de l'air nettement établie il importait peu d'en refaire la synthèse ;

il s'agissait surtout de trouver des substances capables de
fixer l'oxygène d'une manière complète, jusqu'à la dernière trace, en laissant l'azote intact : ces substances sont
nombreuses.

Nous devons à Gay-Lussac et de Humboldt la première
analyse rigoureuse de l'air atmosphérique. Leur méthode
repose sur la combinaison facile de l'oxygène avec l'hydrogène sous l'influence de l'étincelle électrique. Dans
ces conditions, les deux gaz se combinent avec explo-

Fig. 53. — Analyse de l'air par l'eudiomètre.

sion, pour former de l'eau : de plus, les volumes des
deux gaz engagés dans la nouvelle combinaison sont dans
un rapport simple, connu avec la plus grande précision : deux volumes d'hydrogène s'unissent toujours à
un d'oxygène.

L'appareil qui sert à effectuer la réaction est connu
sous le nom d'*eudiomètre* : la figure 55 représente la disposition actuellement adoptée : un tube de verre gradué, fermé par un bout, plonge par son extrémité ouverte dans une cuve à mercure ; deux fils de platine
traversent le tube à son extrémité supérieure et s'approchent à une très petite distance l'un de l'autre. Suppo-

sons que l'on ait introduit dans l'eudiomètre 100 centimètres cubes d'air et un égal volume d'hydrogène, le
mélange total forme, par conséquent 200 centimètres
cubes. On fait alors jaillir une étincelle électrique entre
les deux fils métalliques; il suffit, pour cela, de les
mettre en communication avec les armatures d'une bouteille de Leyde; une détonation se produit aussitôt, et le
volume total se trouve diminué de la quantité des deux
gaz qui se sont combinés. En mesurant le résidu, on
trouve, qu'il occupe seulement 137 centimètres cubes;
il en a donc disparu 63, qui proviennent de la combinaison d'un tiers d'oxygène avec deux tiers d'hydrogène.
Les 100 parties d'air primitivement introduites contenaient, par conséquent, le tiers de 63, c'est-à-dire 21
parties d'oxygène.

L'exactitude de cette analyse dépend de la précision
apportée à la mesure des volumes gazeux avant et après
l'explosion; or l'évaluation exacte d'un volume est une
opération toujours délicate et souvent incertaine; la
science exigeait une appréciation plus rigoureuse, indépendante de ces difficultés expérimentales. Pour éliminer, autant que possible, toutes les causes d'erreur inhérentes à cette méthode, MM. Dumas et Boussingault
ont eu recours à un procédé différent, dans lequel la
balance intervenait seule comme moyen de dosage. La
figure 54 montre l'appareil, plus compliqué en apparence qu'en réalité, tel qu'il a servi à leurs recherches.
Un tube de verre peu fusible T est couché horizontalement sur une grille en tôle garnie de charbons incandescents. Ce tube, rempli de copeaux de cuivre très pur, est
fermé à ses deux extrémités par des robinets. B est un
gros ballon de verre de 10 à 15 litres de capacité, dans
lequel on a fait le vide et dont le poids a été déterminé
avec précision. Le tube T, également purgé d'air, a été
pesé avant l'expérience; il communique d'une part avec

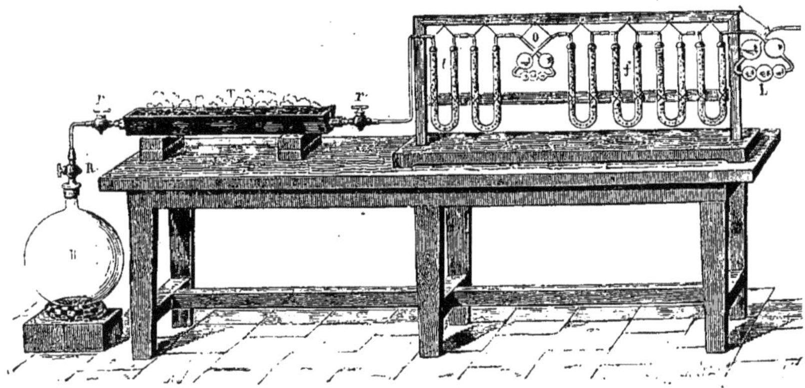

Fig. 54. — Appareil de MM. Dumas et Boussingault pour l'analyse de l'air.

le ballon; de l'autre avec une série de tubes renfermant des substances absorbantes destinées à retenir l'humidité de l'air et le peu d'acide carbonique qu'il renferme.

Vient-on à ouvrir avec précaution les robinets de l'appareil, l'air, aspiré par le ballon vide, traverse le tube; là, il se dépouille de son oxygène avidement absorbé par le cuivre chaud, et de l'azote pur pénètre seul dans le ballon. Il suffit ensuite de peser de nouveau le tube et le ballon : l'augmentation de poids du premier indique la quantité d'oxygène absorbé; celle du second correspond à la quantité d'azote. On possède ainsi tous les éléments nécessaires pour déterminer la constitution de l'air en poids; enfin, rien n'est plus facile que de passer de sa composition en poids à sa constitution en volume. On a ainsi été conduit, par un très grand nombre d'analyses, à attribuer à l'air les proportions suivantes d'oxygène et d'azote :

	EN VOLUME	EN POIDS
Oxygène...............	20,90	23,10
Azote:::.:::.....:::::.::.	29,10	76,90
	100,00	100,00

La différence entre les nombres qui représentent la composition en poids et en volume peut, au premier abord, paraître surprenante; cependant la discordance n'est qu'apparente; il suffit, pour faire disparaître toute anomalie, de remarquer que l'oxygène pèse, à volume égal, un peu plus que l'azote. Observons enfin que ces chiffres offrent un accord remarquable avec ceux de l'analyse eudiométrique. Les deux méthodes se contrôlant ainsi l'une par l'autre, l'on ne saurait plus conserver le moindre doute sur l'exactitude absolue des résultats.

Ces deux procédés, d'une exécution assez délicate, satisfont à toutes les exigences de la science pour une analyse d'une aussi grande importance; mais une exactitude aussi rigoureuse n'est pas toujours indispensable. Il est très souvent nécessaire de déterminer rapidement la composition de l'air en différents lieux, et l'on peut y arriver par des moyens beaucoup plus simples et suffisamment exacts. Le nombre des corps avides d'oxygène est, avons-nous dit, considérable; sans parler ici de tous ceux dont on a proposé l'emploi, nous devons en signaler deux dont on fait un très fréquent usage.

En première ligne, nous citerons le phosphore qui, à la température ordinaire, absorbe rapidement l'oxygène de l'air : il doit à cette propriété l'apparence spéciale qui lui a fait donner son nom. Tout le monde sait qu'un morceau de phosphore est lumineux dans l'obscurité; ce phénomène est une conséquence de son avidité pour l'oxygène; il brûle lentement au contact de ce gaz et cesse d'émettre des lueurs dans un milieu qui en est complètement dépourvu. L'analyse de l'air par le phosphore est une opération de la plus grande simplicité. On introduit d'abord dans un tube gradué, renversé dans un vase plein d'eau ou de mercure, une certaine quantité d'air dont on mesure exactement le volume; on fait ensuite pénétrer dans le tube un fragment de phosphore attaché à un fil métallique. On voit alors le volume d'air diminuer peu à peu, et, au bout de quelques heures, l'absorption de l'oxygène est complète; on

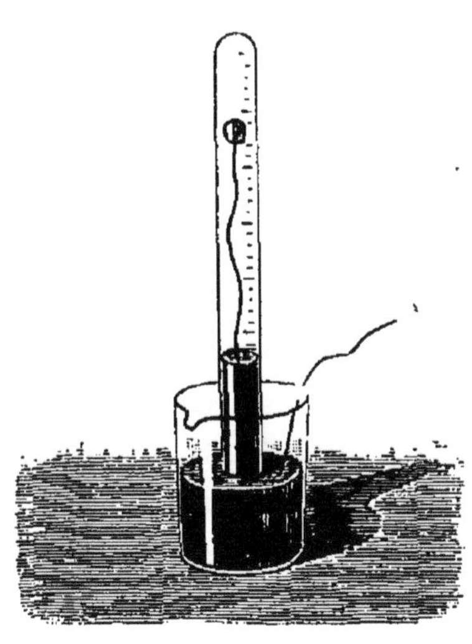

Fig. 55. — Analyse de l'air. par le phosphore.

peut s'assurer, d'ailleurs, que tout ce gaz a disparu en portant l'appareil dans l'obscurité ; on n'observe plus la moindre lueur phosphorescente. Il suffit enfin de retirer le phosphore ; une nouvelle mesure du gaz resté dans le tube indiquera la proportion du résidu d'azote ; la quantité d'oxygène s'obtient sans difficulté par une simple soustraction.

On emploie souvent, depuis quelques années, une substance dont les indications sont un peu moins précises que celles du phosphore, mais qui se recommande par la rapidité de son action ; nous voulons parler de l'acide pyrogallique. Cet acide, devenu très commun depuis son introduction dans les opérations photographiques, s'altère lentement au contact de l'air tant qu'il est à l'état de pureté ; le mélange-t-on à une dissolution de potasse, il noircit aussitôt et absorbe avec énergie l'oxygène de l'air. Il suffit donc d'introduire dans un volume d'air connu une petite quantité de ce mélange pour en éliminer tout l'oxygène ; l'opération est terminée en quelques secondes. Malheureusement la couleur très foncée de la dissolution couvre la cloche d'un enduit presque opaque qui la salit et rend les lectures assez difficiles.

Dès que la science fut en possession de méthodes exactes pour l'analyse de l'air, une grande question ne tarda pas à surgir : la composition de l'atmosphère est-elle la même en tous les points du globe ? trouve-t-on toujours les mêmes proportions d'oxygène et d'azote selon que l'air est pris à des latitudes différentes, à la surface des mers ou dans l'intérieur des continents, dans les régions élevées de l'atmosphère ou dans les vallées profondes ? La réponse à cette question exigeait, on le conçoit, un travail considérable ; un seul homme ne pouvait l'exécuter. Déjà même, les savants, devançant les données de l'expérience étaient divisés en plusieurs camps. Pour certains d'entre eux, la constance des éléments de l'air est un fait si bien acquis, qu'ils regardent l'air comme un véritable composé chimique formé de 20 volumes d'oxygène pour 80 volumes d'azote. Pour d'autres, et ici il faut citer en première ligne l'illustre Dalton, l'air serait un mélange variable d'oxygène et d'azote, plus riche en oxygène dans les régions que nous habitons tandis que l'azote deviendrait prédominant à mesure qu'on s'éleverait dans l'atmosphère. A cet égard, les convictions du physicien anglais sont vives et profondes; elles ont tout le caractère des convictions mathématiques. Ainsi voilà des chimistes qui, d'après leurs expériences, regardent l'air comme étant formé de 20 d'oxygène et 80 d'azote; d'autres le considèrent comme un mélange constant de 21 d'oxygène pour 79 d'azote. Enfin viennent les physiciens, qui lui assignent une composition variable avec la hauteur.

Des expériences décisives avaient déjà démontré le peu de probabilité des idées de Dalton. Gay-Lussac, dans son célèbre voyage aérostatique, avait recueilli de l'air à une hauteur de 7000 mètres; cet air, soumis à l'analyse eudiométrique, renfermait 21,2 pour 100 d'oxygène; l'air de Paris, recueilli au même instant, présentait exactement la même constitution. De nombreuses analyses, exécutées en Amérique par M. Boussingault, à des altitudes très différentes, conduisirent à des conclusions presques identiques. Voici quelques-uns des nombres obtenus par ce savant :

	Oxygène pour 100.
A Santa-Fé-de-Bogota, à 2,650 mètres.	20,60
A Ibaqué............... à 1,323 mètres.	20,77
A Mariquita. .... à 548 mètres.	20,77
MOYENNE...............	20,73

Ces résultats s'accordent avec ceux qui représentent

la composition de l'air pris à Paris ; les différences sont du moins extrêmement faibles.

Au moment où s'agitait cette grave question, les chimistes ne possédaient encore d'autres moyens d'analyse que le procédé eudiométrique de Gay-Lussac et de Humboldt ; ils pouvaient craindre avec raison que cette méthode ne fût insuffisante pour déceler de très petites variations. C'est alors que MM. Dumas et Boussingault imaginèrent le procédé que nous avons fait connaître plus haut ; un grand nombre d'expériences, faites à l'aide de leur appareil, vinrent confirmer la composition de l'air telle qu'elle avait été déduite par Gay-Lussac de ses analyses eudiométriques.

Cependant, si l'exactitude de la nouvelle méthode faisait présumer que l'air est un mélange à proportions constantes d'oxygène et d'azote, les expériences étaient loin d'être assez nombreuses et surtout assez variées pour faire accepter ce résultat avec une confiance absolue. Pour résoudre la question d'une manière définitive, il fallait le concours de tous les amis de la science : aussitôt les savants de tous les pays se mettent à l'œuvre, et une commission nommée par l'Académie des sciences est chargée de diriger les recherches relatives à cet important problème.

En 1841, deux savants dont le nom revient sans cesse dans toutes les questions qui intéressent la physique du globe, MM. Bravais et Martins, s'établissaient sur le Faulhorn, montagne de l'Oberland bernois, où ils devaient passer dix-huit jours. La Commission de l'Académie ne laissa pas échapper une aussi heureuse occasion de faire des études comparatives sur la composition de l'air. Les deux savants transportèrent au sommet de la montagne, à 2680 mètres d'altitude, 12 ballons de verre d'environ 15 à 20 litres de capacité chacun, dans lesquels on avait fait le vide. Là, à des jours et à des heures convenus à l'avance, ils les remplirent d'air pendant que l'on effectuait à Paris des analyses comparatives. En même temps, M. Brunner exécutait à Berne, les mêmes jours et aux mêmes heures, des expériences analogues.

Ces trois séries de recherches ont donné des résultats identiques, et l'on devait admettre que la composition de l'air est la même au Faulhorn, à Paris et à Berne. De nouvelles déterminations, effectuées à Genève par M. de Marignac, à Copenhague par M. Lévy, à Bruxelles par Stass, ont conduit aux mêmes conclusions.

Cependant des anomalies remarquables furent signalées par M. Lévy : dans une série d'analyses d'air pris en pleine mer pendant deux traversées du Havre à Copenhague, il observa une diminution notable et constante d'oxygène dans l'air recueilli sur l'Océan : cette différence de composition paraissait bien due à l'influence de la mer, car l'air pris à la côte par un vent de mer, à une hauteur de 35 pieds, possédait la même composition qu'à terre. Ces résultats inattendus donnèrent un nouvel intérêt à la question et suscitèrent de nouvelles recherches.

Quelques années après, M. Regnault venait d'imaginer, pour des travaux d'une autre nature, une disposition d'appareil eudiométrique permettant d'opérer sur de très petits volumes de gaz, en peu de temps et avec une précision égale ou même supérieure à celle que l'on avait obtenue jusqu'alors. Il eut l'idée d'appliquer sa nouvelle méthode à l'analyse de l'air atmosphérique, afin de décider la question encore douteuse de la constance de la composition de l'air et de son uniformité sur tous les points de la terre. Voici le programme de ce vaste travail tel que l'avait conçu M. Regnault.

De l'air atmosphérique devait être recueilli dans un grand nombre de localités convenablement choisies à la surface du globe, le 1er et le 15 de chaque mois, à l'heure du midi vrai de chaque lieu, et pendant une année entière. Ces échantillons devaient être adressés au Collège de France, pour y être analysés dans des circonstances parfaitement identiques, avec le même appareil et comparativement avec l'air recueilli à Paris.

Une première difficulté se présentait; il fallait trouver un procédé simple pour recueillir de l'air et le conserver sans altération. Ce procédé devait, en outre, pouvoir être appliqué par des personnes peu habituées aux expériences scientifiques; enfin, les appareils devaient être peu coûteux et présenter peu de chances de casse dans le transport. Voici la disposition à laquelle s'est arrêté M. Regnault.

Le récipient est un simple tube de verre, effilé en pointe à ses deux extrémités. Pour éviter la rupture, pendant le transport, de ces pointes très fragiles, il les recouvre de deux petites cloches, mastiquées par-dessus comme l'indique la figure 56. Chaque tube, ainsi préparé, était placé dans un étui de carton. Pour faire une prise d'air, on ramollit le mastic, on détache les deux petites cloches, et l'on met une des parties effilées en communication, à l'aide d'un tube de caoutchouc, avec un soufflet ordinaire que l'on fait agir pendant trois ou quatre minutes. L'air primitivement contenu dans le tube se trouve ainsi renouvelé et remplacé par celui qui existe en ce moment dans la localité.

Il faut alors fermer le tube hermétiquement; on y arrive sans peine en chauffant d'abord l'une des pointes dans la flamme d'une lampe à alcool; puis, lorsque le verre est ramolli, on tire doucement la pointe pour la détacher du tube, qui se trouve ainsi fermé d'un côté ; il suffit ensuite de renouveler la même opération à l'autre extrémité. Enfin, on remastique les deux petites cloches pour protéger les pointes fermées.

Un grand nombre de lots, composés de trente tubes
semblables, furent adressés à des savants habitant divers
centres scientifiques; d'autres furent envoyés aux principaux consulats de France; d'autres enfin, furent confiés

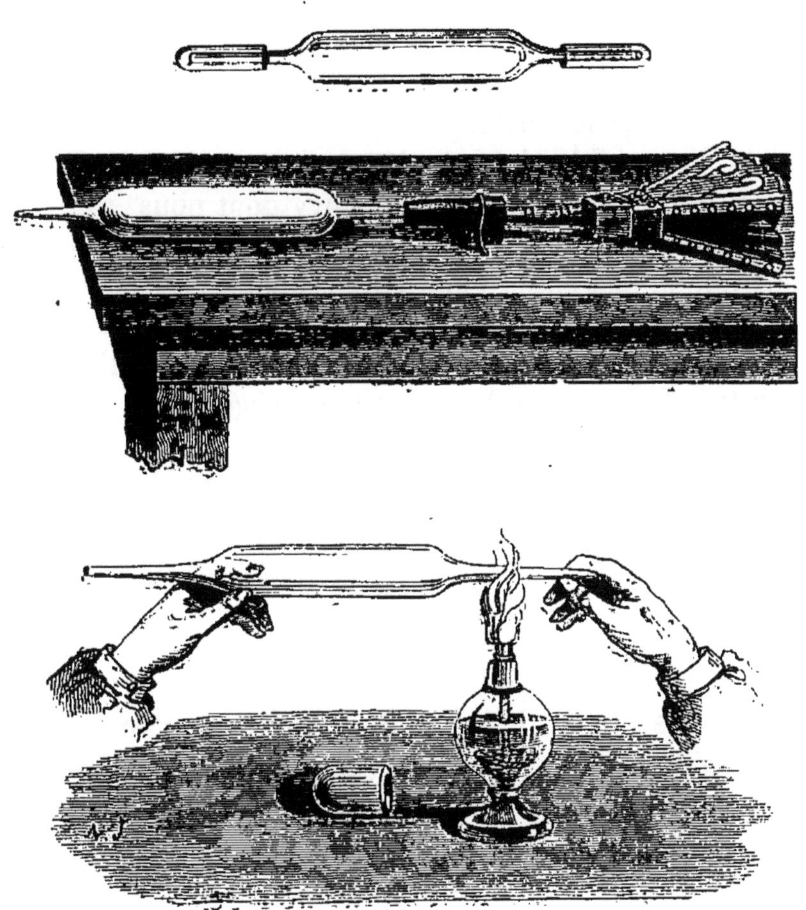

Fig. 56. — Tube de M. Regnault pour recueillir de l'air sur divers points
du globe.

à des officiers de la marine royale qui devaient comman-
der des stations dans des contrées lointaines.

C'est en 1847 que s'organisait ce vaste travail; malheureusement les événements politiques de 1848 vinrent
en compromettre l'exécution. La plupart des tubes qui

avaient été envoyés à leur destination furent perdus, et
il était difficile de songer, à cette époque, à rétablir immédiatement une base d'opération aussi large. Malgré
ces fâcheux contre-temps, M. Regnault est parvenu à recueillir un nombre considérable d'échantillons, et plusieurs centaines d'analyses lui ont permis de formuler
des conclusions que l'on doit regarder comme une expression fidèle de la vérité.

D'après l'ensemble des résultats obtenus par M. Regnault, d'après les analyses de M. Lévy dont nous avons
déjà parlé, enfin d'après celles de M. Bunsen, faites
pendant une année entière sur l'air recueilli en Islande
on doit conclure que l'air de notre atmosphère présente
généralement des variations de composition sensibles,
quoique très faibles; car la quantité d'oxygène ne varie
généralement que de 20,9 à 21,0 ; cependant, dans certains cas, qui paraissent plus fréquents dans les pays
chauds, la proportion d'oxygène s'abaisse jusqu'à 20,3.

On voit donc que si notre atmosphère renfermait seulement de l'oxygène et de l'azote, on pourrait la considérer comme possédant une homogénéité à peu près absolue
sur toute la surface du globe ; les variations décelées par
les analyses les plus délicates sont si légères, qu'on peut
les considérer comme sans importance relativement au
rôle de l'air dans l'économie de la nature. Pour si faibles
qu'elles soient, ces variations ont cependant un très grand
intérêt au point de vue scientifique; elles montrent que
des deux éléments fondamentaux de l'air existent dans
l'atmosphère à l'état de simple mélange. Dans toute combinaison, en effet, la proportion des principes constituants est rigoureusement immuable, et leur rapport ne
saurait varier dans les plus étroites limites sans entraîner la destruction du composé résultant de leur union.
Nous allons, d'ailleurs, donner une autre preuve plus
évidente de ce fait important.

D'après les recherches de M. Lévy, l'air recueilli en pleine mer est remarquable par la diminution constante de l'oxygène qu'il renferme. Il est nécessaire, pour expliquer ce fait, de faire intervenir l'action de la mer sur les couches atmosphériques qui balayent constamment sa surface; mais de quelle nature est cette influence?

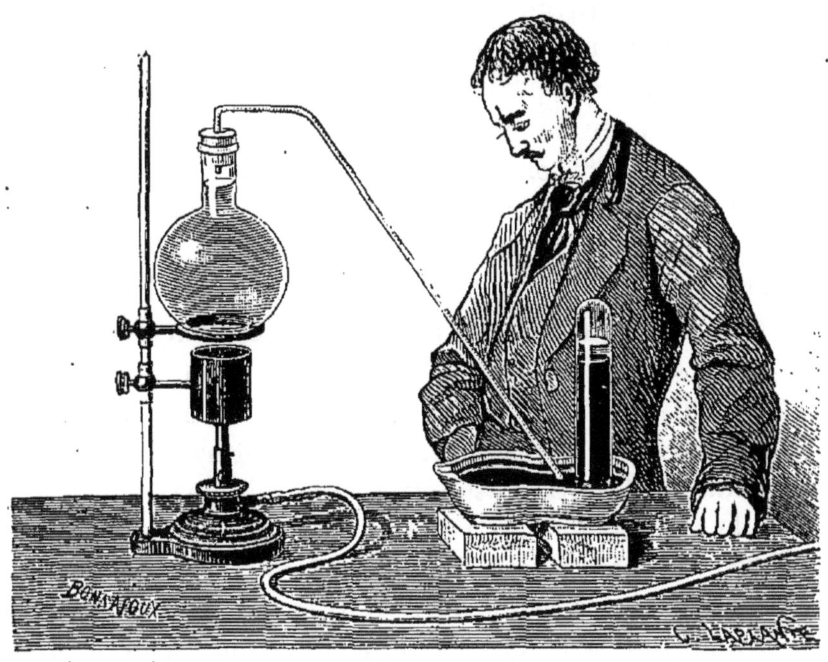

Fig. 57. — Extraction de l'air dissous dans l'eau.

faut, pour s'en rendre compte, invoquer une propriété particulière de l'eau, celle de dissoudre les gaz en général, et l'air atmosphérique en particulier. Les différentes nappes d'eau que l'on trouve dans la nature, toutes celles qui ont séjourné pendant quelque temps au contact de l'atmosphère, renferment constamment, à l'état de dissolution, une certaine quantité d'air, variable selon les circonstances.

On s'appuie, pour démontrer ce fait, sur une propriété commune à tous les gaz absorbables par l'eau : leur solubilité, étroitement liée à la température, augmente quand le liquide se refroidit et diminue quand il s'échauffe, pour devenir nulle à la température de l'ébullition. Ce fait une fois admis, la présence de l'air dissous dans l'eau devient très facile à constater : on fait usage d'un ballon, de 1 à 2 litres de capacité, muni d'un tube de dégagement dirigé sous une cloche renversée sur une cuve à mercure. L'appareil est disposé comme l'indique la figure 57 ; après l'avoir exactement rempli d'eau, on chauffe le ballon : dès que la température atteint 40 ou 50°, on voit naître sur ses parois une foule de petites bulles qui se réunissent dans le col du ballon et ne tardent pas à s'élever dans la cloche. En chauffant progressivement jusqu'à l'ébullition, la vapeur entraîne les dernières bulles gazeuses, et l'on recueille finalement quelques centimètres cubes d'un gaz dans lequel l'analyse décèle les éléments constitutifs de l'air. On reconnaît de plus qu'un litre d'eau naturelle fournit, en moyenne, 50 à 55 centimètres cubes de gaz.

L'eau contient donc, à l'état de dissolution, de l'oxygène et de l'azote ; mais, chose remarquable, ces principes sont dans des rapports très différents de ceux que nous avons trouvés dans l'air atmosphérique. Ainsi, l'air extrait de l'eau contient 32 ou 33 volumes d'oxygène pour 100, au lieu de 21 qui se trouvent dans l'air ordinaire. La présence de cet excès d'oxygène est une conséquence nécessaire de ses propriétés : l'oxygène est plus soluble dans l'eau que l'azote, et si ces deux gaz existent dans l'air à l'état de simple mélange, il est naturel d'admettre que le plus soluble des deux doit dominer dans la dissolution ; c'est, en effet, ce que démontre l'expérience.

La présence de l'air dans les eaux naturelles constitue un fait d'une importance capitale : c'est aux dépens de

ce gaz que respirent les poissons et tous les animaux
aquatiques; il intervient aussi dans le développement
des végétaux, et n'est pas sans utilité dans l'alimentation
de l'homme et des animaux. L'air en dissolution communique aux eaux de source leur saveur fraîche et
agréable, tandis que ces mêmes eaux, privées d'air par
l'ébullition, deviennent d'une digestion pénible et difficile. L'eau récemment distillée est fade et insipide; elle
ne devient propre à la boisson qu'après avoir été agitée
au contact de l'air, de manière à se saturer de ce gaz;
c'est ainsi qu'à bord des navires on ne peut faire usage
de l'eau de mer distillée sans l'avoir soumise à une aéra-
tion préalable.

L'air en dissolution ne se dégage pas seulement de
l'eau sous l'influence d'une température élevée; il s'en
sépare encore au moment de la congélation; de là l'origine de ces petites bulles dont se trouvent souvent cri-
blés les blocs de glace; personne n'ignore que l'eau
provenant de la fonte des neiges a besoin d'une longue
exposition au contact de l'air pour devenir potable.

X

L'ACIDE CARBONIQUE

Propriétés générales de l'acide carbonique. — Sa présence constante dans l'atmosphère. — Ses variations. — Sources naturelles d'acide carbonique. Les volcans. — La grotte du Chien. — Les eaux minérales. — Fontaines intermittentes. — Les geysers d'Islande. — Incrustations formées par les sources minérales. — Les stalactites.

L'oxygène et l'azote forment, par leur ensemble, les principes fondamentaux de l'air ; mais ces deux corps sont loin de constituer à eux seuls toute la masse atmosphérique : on pourrait même supposer *à priori* qu'un grand nombre d'autres substances doivent se trouver mélangées à ces deux gaz : Lavoisier l'avait déjà prévu. « On conçoit, dit-il, que l'atmosphère doit être le résultat et le mélange : 1° de toutes les substances susceptibles de se vaporiser ou plutôt de rester dans l'état aériforme, au degré de température dans lequel nous vivons, et à une pression égale au poids d'une colonne de mercure de 27 pouces de hauteur ; 2° de toutes les substances fluides ou concrètes susceptibles de se dissoudre dans cet assemblage de différents gaz. »

L'expérience a parfaitement justifié ces prévisions : les progrès de l'analyse ont permis de découvrir dans l'atmosphère un grand nombre de substances dont quelques-unes jouent un rôle fort important. Remarquons cependant que la plupart de ces nouveaux éléments doivent, à cause même de leur origine, éprouver de grandes variations dans leur proportion; quelques-uns même apparaissent dans l'air d'une manière accidentelle, lorsque des circonstances déterminées favorisent leur production ou leur diffusion. Le physicien et le chimiste en font ordinairement abstraction : pour eux, l'air est un simple mélange d'oxygène et d'azote.

Cependant, parmi ces principes, il en est qui s'imposent à notre attention, parce qu'ils ne font jamais défaut dans l'atmosphère : de ce nombre sont la vapeur d'eau et l'acide carbonique. Nous avons déjà parlé du rôle de la vapeur d'eau et des transformations nombreuses qu'elle éprouve pendant sa circulation de l'équateur aux pôles. Quant à l'acide carbonique, son importance dans la nature n'est pas moins grande que celle des autres éléments de l'air. Si l'oxygène est indispensable à la vie des animaux, l'acide carbonique est nécessaire au développement des végétaux; il existe d'ailleurs entre les deux règnes de la nature une étroite solidarité, et l'acide carbonique de l'air doit être considéré comme le lien indispensable à la circulation incessante de la vie entre la plante et l'animal.

Avant d'examiner les relations de l'acide carbonique avec l'atmosphère, jetons un coup d'œil rapide sur les propriétés de ce corps intéressant, dont l'étude est si étroitement liée aux grandes découvertes de la science moderne.

L'acide carbonique est le premier des gaz que l'on ait appris à distinguer de l'air. Il a été connu successivement sous les noms de *gaz* proprement dit, d'air *fixe* ou *fixé*, d'*acide méphitique*, d'*acide aérien*, d'*acide crayeux*; Lavoisier lui donna le nom qu'il porte encore aujourd'hui. Les premiers indices de sa découverte remontent à Van Helmont, qui, vers la fin du seizième siècle, reconnut que les pierres calcaires laissent quelquefois dégager un air auquel il donna le nom de *gaz*; il constata, de plus, la formation de ce même corps dans la fermentation des liquides sucrés, dans la combustion du charbon, et sa présence dans certaines excavations naturelles. Plus tard, Hales vit que cette sorte d'air faisait partie essentielle de ces pierres, et chercha à déterminer combien elles en contenaient; après lui, Black découvrit qu'il était capable d'être absorbé par la chaux et les alcalis, de les neutraliser et de leur donner la propriété de faire effervescence avec les acides. Priestley en étudia plus tard les caractères avec beaucoup de soin, et soupçonna même sa présence dans l'atmosphère.

Si on connaissait le gaz carbonique, si on avait découvert ses propriétés les plus saillantes, on n'avait pas la moindre notion sur sa nature intime, il faut, comme toujours, arriver à Lavoisier pour voir se dissiper bien des erreurs enracinées depuis longtemps Déjà, en 1777, il avait montré, par des expériences de la plus grande rigueur, que les animaux produisent, dans l'acte de la respiration, un gaz parfaitement semblable à celui qu'on retire de la craie, en même temps qu'ils absorbent de l'oxygène; mais ce n'est qu'en 1781 qu'il découvre la véritable composition de cet *acide crayeux*. Il fait voir que ce gaz résulte de la combinaison du charbon avec l'oxygène; il détermine la proportion de ses principes constituants, et trouve qu'il est formé de 28 parties de carbone et de 72 d'oxygène. Disons de suite que les analyses plus rigoureuses effectuées depuis cette époque n'ont pas sensiblement modifié ces nombres : des expériences dont l'exactitude ne laisse rien à désirer ont fixé à 27,27 pour 100 la proportion de carbone.

L'acide carbonique prend naissance pendant la combustion du charbon au contact de l'air ; c'est là, toutefois, un procédé de préparation difficile à régulariser ; il fournirait d'ailleurs ce gaz mélangé avec un résidu d'azote qu'on aurait beaucoup de peine à éliminer. Une méthode infi-

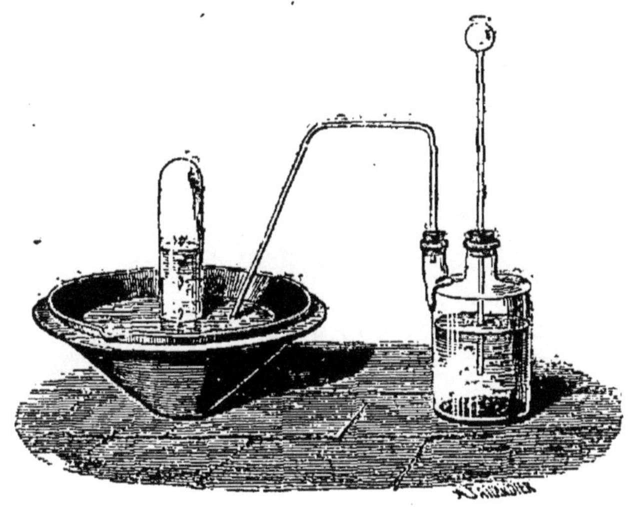

Fig. 58. — Préparation de l'acide carbonique.

niment plus simple permet de l'obtenir très pur et en grande quantité : on l'extrait ordinairement des pierres calcaires, si répandues dans la nature, où il existe en combinaison avec la chaux. Le marbre, la craie, le test des coquilles, ne sont autre chose que du *carbonate de chaux* : il suffit d'attaquer l'une de ces substances par un acide pour donner lieu à un dégagement abondant de gaz carbonique facile à recueillir dans des cloches ou des flacons renversés sur l'eau.

On se sert, pour cette opération, de l'appareil représenté par la figure 58. Dans un flacon à deux tubulures, on met des fragments de marbre blanc que l'on recouvre d'une petite quantité d'eau. Une des ouvertures est munie d'un tube à entonnoir destiné à l'introduction de l'acide ; sur la seconde est fixé un tube de dégagement qui amène le gaz dans les récipients disposés sur une cuve à eau.

Il est impossible de confondre l'acide carbonique avec l'air atmosphérique ou avec un de ses éléments. Une de

Fig. 59. — Transvasement de l'acide carbonique.

ses propriétés les plus saillantes est d'être impropre à la combustion. Une bougie allumée s'éteint rapidement quand on la plonge dans une cloche remplie de ce gaz. Sous ce rapport, il se comporte, il est vrai, comme l'azote ; comme lui, aussi, il est incapable d'entretenir la respiration ; mais il en diffère essentiellement par tous ses autres caractères.

Le gaz carbonique est environ une fois et demie plus pesant que l'air ; cette différence de densité peut être vérifiée par une expérience assez curieuse : une bougie

allumée est placée au fond d'une éprouvette pleine d'air
où elle continue à brûler tranquillement : elle ne tarde
pas à s'éteindre si on incline au-dessus d'elle une cloche
remplie d'acide carbonique ; ce gaz, plus lourd que l'air,
coule au fond de l'éprouvette comme le ferait un liquide,
et y occupe bientôt une épaisseur suffisante pour s'opposer à la combustion.

Un autre caractère remarquable distingue nettement
l'acide carbonique de l'air atmosphérique : il se dissout
dans l'eau avec facilité, cette propriété a même été pendant longtemps la seule connue. On sait aujourd'hui que
l'eau absorbe à peu près son propre volume de ce gaz à la
température ordinaire, tandis que l'air est extrêmement
peu soluble. Il est facile de vérifier ce fait en observant ce
qui se passe dans une cloche pleine d'acide carbonique
abandonnée sur une cuve à eau. On voit bientôt le liquide
s'élever dans la cloche et la remplir entièrement ; l'air,
au contraire, n'éprouve, dans les mêmes conditions, aucune diminution de volume.

Toutes les eaux qui circulent à la surface du globe
contiennent en dissolution des quantités plus ou moins
considérables d'acide carbonique ; quelques-unes même
sont très remarquables sous ce rapport : telles sont les
eaux gazeuses naturelles dont l'usage, comme boisson,
s'est si généralisé depuis quelques années. On peut citer,
comme types celles de Seltz en Allemagne, de Carlsbad
en Bohême, de Spa en Belgique, de Vichy, de Saint-Gal-
mier en France, etc. On fabrique aujourd'hui d'énormes
quantités d'eaux gazeuses que l'on désigne sous le nom
d'eau de Seltz artificielle, bien qu'elles n'aient avec
celle-ci d'autres propriétés communes que celle de
mousser. On les obtient en dissolvant l'acide carbonique
sous une forte pression dans des bouteilles que l'on
ferme ensuite hermétiquement. La solubilité du gaz
est, en effet, d'autant plus grande, que sa pression est

plus considérable : si, par exemple, l'eau a été saturée sous une pression de 10 atmosphères, elle renferme une quantité d'acide carbonique 10 fois plus forte que si la dissolution avait eu lieu sous la pression ordinaire. Voilà pourquoi le liquide mousse quand on le verse dans un verre ; brusquement soustrait à la pression qu'il supportait, il laisse dégager une grande portion du gaz dissous, et l'eau gazeuse, abandonnée au contact de l'air, ne tarde pas à repasser à l'état d'eau ordinaire.

Nous avons déjà parlé (page 51) des effets produits par une forte compression sur l'acide carbonique gazeux. On a vu ce gaz se transformer en un liquide dont l'évaporation rapide produit le froid le plus intense que l'on ait obtenu jusqu'à ce jour ; nous ne reviendrons pas sur ces intéressantes propriétés.

Enfin l'acide carbonique possède des propriétés chimiques fort importantes sur lesquelles nous devons nous arrêter un instant : il partage tous les caractères généraux d'une classe de composés chimiques auxquels on donne le nom d'*acides*. Parmi ces caractères, le plus saillant est leur facile combinaison avec les *bases* ou *oxydes métalliques* pour former des sels. Si l'on dirige un courant de gaz carbonique dans une dissolution de potasse ou de soude, il est absorbé avec avidité ; ce n'est plus une simple dissolution qui se produit dans ce cas ; il s'effectue une véritable combinaison facile à reconnaître par les propriétés nouvelles acquises par la dissolution ; elle est devenue moins caustique et donne lieu à une vive effervescence quand on la traite par un acide puissant ; cette effervescence est due à la décomposition du *carbonate* qui s'est formé et au dégagement de l'acide carbonique primitivement absorbé.

Parmi les bases capables de se combiner ainsi avec l'acide carbonique, il en est une d'un intérêt particu-

lier à cause du fréquent emploi que l'on en fait pour
caractériser ce gaz ; nous voulons parler de la chaux. La
chaux se dissout dans l'eau en petite quantité en produisant une dissolution d'une limpidité parfaite : cette *eau
de chaux*, versée dans une cloche contenant de l'acide
carbonique, se trouble instantanément ; elle devient laiteuse. Que s'est-il passé pendant cette réaction ? Comme
dans le cas précédent, l'acide carbonique s'est combiné
avec la chaux pour former du carbonate de chaux ;
celui-ci est insoluble dans l'eau et se précipite sous
forme d'une poudre blanche très divisée communiquant
au liquide son apparence laiteuse. Ainsi ce même carbonate de chaux qui nous a servi à l'extraction de l'a-
cide carbonique se reforme par l'union directe de ses
deux éléments et reparaît avec tous ses caractères.

Signalons encore une curieuse particularité relative à
la précipitation de la chaux par l'acide carbonique :
Si l'on fait passer un courant de ce gaz dans une dissolution limpide d'eau de chaux, on la voit se troubler
aussitôt ; mais en prolongeant pendant quelques instants
l'action du courant gazeux, elle ne tarde pas à reprendre
sa limpidité primitive ; le carbonate de chaux, d'abord
précipité, redevient soluble grâce à un excès d'acide carbonique. Il s'est formé en réalité un composé nouveau,
différent du premier, désigné par les chimistes sous
le nom de *bicarbonate de chaux*. Toutefois ce composé
est très peu stable ; il perd son excès d'acide sous les influences les plus légères pour passer de nouveau à l'état
de carbonate insoluble ; une simple élévation de température, une exposition prolongée au contact de l'air suffisent pour provoquer cette décomposition. Nous verrons
bientôt ces transformations successives se produire dans
la nature sur une très vaste échelle et devenir la cause de
phénomènes d'une importance capitale.

Ces notions sommaires sur les propriétés de l'acide carbonique vont nous permettre de le rechercher dans l'atmosphère, d'en suivre toutes les variations et d'expliquer une foule de faits intéressants qui se rattachent à sa présence à la surface du globe. Rien n'est plus simple que de démontrer l'existence de ce gaz dans l'atmosphère. Il suffit d'abandonner au contact de l'air un large vase découvert contenant une solution limpide d'eau de chaux ; au bout de peu de temps la surface du liquide se recouvre d'une mince pellicule irisée, formée d'une matière possédant toutes les propriétés du carbonate de chaux. L'expérience réussit dans tous les points du globe, à toutes les hauteurs, sous toutes les latitudes ; on doit donc admettre que l'acide carbonique est, au même titre que l'azote et l'oxygène, un des principes constants de l'air.

Pour quelle proportion ce gaz intervient-il dans le mélange? On est forcé, pour résoudre le problème, d'opérer sur un volume d'air très considérable, car l'acide carbonique s'y trouve ordinairement en quantité infiniment petite. On se sert, pour en opérer le dosage, de l'appareil représenté par la figure 60, qui permet de déterminer en même temps la quantité de vapeur d'eau. Un grand vase en tôle, d'une capacité de cent litres environ, nommé aspirateur, est entièrement rempli d'eau et se vide par un robinet placé à sa partie inférieure. L'eau qui s'écoule est remplacée par de l'air pénétrant par une tubulure supérieure, après avoir circulé dans une série de tubes recourbés en forme d'U, et remplis de substances absorbantes. Les deux premiers contiennent de la pierre ponce imbibée d'acide sulfurique concentré, matière très avide d'eau, destinée à arrêter l'humidité de l'air. Les deux tubes du milieu renferment de la pierre ponce humectée par une dissolution de potasse : cette substance possède, nous le savons, la propriété d'absorber énergiquement l'acide carbonique ; enfin les deux derniers, remplis de ponce

sulfurique, empêchent la vapeur d'eau du récipient de
refluer dans l'appareil. Les deux premiers tubes ont été
pesés avant l'expérience, leur augmentation du poids indique la quantité d'humidité contenue dans l'air soumis
à l'analyse : une semblable opération fait connaître le
poids de l'acide carbonique absorbé par les deux tubes

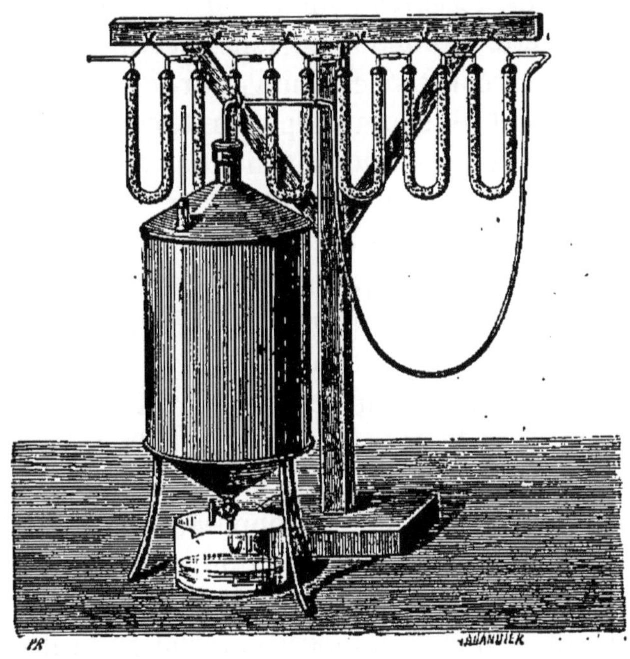

Fig. 60. — Dosage de l'acide carbonique contenu dans l'air.

intermédiaires ; enfin le volume d'eau écoulé est égal à
celui de l'air qui a traversé l'appareil.

En appliquant cette méthode à un grand nombre d'analyses, M. Boussingault a montré que l'acide carbonique
existe dans l'atmosphère en quantité variable : Sa proportion habituelle, représentée par 4 dix-millièmes environ, peut varier de 5 à 6. Ainsi, dix mille litres d'air
renferment seulement quatre litres d'acide carbonique,
cette faible quantité suffit pourtant au développement
de tous les végétaux répandus à la surface du globe. Mais

n'oublions pas combien est immense le volume de l'atmosphère : l'on peut se faire une idée du poids total de l'acide carbonique d'après les évaluations que nous avons données précédemment du poids de l'atmosphère elle-même.

On pourrait être tenté, au premier abord, d'attribuer à l'action des végétaux ou à celle des animaux ces oscillations relativement considérables dans les proportions de l'acide carbonique : cette influence se fait certainement sentir dans quelques circonstances; nous aurons occasion d'en parler longuement plus loin ; cependant, considérées dans leur ensemble, ces variations sont tout à fait indépendantes d'une pareille cause.

D'après MM. Boussingault et Lévy, de l'air recueilli à Andilly, près Montmorency, renfermait un peu moins de 5 dix-millièmes d'acide carbonique, tandis que de l'air pris à Paris, le même jour et à la même heure, en contenait seulement trois cent millièmes de plus. La différence est sans doute dans le sens où on devait la prévoir; elle est cependant bien minime, elle surprend même quand on considère les conditions si opposées où se trouvent ces deux localités pour la production de l'acide carbonique; on peut dire qu'à ce point de vue l'air des villes a sensiblement la même composition que celui des campagnes.

Les variations observées doivent donc être attribuées à des causes d'un autre ordre. L'acide carbonique étant très soluble dans l'eau, la rosée, les pluies d'orage, peuvent en enlever une certaine quantité et diminuer la proportion contenue dans l'atmosphère ; d'un autre côté, les sources qui en versent constamment de grandes quantités dans l'air ne fonctionnent probablement pas toujours avec la même activité.

Telle est, dans son ensemble et d'une manière générale, la part qui revient à l'acide carbonique dans la constitution de l'atmosphère ; mais il existe à la surface du globe un grand nombre de causes tout à fait locales qui doivent avoir une influence sur sa distribution ; en première ligne se placent les volcans. L'étude géologique de la croûte terrestre nous enseigne que les volcans étaient de beaucoup plus nombreux dans les premiers âges du monde qu'ils ne le sont de nos jours ; on en compte cependant aujourd'hui plus de trois cents en pleine activité, tous vomissent continuellement d'énormes quantités de produits gazeux.

On doit à M. Boussingault une étude complète des vapeurs émanées de la plupart des volcans du globe. Dans tous ceux des régions équatoriales, aussi bien que dans le Vésuve et l'Etna, il a trouvé d'une manière constante de l'acide carbonique, de la vapeur d'eau et de la vapeur de soufre ; comme produits accidentels il signale l'azote et l'acide sulfureux. Le soufre et la vapeur d'eau se condensent, il n'y a donc pas lieu d'en tenir compte ; quant à l'acide carbonique, on doit se demander quelle influence peut exercer sur notre atmosphère une émission aussi abondante. Pour donner une idée de l'énorme quantité de ce gaz engendrée par les éruptions volcaniques, M. Boussingault a calculé que le Cotopaxi, un des plus élevés des Cordillères des Andes, dégage en un seul jour, à lui seul, plus d'acide carbonique que n'en produirait une population dix fois supérieure à celle de Paris. Il semble donc qu'un jour notre atmosphère puisse être modifiée par une arrivée subite d'acide carbonique provenant d'une telle origine.

Il n'est pas douteux que dans le voisinage des volcans, à une assez grande distance même autour de leur cratère, la proportion d'acide carbonique ne soit sensiblement supérieure à celle des régions normales de l'atmosphère ; il faut reconnaître aussi que l'équilibre ne peut tarder à se rétablir. L'Océan agit sur ce gaz pour en régler la quantité et la maintenir constante malgré les

causes qui tendent à la faire varier ; il recouvre de ses
eaux les trois quarts de la surface du globe, et dissout
l'acide carbonique en quantité d'autant plus grande que
sa production est plus abondante. Jamais on n'a vu augmenter ou diminuer la proportion de ce gaz quand tel ou
tel volcan est venu faire son apparition ou a cessé d'être
en activité.

A côté de ces puissantes sources d'acide carbonique,
il en est d'autres moins abondantes sans doute, mais fort
intéressantes par les conditions où elles naissent et par
les phénomènes souvent remarquables qui les accompagnent. On observe dans un très grand nombre de localités, à la surface du sol, des émanations lentes et continues de ce gaz méphitique ; c'est surtout dans l'intérieur
des puits, des cavernes ou des grottes naturelles, principalement dans le voisinage des dépôts de combustible
et dans les régions volcaniques, que se produisent ces dé-
gagements. Quelquefois l'acide carbonique remplit entièrement ces cavités souterraines ; le plus souvent il n'en
occupe qu'une partie, et, comme sa densité est supérieure
à celle de l'air, il s'accumule toujours à la partie inférieure, formant à la surface du sol une couche irrespirable plus ou moins épaisse.

Il existe un grand nombre de ces grottes dans le royaume
de Naples ; la plus connue est celle du Chien, près de Pouz-
zolles, rendue célèbre par les récits merveilleux auxquels
elle a donné naissance. On a dit que les oiseaux qui passent au-dessus tombaient frappés de mort ; il en serait de
même, assure-t-on, des animaux qui s'en approchent ;
mais les touristes qui l'ont visitée savent combien ces
relations sont exagérés.

La grotte du Chien, située sur le penchant d'une colline, à une petite distance du lac d'Agnano, a des dimensions extrêmement restreintes : elle peut tout au plus

contenir trois ou quatre personnes. Le sol terreux et humide de cette petite caverne laisse constamment dégager du gaz carbonique qui forme à sa surface une sorte de brouillard, dont la hauteur varie entre vingt et soixante centimètres. Ce brouillard pesant s'échappe d'une manière continue par le seuil de la porte et coule comme un

Fig. 61. — La grotte du Chien.

ruisseau gazeux sur les flancs de la montagne ; là il ne tarde pas à se dissiper dans l'atmosphère, et à quelques mètres de l'ouverture il a complètement disparu.

On prévoit aisément les phénomènes qui doivent se produire dans l'intérieur de cette caverne : une bougie allumée continue à brûler dans la partie supérieure, contenant de l'air à peu près pur ; elle s'éteint im-

médiatement à la surface du sol, où elle trouve un
gaz impropre à la combustion. Un homme debout n'é-
prouve aucun malaise, car il respire dans une atmosphère
presque normale, un animal de petite dimension y est au
contraire rapidement asphyxié. Le gardien de la grotte renouvelle à tout instant aux yeux des touristes une expérience devenue célèbre. Il dépose au milieu de la grotte
un chien dont il a lié les pattes; l'animal témoigne aussitôt
la plus vive anxiété; il se débat, entre en convulsions
et ne tarderait pas à expirer; transporté hors de la caverne, il revient peu à peu à la vie et semble aspirer
avec volupté l'air frais et pur du lac Agnano. Un chien a
résisté, dit-on, pendant de nombreuses années à ce service peu hygiénique.

On observe dans beaucoup d'autres localités des faits
analogues au précédent; ce qu'il y a de plus remarquable, c'est de les voir quelquefois se produire dans des
lieux complètement découverts, là où aucun obstacle ne
s'oppose à la diffusion de l'acide carbonique. M. Boussin‑
gault en cite un curieux exemple dans la relation de ses
voyages dans l'Amérique du Sud. On lui avait signalé,
non loin du volcan de Tunggurangua, en Colombie, une
localité, le Tunguravilla, où les animaux ne pouvaient séjourner impunément. « Nos chevaux, dit-il, nous indiqué‑
rent bientôt que nous approchions; ils n'obéissaient plus
à l'éperon, levaient la tête par saccades et de la manière
la plus déplaisante pour le cavalier. La terre était jonchée
d'oiseaux morts, parmi lesquels se trouvait un magnifique coq de bruyère que nos guides s'empressèrent de
ramasser. Il y avait aussi dans les asphyxiés plusieurs
reptiles et une multitude de papillons. La chasse fut
bonne, le gibier ne parut pas trop faisandé. Un vieil Indien
Quichua, qui nous accompagnait, assurait que lorsqu'on
voulait dormir longtemps et paisiblement, il fallait faire
son lit sur le Tunguravilla. » On cite encore des faits ana-

logues dans quelques autres régions. Il existe à Java, au milieu d'anciennes solfatares, une vallée désignée par les indigènes sous le nom de *vallée du Poison*, dont l'accès est défendu par une couche épaisse de gaz irrespirable ; tout être vivant qui s'en approche de trop près tombe immédiatement asphyxié.

Enfin, l'acide carbonique se dégage de presque toutes les eaux minérales, dont il est un des éléments les plus constants : c'est à peine si, en France, on connaît cinq ou six sources qui en soient complètement privées. Pour expliquer la présence presque générale de ce gaz, les géologues admettent que, dans l'intérieur de la terre, il remplit d'immenses cavernes formées surtout par les bouleversements volcaniques, d'où il se répand ensuite, poussé par la pression à laquelle il est soumis, dans tous les interstices du sol. Là, il entre en dissolution dans les eaux répandues sur son passage et leur communique la propriété de dissoudre plusieurs substances minérales. Bien des faits viennent à l'appui de cette théorie ; d'autres fois cependant, l'acide carbonique a certainement une autre origine : il provient souvent de la décomposition spontanée des lignites, situés en couches épaisses dans le voisinage des sources.

L'acide carbonique est quelquefois mélangé dans des eaux naturelles avec de petites quantités d'oxygène et d'azote ; ces gaz ne l'accompagnent cependant pas toujours ; ils font complètement défaut, par exemple, dans toutes les eaux de Vichy. La présence du gaz carbonique, quand il existe en grande quantité dans les eaux minérales, s'annonce par un dégagement tantôt calme, tantôt tumultueux. Dans certains cas, l'eau est soulevée à plusieurs centimètres au-dessus de la surface de la source ; elle semble constamment en ébullition ; d'autres fois, ce sont de petites bulles qui, semblables à des perles brillantes, s'élèvent silencieusement dans toute la masse liquide.

On connaît de nombreux exemples de sources minérales dont l'écoulement, au lieu d'être régulier et continu, se produit par intermittences à des intervalles variables ou périodiques ; l'éruption est très souvent précédée d'un dégagement abondant d'acide carbonique. Ce curieux spectacle s'observe avec une très grande netteté dans la source de *Vaisse*, à Vichy. Ses jaillissements, d'une durée de six minutes environ, sont précédés d'un grondement souterrain, bientôt suivi d'une violente éruption d'eau et de produit gazeux. La fin de l'écoulement est annoncée par des sifflements aigus causés par le dégagement des gaz ; puis tout tombe au repos, et, pendant cinquante minutes, la source ne donne plus ni eau ni gaz. Cet intervalle de temps écoulé, le phénomène se produit de nouveau avec les mêmes circonstances et la même durée.

Une des sources intermittentes les plus remarquables est celle de Kissingen, en Bavière, connue sous le nom de *Soolensprudel* (bouillonnement salé). Ses éruptions se produisent toutes les trois heures avec une extrême énergie et projettent une énorme colonne d'eau à une hauteur considérable. On doit citer encore le *Sprudel*, de Carlsbad, en Bohême, qui a puissamment contribué à la renommée de cette station thermale. Dans cette source, l'émission de l'eau se fait plutôt par soubresauts que par intermittences ; tantôt le jet s'élève seulement à 1 mètre, puis il prend tout à coup son élan pour atteindre une hauteur de 3 à 4 mètres. On compte quinze ou vingt de ces alternatives par minute.

L'acide carbonique est certainement, pour toutes les sources gazeuses, l'agent essentiel de leur intermittence. On conçoit que ce gaz, comprimé dans quelque caverne souterraine, entretienne le jaillissement de la source

tant que sa pression est suffisante ; vient-elle à diminuer,
l'eau, ne pouvant plus monter à la surface du sol, prend
une autre direction ; tout écoulement disparaît alors jusqu'à ce qu'une nouvelle accumulation de gaz vienne
rétablir les choses dans leur état primitif.

Cette explication ne saurait cependant s'appliquer à
toutes les sources intermittentes, car il en est dont l'éruption n'est accompagnée d'aucun principe gazeux ; parmi
ces dernières, les plus fameuses sont celles d'Islande, connues sous le nom de Geisers ; la plus puissante d'entre
elles jaillit de l'intérieur d'un tube gigantesque, formé par
l'eau elle-même, qui n'a pas moins de 23 mètres de profondeur et de 3 mètres de diamètre, surmonté d'un bassin
naturel de 60 mètres de circonférence. Avant une éruption, le tube et le bassin sont remplis d'eau presque
bouillante ; mais, chaque deux heures environ, de violentes détonations souterraines ébranlent le sol et agitent
l'eau de la source, qu'elles soulèvent à quelques mètres
de la surface. D'autres fois, les détonations sont plus fortes
et plus rapprochées ; les soulèvements deviennent de
plus en plus considérables, et tout à coup une immense
colonne, de 3 mètres de diamètre à sa base, s'élève dans
les airs à une hauteur de 50 mètres, s'épanouit en gerbe
à son sommet et retombe dans l'immense vasque naturelle qui forme le bassin de la source. Ces éruptions,
dont les apparences rappellent, sous une forme gigantesque, celles de nos sources intermittentes, admettent
une tout autre cause. Ce n'est plus la force expansive
de l'acide carbonique qui leur donne naissance, car
l'eau bouillante du Geiser en est complètement dépour-
vue : c'est à la formation subite d'une énorme quantité de vapeur d'eau qu'il faut attribuer ce phénomène,
bien différent, quant à son origine, de ceux que présentent les eaux minérales gazeuses.

Fig 62. — Le grand Geiser, en Islande.

L'acide carbonique des sources minérales se déverse sans cesse dans l'atmosphère ; toutefois sa quantité est insignifiante à côté de celle que vomissent continuellement les cratères volcaniques : elle ne saurait, par conséquent, exercer la moindre influence sur la composition de l'air. Mais le dégagement de ce gaz modifie profondément la constitution des eaux d'où il s'échappe ; quelques-uns des principes primitivement dissous se précipitent et donnent lieu, par leur dépôt, à des formations minérales d'une très grande importance au point de vue géologique.

Tout le monde a pu observer que la plupart des vases employés journellement à contenir de l'eau se recouvrent intérieurement d'un dépôt blanc ou jaunâtre, quelquefois très adhérent et difficile à enlever. Ce dépôt n'est autre chose que du carbonate de chaux, précipité par suite du dégagement de l'acide carbonique qui le maintenait dissous ; nous avons expliqué plus haut la cause de cette précipitation. On conçoit que des eaux très chargées d'acide carbonique puissent aussi contenir une forte proportion de sels calcaires, qu'elles abandonneront peu à peu en perdant progressivement leur gaz : ainsi se forment dans bien des villes ces incrustations qui se déposent dans les tuyaux de conduite et les obstruent quelquefois entièrement. Ces propriétés incrustantes sont portées à un très haut degré dans certaines sources naturelles. L'exemple le plus connu est celui de la fontaine de *Saint-Allyre*, à Clermont-Ferrand.

Tous les objets plongés dans les eaux de cette source se recouvrent très promptement d'un enduit calcaire dont l'épaisseur augmente graduellement. Tant que le dépôt est mince, il reproduit la forme de l'objet, protégé, pour ainsi dire, par un vernis de pierre opaque et résistant ; mais dès que son épaisseur devient consi-

dérable, les contours s'arrondissent, perdent leur netteté; bientôt l'objet devient méconnaissable. La fabrication de ces sortes de pétrification constitue, en
Auvergne, une branche d'industrie importante dont la
nature fait tous les frais. Voici comment elle s'exécute à
Saint-Allyre : les eaux de la source sont d'abord reçues
dans une rigole découverte, de 80 mètres de longueur,
remplie de copeaux de bois et de graviers assez volumineux. Là, par le choc qu'elle subit sans cesse, elle dépose de l'oxyde de fer et une partie de son carbonate de
chaux; elle tombe ensuite en cascade sur une série d'escaliers, puis sur de grosses pierres, où elle jaillit dans
tous les sens ; autour de ces pierres sont placés les objets
que l'on veut incruster. L'eau ainsi pulvérisée perd rapidement son acide carbonique, le carbonate de chaux
s'accumule couche par couche sur les modèles, y cristallise, et acquiert une dureté très grande. On se sert
aussi de moules creux en soufre ou en gutta-percha, que
l'on sépare des empreintes quand elles ont acquis une
assez grande épaisseur.

Presque toutes les eaux carbonatées laissent ainsi déposer des quantités plus ou moins grandes de sédiments
dont les dimensions deviennent souvent prodigieuses :
les géologues leur donnent le nom de *travertins*. Aux
environs de certaines sources, ils ont comme augmenté
la croûte solide du globe : la plus grande partie de la
ville de Vichy est bâtie sur une couche très dure et très
solide de travertin déposé depuis des centaines de siècles
par les nombreuses sources de la contrée.

Par un mécanisme tout à fait identique se sont formés
et se forment encore tous les jours ces gigantesques stalactites aux formes élégantes qui décorent, comme autant
de colonnes d'une éclatante blancheur, les ténébreuses
cavernes creusées dans l'intérieur de la terre. La production de ces entassements de matières calcaires, aux

formes si diverses et parfois si bizarres, est facile à comprendre. L'eau, qui suinte entre les innombrables fis-

Fig. 63. — Stalactites et Stalagmites.

sures des rochers formant les parois de la caverne, se
charge, pendant son trajet, d'une certaine quantité de
carbonate de chaux. Arrivée au sommet de la voûte, elle

se réunit en gouttes qui y restent quelque temps suspendues ; là, elles perdent une partie de leur acide carbonique et abandonnent leur matière calcaire, qui forme un
petit mamelon auquel une goutte d'eau reste continuellement adhérente, et, par de nouveaux dépôts, la préomi-
nence va sans cesse en augmentant en longueur et en
diamètre. D'un autre côté, l'eau, en tombant sur le sol,
achève d'y perdre son carbonate de chaux ; elle y fait un
second dépôt, situé précisément au-dessous du premier,
s'élevant vers la voûte, tandis que l'autre descend vers le
sol. Ces deux incrustations finissent nécessairement par
se rejoindre ; l'eau, ruisselant à leur surface, continue
à y déposer du calcaire, et leur ensemble ne forme
bientôt plus qu'un seul massif, évasé en forme de cha-
piteau à la base et au sommet, traversant la caverne dans
toute sa hauteur comme un hardi pilier de marbre.
Ainsi cette féerique architecture, dont la magnificence
n'a pas de bornes, est l'ouvrage de pauvres gouttes d'eau
qui ont travaillé durant des siècles dans le silence et
l'obscurité de ces retraites souterraines.

XI

LA COMBUSTION

Corps comburants et corps combustibles. — Préparation et propriétés de l'oxygène. — La flamme. — Dégagement de lumière. — Combustion du carbone. — Combustions incomplètes. — Action réductrice du charbon. — Combustion de l'hydrogène. — Composition élémentaire des matières organiques. — Chaleur produite par la combustion. — Chalumeau à gaz oxy-hydrogène. — La chaleur et le ravail mécanique. — Combustions lentes.

Un grand nombre de substances, portées à une température suffisamment élevée, s'enflamment au contact de l'air en dégageant à la fois de la chaleur et de la umière; on donne généralement le nom de combustion à l'apparition simultanée de ces deux phénomènes. Nous avons déjà indiqué quelles sont, dans leur ensemble, les modifications éprouvées par un corps qui brûle; nous savons ce qu'on doit penser de l'opinion des anciens qui faisaient du feu un principe élémentaire; on a vu tout ce qu'il a fallu d'efforts et de persévérance pour établir sur une base scientifique la théorie de cet important phénomène.

Toute combustion exige l'intervention de l'oxygène de

l'air : ce gaz se fixe sur la matière combustible en augmentant son poids; tel est le principe qui a guidé Lavoisier et dont nous avons développé les conséquences les
plus remarquables. Il nous reste encore à démontrer la
généralité de ce principe, à indiquer les conditions qui
favorisent ou entravent la combustion, à faire voir, enfin,
comment l'industrie a su tirer profit des riches matériaux
préparés par la science.

Cette propriété de l'oxygène d'être essentiellement propre à la combustion lui a fait donner le nom de *corps
comburant.* On appelle *corps combustibles* ceux qui sont
susceptibles de brûler en se combinant au premier. Toutes
les combustions doivent se faire, on le prévoit, avec
beaucoup plus d'éclat et de rapidité dans l'oxygène pur
que dans l'air atmosphérique, qui en renferme seulement le cinquième de son volume; ce fait peut être mis
en évidence par une foule d'expériences très brillantes;
voyons d'abord comment on peut se procurer l'oxygène
facilement et en grande quantité.

L'extraction de l'oxygène de l'air par la méthode de
Lavoisier constitue un procédé long et dispendieux auquel les chimistes ont bien rarement recours. L'oxyde
rouge de mercure peut, il est vrai, être obtenu en grande
quantité par un procédé beaucoup plus expéditif que
celui de la simple calcination du métal; mais on connaît
aujourd'hui des moyens de préparer l'oxygène, plus commodes et plus économiques. Ce corps existe dans un
très grand nombre de composés naturels et artificiels,
et parmi ceux-ci quelques-uns l'abandonnent en partie,
ou même en totalité, par la simple action de la chaleur.
C'est presque toujours au chlorate de potasse que l'on
s'adresse pour obtenir l'oxygène. Il suffit de chauffer ce
sel dans une cornue de verre, à une température voisine
du rouge sombre pour produire un abondant dégagement

de gaz facile à recueillir dans des cloches ou dans des gazomètres convenablement disposés. Dix grammes de chlorate de potasse fournissent ainsi près de trois litres d'oxygène très pur.

On extrait quelquefois l'oxygène du peroxyde de
manganèse que la nature fournit en abondance. Ce composé chauffé au rouge dans une cornue de grès abandonne le tiers de l'oxygène qu'il contient. Ce mode de pré-

Fig. 64. — Préparation de l'oxygène par le chlorate de potasse.

paration plus économique que le précédent, est beaucoup
moins commode à cause de la haute température nécessaire pour la décomposition du peroxyde de manganèse.

On met à profit, dans les laboratoires, l'action combu-
rante de l'oxygène pour le distinguer de toutes les substances gazeuses avec lesquelles on pourrait le confondre. Quand on souffle sur une bougie ou sur une
allumette enflammées, la partie charbonneuse reste incandescente pendant quelques instants, mais elle ne tarde
pas à s'éteindre entièrement; si on plonge dans une cloche pleine d'oxygène l'allumette ou la bougie pendant

qu'elles présentent encore un point en ignition, elles se rallument aussitôt et brûlent avec une grande vivacité. Cette propriété est tout à fait caractéristique.

La plupart des corps combustibles brûlent dans l'oxygène avec un éclat éblouissant : le soufre, le phosphore, le charbon, un grand nombre de métaux même, projettent une vive lumière et dégagent une grande quantité de chaleur. On dispose ordinairement l'expérience de la manière suivante : la matière combustible est placée dans une petite capsule en porcelaine, fixée elle-même à l'extrémité d'un fil de fer assujetti sur un bouchon de liège. Après avoir porté la substance à une température convenable, on la plonge dans une cloche tubulée ou dans un grand ballon de verre rempli d'oxygène; on peut ainsi, après l'expérience, étudier la nature des produits qui ont pris naissance.

La combustion est loin de présenter, avec tous les corps, une allure uniforme et régulière; elle offre, au contraire, des apparences essentiellement différentes, liées aux propriétés spéciales à chaque substance. Tantôt elle est accompagnée d'une lumière tellement vive, que l'œil a de la peine à en soutenir l'éclat; d'autres fois, le dégagement de lumière est presque insignifiant, malgré la prodigieuse activité de l'action chimique. Certains corps brûlent avec flamme, d'autres sont simplement portés à l'incandescence. Tous ces faits trouvent leur explication dans la nature des corps combustibles et dans celle des produits de la combustion : les premiers peuvent être volatils comme le soufre, le phosphore, certains métaux, ou absolument fixes comme le charbon, le fer; les seconds présentent aussi des différences du même ordre.

Dans bien des cas, le corps brûlé se transforme en éléments gazeux; l'on pourrait croire qu'il s'est complètement dissipé, si l'on ne constatait des propriétés particulières dans le gaz resté dans le récipient. Le soufre par exemple, disparaît entièrement; mais si on examine le résidu resté dans le ballon, on le trouve formé d'un gaz d'une odeur vive et suffocante, aisément soluble dans l'eau : c'est de l'*acide sulfureux*, dans lequel l'analyse décèle la présence du soufre et celle de l'oxygène. Il en

Fig. 65. — Combustion du fer dans l'oxygène.

est de même du charbon, qui se convertit, en brûlant, en acide carbonique gazeux.

D'autres fois, la combustion est accompagnée de la formation d'un composé solide dont les propriétés diffèrent complètement de celle du corps qui lui a donné naissance. Le phosphore, par exemple, se transforme en une matière blanche et floconneuse, qui se dépose en abondance sur les parois du ballon : c'est de l'acide phosphorique résultant de la combinaison de l'oxygène avec le phosphore. Le fer se comporte d'une manière analogue et donne lieu à un phénomène d'une très grande beauté. Dans une cloche pleine d'oxygène, on introduit un ressort de montre, roulé en hélice, muni à sa partie inférieure d'un morceau d'amadou que l'on allume au moment de plonger la spirale dans le flacon. La combustion de l'amadou devient très vive et détermine l'incandescence de la lame d'acier au point de contact; le fer prend feu à son tour, et brûle rapidement dans toute sa longueur en faisant jaillir des milliers d'étincelles et lançant dans toutes les directions des globules incandescents. Ces globules se réunissent au fond de la cloche, et, si on les examine après leur refroidissement, on reconnaît qu'ils sont formés d'une substance nouvelle : c'est un oxyde de fer très analogue par sa composition à la rouille qui se forme spontanément sur les objets d'acier.

Il suffit de rapprocher ces observations des phénomènes lumineux présentés par les différentes combustions, pour saisir les relations qui les unissent. La flamme n'est autre chose qu'un gaz ou une vapeur en ignition, c'est-à-dire portés à une température suffisamment élevée pour devenir lumineux; il faut donc, pour la voir apparaître, que la matière combustible puisse, ou se réduire en vapeur, ou donner naissance à des produits gazeux sous l'influence de la chaleur; c'est en réalité ce qui se passe dans une bougie allumée. Le soufre et le phosphore brûlent avec flamme, à cause de leur extrême volatilité; il en serait de même de la combustion du zinc, du magnésium et de tous les métaux vaporisables. Au contraire, les substances fixes, comme le charbon ou le fer, sont incapables de s'enflammer; la vive lumière qu'elles projettent est due à leur seule incandescence. Si la houille brûle avec flamme, c'est qu'elle n'est pas formée de charbon pur; elle dégage sous l'action de la chaleur des éléments gazeux, parmi lesquels se trouve le gaz d'éclairage : ce sont ces produits qui alimentent la flamme. Le coke n'est autre chose que de la houille dépouillée de tous ses gaz par la distillation; il se consume dans nos foyers sans donner lieu aux mêmes apparences.

Quant à l'éclat de la lumière émise, il dépend d'une condition toute différente. Les gaz et les vapeurs en ignition sont toujours très peu lumineux quand leur combustion est complète; les gaz possèdent, en effet, un pouvoir rayonnant très faible; ils émettent, par conséquent, fort peu de lumière. Les corps solides, au contraire, portés à une température élevée, sont doués à un très haut degré de cette propriété, et la lumière qu'ils rayonnent est d'autant plus intense, qu'ils sont plus fortement échauffés. Toutes les fois que, dans l'acte de la combustion, prendront naissance des produits solides, on devra constater de brillants effets lumineux : c'est ce qui arrive dans la combustion du phosphore, du fer, du charbon; lorsque, au contraire, tous les éléments seront vaporisables, le phénomène perdra de son éclat : la combustion du soufre nous en offre un exemple.

La flamme d'une lampe à alcool est à peine visible malgré sa haute température; celle d'une bougie, au contraire, est très éclairante; c'est que, dans celle-ci, flottent un grand nombre de petites particules charbonneuses, échappées à la combustion, qui rayonnent de la lumière dans toutes les directions. Ces particules sont faciles à recueillir en promenant une feuille de papier au-dessus de la flamme; elles s'y réunissent sous la forme de noir de fumée; ce sont elles qui, dans bien des cas, rendent la flamme fumeuse et fuligineuse. Vient-on à lancer au milieu d'elles une quantité d'air ou d'oxygène capable de les brûler entièrement, la lumière pâlit aussitôt pour devenir presque invisible; en même temps la chaleur devient plus intense. Cela doit être, puisqu'on brûle, dans le même temps et dans le même espace, une plus grande quantité de charbon.

Parmi les corps combustibles, il en est deux qui méritent particulièrement notre attention à cause de leur importance toute spéciale : ce sont le carbone et l'hydrogène. Le charbon, sous ses différentes formes, fournit à l'industrie la chaleur dont elle fait si largement usage ; quant à l'hydrogène, bien qu'il soit rarement l'objet d'applications directes, nous le verrons intervenir pour une part considérable dans une foule de phénomènes. Occupons-nous d'abord du carbone.

L'acide carbonique est, nous le savons déjà, le produit ordinaire de cette combustion ; sa formation n'est cependant pas une conséquence ·nécessaire de l'oxydation·du carbone : elle exige le concours de deux circonstances qui ne se trouvent pas toujours réunies : l'action d'une température élevée et la présence de l'air en excès. En dehors de ces conditions, on voit se produire un autre composé gazeux résultant, comme le premier, de l'union des mêmes éléments, mais très différent par ses propriétés. Ce gaz est désigné, par les chimistes, sous le nom d'*oxyde de carbone.* Il se distingue de l'acide carbonique par sa composition, car il renferme moitié moins d'oxygène ; de plus, il brûle avec une flamme bleue, tandis que l'acide carbonique est incombustible ; comme lui, il est impropre à la respiration. C'est à l'oxyde de carbone que sont dues ces légères flammes bleues qui semblent voltiger au-dessus d'un brasier quand il commence à s'allumer ; en brûlant ainsi, il se transforme en acide carbonique. Quant à celui-ci, il n'est plus susceptible de contracter avec l'oxygène de nouvelle combinaison ; il constitue le terme ultime de la combustion du charbon.

L'oxyde de carbone est donc le résultat d'une combustion incomplète. Si nous avons parlé de ce corps, c'est moins à cause de son importance que pour montrer par un exemple saisissant que les corps combustibles n'arrivent pas toujours d'un seul coup à leur plus haut degré d'oxydation. Il existe presque toujours des termes intermédiaires, souvent même ces composés se produisent constamment par l'union directe de l'oxygène avec le combustible. Tel est le cas de l'acide sulfureux : il se forme toujours pendant la combustion directe du soufre, tandis que l'on connaît d'autres combinaisons plus riches en oxygène; de ce nombre est l'huile de vitriol, désignée par les chimistes sous le nom d'acide sulfurique.

Ce n'est pas encore tout : l'intervention immédiate de l'oxygène ou de l'air n'est pas une condition indispensable à l'oxydation du carbone ; ce corps jouit de la propriété d'enlever de l'oxygène à beaucoup de matières et de se transformer à ses dépens, en oxyde de carbone ou en acide carbonique, pendant que la substance oxygénée est-elle même décomposée. Un exemple fera mieux comprendre ce qui se passe en pareil cas.

Brûlons au courant de l'air un fragment de cuivre métallique; le produit de la combustion est une matière noire, connue sous le nom d'oxyde de cuivre. Cette substance peut être chauffée aux plus hautes températures sans se décomposer. Mais, si nous la mélangeons intimement avec du charbon pulvérisé, il suffit de porter le mélange au rouge sombre pour donner lieu à un abondant dégagement de gaz carbonique, pendant que le métal régénéré reparaît avec ses propriétés primitives. Le carbone a subi, on le voit, une véritable combustion aux dépens de l'oxygène combiné au cuivre; il a opéré ce que les chimistes appellent une *réduction*.

Cette action réductrice du charbon est d'une importance capitale au point de vue industriel; elle permet d'obtenir à l'état de pureté tous les métaux engagés dans les combinaisons si répandues dans la nature : sur cette propriété sont fondés la plupart des procédés métallurgiques usités dans les arts. Nous verrons plus loin que, sous certaines influences, l'acide carbonique lui-même peut éprouver une réduction du même ordre et reproduire, par une véritable dissociation, ses deux éléments constitutifs le carbone et l'oxygène.

Arrivons à l'hydrogène. Il s'agit ici d'une matière gazeuse : c'est l'air inflammable des anciens alchimistes ; on l'obtient en abondance en faisant agir des fragments de zinc sur de l'acide sulfurique étendu d'eau. L'opération s'exécute dans un appareil semblable à celui qui nous a déjà servi à préparer l'acide carbonique. Un des caractères essentiels de l'hydrogène est de brûler, au contact de l'air, avec une flamme pâle à peine visible, c'est donc un corps combustible ; mais il possède une propriété pour ainsi dire opposée, celle d'éteindre les corps en combustion, il n'est pas comburant. On reproduit ordinairement dans les cours, pour montrer la combustibilité de ce gaz, une expérience fort ancienne, celle de la *lampe philosophique*. Sur une des tubulures d'un flacon dégageant de l'hydrogène, on ajuste un tube effilé par lequel s'écoule le gaz, le jet d'hydrogène s'enflamme au contact d'une allumette et continue à brûler aussi longtemps que fonctionne l'appareil. Que se passe-t-il pendant cette combustion ? Une expérience bien simple va nous le démontrer.

Si l'on place au-dessus de la flamme un corps froid, tel qu'une soucoupe de porcelaine ou une cloche de verre, il se recouvre aussitôt d'une couche d'humidité qui se réunit bientôt sous forme de gouttes plus ou moins volumineuses. On pourrait craindre que cette eau n'ait été entraînée à l'état de vapeur par l'hydrogène humide produit au sein de ce liquide, mais l'expérience réussit aussi bien quand le gaz a été complètement desséché sur une matière absorbante comme l'indique la figure 66, l'eau continue à se condenser sur la cloche, elle ruisselle sur ses parois et peut être recueillie dans une capsule,

On doit, par conséquent, admettre que l'eau est le produit de la combustion de l'hydrogène, comme l'acide carbonique est celui de la combustion du carbone.

Il est maintenant facile d'expliquer le mécanisme de la combustion telle qu'elle s'accomplit chaque jour sous

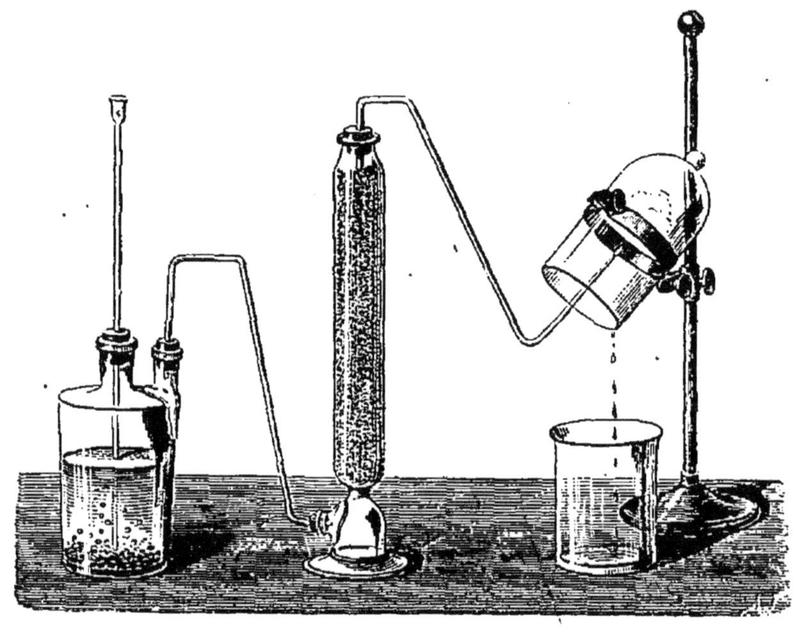

Fig. 66. — Formation d'eau par la combustion de l'hydrogène

nos yeux. Tous les combustibles employés soit dans l'industrie, soit dans l'économie domestique, ont un caractère commun : ils ont tous fait partie, à une certaine époque, d'un être organisé, végétal, ou animal ; cette origine est évidente pour le bois, la cire, le suif, les huiles, etc. Ceux que la nature nous fournit à profusion, tels que les houilles, les lignites, n'échappent pas à cette loi générale : ces vastes dépôts carbonifères sont, à n'en pas douter, les restes fossiles de la végétation qui couvrait la terre il y a quelques milliers de siècles. Les pétroles eux-mêmes, ces huiles minérales dont on connaît de nombreuses sources dans certaines régions du globe, sont aussi, selon toute probabilité, les produits de décomposition de matières organiques.

Or, si l'on examine la composition élémentaire de toutes ces substances, on trouve seulement dans ces produits si variés quatre principes fondamentaux. Le carbone, l'hydrogène, l'oxygène et l'azote suffisent à eux seuls à la formation de ces substances en nombre infini que l'on sait extraire aujourd'hui des êtres organisés. Parmi ces éléments, deux sont éminemment combustibles, ce sont précisément les plus essentiels à la constitution des matières organiques; le troisième est comburant, l'azote enfin est inerte au point de vue qui nous occupe. Ajoutons enfin que toutes les substances animales et végétales se décomposent quand on les soumet à l'action d'une température élevée.

Quand on chauffe un morceau de bois au contact de l'air, la première action de la chaleur est de faire distiller certains produits volatils, parmi lesquels se trouve beaucoup d'eau, mais contenant aussi des matières combustibles riches en carbone et en hydrogène; celles-ci ne trouvent pas encore une température assez élevée pour s'enflammer, il y a donc au début une véritable perte; de là cette fumée qui précède ordinairement l'inflammation. Bientôt la scène change, les composés volatils brûlent au contact de l'oxygène, leur carbone et leur hydrogène se transforment en acide carbonique et en eau, et la combustion sans cesse alimentée par de nouveaux produits gazeux engendre la flamme qui l'accompagne. Cependant, cette provision de matières volatiles ne tarde pas à s'épuiser; le bois, réduit à son élément charbonneux, se consume alors tranquillement, laissant comme résidu dans le foyer des cendres, c'est-à-dire des substances minérales incombustibles qui se trouvaient mélangées aux matériaux organiques.

Il en est à peu près de même de la combustion d'une

bougie ou d'une chandelle : la substance dont elles sont formées, d'abord fondue par la chaleur de la mèche, s'élève dans celle-ci et se décompose en éléments gazeux qui s'enflamment au contact de l'air. Une bougie, est, en réalité, une petite usine en miniature, consommant sans cesse le gaz qu'elle fabrique.

La combustion étant pour l'industrie la principale source calorifique, l'on a dû se préoccuper de tout temps des moyens de faire produire aux matières combustibles une quantité de chaleur aussi considérable que possible. La puissance de l'effet obtenu dépend de deux causes : la nature du combustible et les conditions dans lesquelles il brûle. On conçoit l'importance de cette dernière condition : il faut avant tout que la combustion soit complète afin d'éviter toute perte de matière. Dans les cheminées de nos appartements, par exemple, cette donnée est loin d'être satisfaite, car l'on voit toujours une partie du charbon se déposer dans le tuyau sous forme de suie ; il n'en serait pas ainsi si l'oxygène affluait sur le foyer en quantité suffisante, tout le charbon emporté par la fumée à l'état de fine poussière serait alors brûlé et la chaleur produite serait nécessairement plus grande. C'est pour obvier à cet inconvénient que les foyers de nos usines sont toujours surmontés de cheminées d'une hauteur considérable ; les gaz échauffés, en s'élevant avec force dans ces longs tuyaux, établissent un tirage énergique et amènent sans cesse des nouvelles masses d'air sur le charbon incandescent. D'autres fois, de puissantes machines soufflantes ajoutent leur action à celle de la cheminée ; la combustion reçoit ainsi une activité plus grande encore.

Ces dispositions présentent encore un autre avantage, celui de brûler dans le même temps une plus grande quantité de combustible ; elles donnent lieu à une élévation de température en rapport avec la proportion de matière brûlée. L'emploi de l'air atmosphérique comme source d'oxygène présente malheureusement, à ce point de vue, de sérieux inconvénients; l'azote qu'il renferme est, nous le savons, complètement inerte, de plus, il constitue une cause puissante de refroidissement, puisqu'il doit s'échauffer lui-même en traversant le foyer incandescent. On obtiendrait des températures bien autrement intenses si on pouvait alimenter la combustion par de l'oxygène pur. Bien des tentatives ont été faites pour extraire économiquement ce gaz de l'air atmosphérique, mais tous les essais effectués dans cette direction sont encore bien loin de résoudre la question au point de vue industriel : l'emploi de l'oxygène pur est encore à peu près complètement limité aux expériences de laboratoire.

L'élévation de température produite par la combustion du charbon peut varier, on vient de le voir, dans d'assez larges limites, selon les circonstances, mais il ne faudrait pas croire que la quantité totale de chaleur dégagée soit soumise aux mêmes oscillations, celle-ci est au contraire d'une constance absolue.

Quand un kilogramme de charbon est brûlé par de l'oxygène, que sa combustion se fasse lentement ou avec rapidité, qu'elle s'effectue dans l'air ou dans l'oxygène pur, pourvu qu'elle soit complète, la quantité de chaleur dégagée est invariablement la même et égale à 8000 calories, elle serait capable de fondre 100 kilogrammes de glace. Cette *chaleur de combustion* est la même dans tous les cas, quelle que soit l'origine du carbone; ce fait d'une grande importance nous servira plus tard à comprendre le mécanisme des phénomènes respiratoires.

Si la chaleur de combustion est invariable pour une substance déterminée, elle diffère beaucoup d'un corps à un autre, c'est ce qui nous faisait dire, il y a un instant, que la nature du combustible intervenait dans les

résultats obtenus. De toutes les substances connues, il
n'en est pas qui, en brûlant, engendre plus de chaleur
que l'hydrogène ; à poids égal il développe environ quatre
fois plus de chaleur que le charbon. Malheureusement, il
s'agit ici d'un gaz très léger, difficile à manier, et dans
quelques cas particuliers seulement l'industrie peut recourir à l'emploi d'un combustible aussi peu commode.
Cependant, l'énorme température ainsi produite devait
attirer l'attention des savants et trouver dans les laboratoires d'utiles applications.

Lavoisier a indiqué le premier tout le parti que l'on
pouvait tirer des puissants effets calorifiques d'une flamme
d'hydrogène alimentée par un courant de gaz oxygène ;
ce n'est que longtemps après que l'on a étudié avec
détail la prodigieuse intensité de cette source de chaleur.
On dispose ordinairement l'expérience de la manière
suivante : les gaz, renfermés dans deux gazomètres
distincts, se réunissent dans un même tube où ils se mé-
langent pour s'échapper ensuite par un orifice étroit;
l'écoulement doit être réglé de façon que le volume d'hydrogène soit double de celui de l'oxygène. Le mélange,
allumé à l'extrémité du bec du chalumeau, produit une
flamme très peu éclairante, mais d'une température ex-
trèmement élevée : l'or, l'argent, placés dans le dard fondent aussitôt et entrent rapidement en ébullition. Le platine, réfractaire à nos plus violents feux de forge, y fond
avec la plus grande facilité; le silice, l'alumine, une foule
de pierres précieuses longtemps considérées comme infu-
sibles, prennent l'état liquide; la chaux elle-même a pu
être fondue. On a calculé que l'élévation de température
provoquée par la combustion d'un pareil mélange attei-
gnait près de 7 000 degrés : c'est la plus intense que
l'homme sache produire.

Cette méthode, récemment perfectionnée par MM. Deville et Debray, a conduit ces deux savants à des résultats pratiques du plus grand intérêt. Dans leur appareil, la substance qu'il s'agit de fondre est placée dans un creuset de chaux, protégé lui-même contre le refroidissement extérieur par une épaisse enveloppe également en chaux.

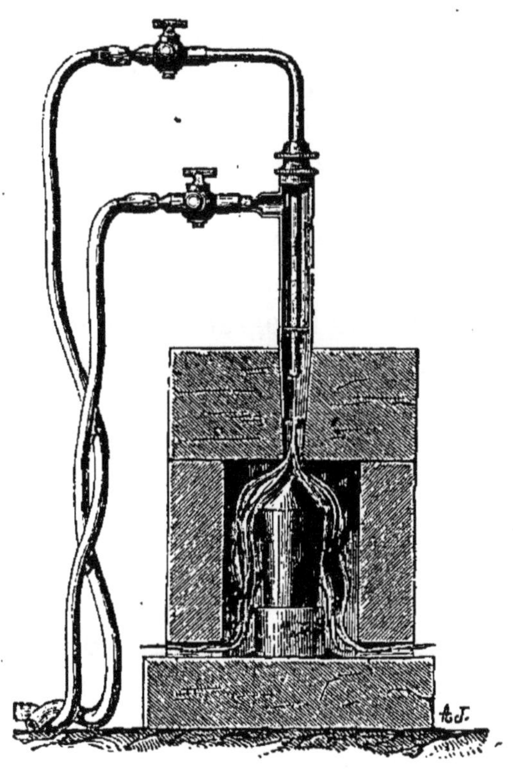

Fig. 67. — Chalumeau à gaz oxy-hydrogène.

L'oxygène pénètre par un tube central traversant le couvercle de l'enveloppe, l'hydrogène arrive par un second tube concentrique au premier; la flamme entoure complètement le creuset et sort par des ouvertures ménagées à la partie inférieure du fourneau. La combustion de 120 litres d'hydrogène et de 60 litres d'oxygène suffit à fondre, en quelques instants, 1 kilogramme de platine.

On substitue ordinairement à l'hydrogène le gaz d'éclairage, presque aussi avantageux et plus économique.

Le chalumeau à gaz oxy-hydrogène, ainsi modifié par MM. Deville et Debray, vient d'être l'objet de la plus heureuse application. En 1872, une commission internationale, formée de savants venus de tous les points de l'Europe, s'occupait de la construction d'un certain nombre de mesures métriques types, destinées à être déposées dans les archives de [toutes les nations. Ces étalons devaient être construits avec un alliage inaltérable composé de 90 pour 100 de platine et 10 pour 100 d'iridium. Il ne s'agissait de rien moins que d'obtenir d'une même fonte de ces deux métaux les plus réfractaires un lingot du poids de 250 kilogrammes. C'est à la section française de la commission que fut confié ce difficile travail. Après de nombreux essais préparatoires, l'opération fut exécutée, le 13 mai 1874, au Conservatoire des arts et métiers. Le chauffage était obtenu par sept chalumeaux distincts concentrant toute leur chaleur dans un même fourneau : en moins d'une heure et quart, la fusion fut complète; elle consomma 31 mètres cubes d'oxygène et 24 mètres cubes de gaz d'éclairage. Cet énorme lingot a ensuite été soumis à la série longue et minutieuse des opérations qui devaient, finalement, l'amener à la confection des étalons métriques auxquels il est destiné.

La chaleur engendrée par les corps en combustion nous intéresse encore à un autre point de vue : nous avons esquissé rapidement (page 41) une théorie féconde en résultats pratiques, établissant une relation intime entre cet agent et les actions mécaniques que l'homme utilise ou provoque pour les besoins de son industrie. C'est à la combustion du charbon que nous empruntons toujours cette source de mouvement et de force; c'est dans la transformation de la chaleur dégagée que prend naissance cette prodigieuse puissance mécanique dont nous pouvons à peine concevoir l'étendue. Un kilogramme de charbon absorbe, en se transformant en acide carbonique, environ 1500 litres d'oxygène et produit une quantité de chaleur représenté par 8000 calories. Or, chaque calorie est capable d'engendrer un travail mécanique équivalant à 425 kilogrammètres, d'où il résulte qu'un kilogramme de houille produit une quantité de chaleur suffisante pour élever à 1 mètre de hauteur un poids égal à 5 440 000 kilogrammes. Voilà ce qu'indique la théorie, appuyée sur des arguments d'une rigueur indiscutable.

La pratique est bien loin cependant de voir se réaliser d'aussi brillantes promesses : si l'on compare, dans nos machines les plus parfaites, le travail produit avec la quantité de charbon consommée, on constate que les 12 centièmes seulement de la chaleur dégagée sont convertis en travail utile; tout le reste est dissipé en pure perte dans l'atmosphère. Ce désaccord entre le calcul et l'expérience semblerait, au premier abord, infirmer l'exactitude de la théorie; mais il ne faut pas oublier que toute la chaleur n'est jamais transformée totalement en travail ; une machine à vapeur est en même temps un calorifère qui rayonne autour de lui une partie de la chaleur qui l'échauffe; les produits de la combustion s'échappent brûlants de la cheminée : la vapeur est encore chaude après avoir exercé son action, tout ce qu'elle a conservé de chaleur est perdu comme force motrice. Enfin, il faut le reconnaître, l'art d'utiliser cette chaleur est encore dans l'enfance, et toutes les recherches de l'industrie et de la science doivent tendre à la solution d'un problème qui intéresse au plus haut point les générations futures.

Si la terre nous a prodigalement livré jusqu'à ce jour ses précieux dépôts de houille, cette richesse ne saurait être inépuisable; déjà la consommation suit une loi de progression désespérante pour nos descendants. Les estimations rigoureuses évaluent à deux ou trois siècles au plus l'exploitation des houillères de l'Europe; si l'on interroge, dans les autres régions du globe, les centres de production les mieux approvisionnés, ce n'est pas sans émotion que l'on constate que quatre ou cinq siècles suffiront à les épuiser. Qu'adviendra-t-il de ce manque de combustible? La science trouvera-t-elle un moyen de suppléer à ce trésor qu'elle sait aujourd'hui si mal utiliser? Telle est la question qui s'impose d'elle-même devant les rapides progrès de la civilisation, et qui rend si impérieuse l'étude de tout ce qui se rattache à la solution de ce difficile problème.

Dans tous les faits que nous venons d'examiner, on a toujours vu un dégagement de lumière plus ou moins intense accompagner la combustion, et l'on serait tenté de considérer cette manifestation comme une conséquence nécessaire du phénomène; ce serait se faire une idée fausse de la combustion que de la considérer ainsi. Nous allons voir, au contraire, que la production de la lumière fait bien souvent défaut. En conservant au mot combustion son acception scientifique, en la considérant comme une simple combinaison d'une matière combustible avec l'oxygène, on pourrait dire que l'apparition de lumière, loin d'être la règle générale, constitue presque une exception. Dans les cas qui viennent d'être examinés, la combustion s'effectuait toujours à une température élevée; nous avons, pour ainsi dire, amorcé le corps combustible en lui fournissant, au début de l'expérience, une chaleur étrangère; la puissance de l'action chimique entretenait ensuite le phénomène à ce haut degré d'intensité, et la lumière engendrée dépendait précisément de l'extrême énergie de cette action.

Dans un grand nombre de circonstances, la combinaison s'effectue d'une manière plus modeste, avec calme et sans éclat; elle se produit avec lenteur, et prend alors une allure complètement différente. Chacun sait qu'un morceau de fer, abandonné pendant quelque temps au contact de l'air humide, se recouvre d'une couche brune connue sous le nom de rouille. Cette rouille est-elle soumise à l'analyse chimique, on la trouve formée d'oxygène et de fer; sa composition est analogue à celle de ces globules étincelants que nous avons vus se former pendant la combustion vive du fer dans l'oxygène. En étudiant avec attention la formation de la rouille, on découvre, de plus, la nécessité de l'intervention de l'air. N'est-on pas en droit de conclure à une véritable combustion lente du fer dans l'oxygène de l'atmosphère? Et cependant il n'y a pas eu production de lumière; on pourrait même croire que la chaleur fait complètement défaut pendant cette oxydation.

Il serait facile de multiplier les exemples de cette nature: toutes les fois qu'un métal se ternit à l'air, c'est par suite d'une oxydation, d'une véritable combustion. D'autres fois, l'action se produit à la température ordinaire, sans l'intervention directe de l'oxygène. Nous avons déjà rencontré un cas fort intéressant de ce genre de combustion. C'est ainsi que, dans la préparation de l'hydrogène à l'aide du zinc et de l'eau acidulée, le métal ne fait autre chose que séparer les deux éléments de l'eau. L'hydrogène mis en liberté se dégage, tandis que le zinc, s'unissant à l'oxygène, éprouve une combustion complète; ici encore on n'observe aucune production de lumière.

Il serait cependant inexact de dire que la lumière fait toujours défaut dans ces combustions à basse température. Tout le monde connait la propriété spéciale au phosphore d'émettre dans l'obscurité une pâle lueur. Cette phosphorescence est le résultat d'une oxydation lente, car elle cesse de se produire dès qu'on soustrait le phosphore à l'action de l'oxygène. On observe des faits du même ordre chez certains animaux, tels que les vers luisants; il paraît démontré aujourd'hui que l'intervention de l'air est nécessaire à l'émission de leur lumière. On pourrait en dire autant de beaucoup de matières animales en voie de décomposition, qui dégagent dans l'obscurité des lueurs phosphorescentes; toutes ces manifestations lumineuses sont sous la dépendance d'une combustion lente; elles disparaissent en même temps que les causes d'oxydation.

Si la lumière n'est pas une conséquence nécessaire de la combustion, il en est tout autrement de la chaleur. Celle-ci passe, il est vrai, très souvent inaperçue; le fer se rouille sans s'échauffer, un morceau de bois se pourrit sans élévation de température; mais cette absence d'échauffement n'est qu'apparente. L'oxydation de ces substances se fait, à la température ordinaire, avec une extrême lenteur, et la chaleur qui l'accompagne se dissipe, à mesure qu'elle se produit, soit dans l'atmosphère par voie de rayonnement, soit dans les objets voisins par voie de conductibilité; l'insuffisance de nos moyens d'observation nous empêche seule de saisir des manifestations calorifiques d'une aussi faible intensité. Il est même démontré que la quantité de chaleur produite est exactement égale à celle qui se dégagerait dans la combustion vive. Un gramme de fer, par exemple, en se transformant en rouille au contact de l'air, émet autant de chaleur qu'en brûlant dans l'oxygène à une température élevée; mais, tandis que, dans un cas, l'oxydation s'accomplit dans un temps très court, elle exige, au contraire, dans le second, des mois ou même des années.

Ces combustions lentes se produisent constamment dans la nature sur une très vaste échelle. Les milliers d'êtres

vivants qui peuplent la surface du globe subissent après
leur mort les lois immuables qui régissent la matière
inerte ; leurs débris se décomposent, brûlent silencieusement, et finissent par disparaître pour rentrer sous une
autre forme dans l'immense torrent circulatoire de la
matière. Un arbre qui se pourrit, un animal qui se pu-
tréfie, restituent à l'atmosphère, sous forme d'eau et d'a-
cide carbonique, l'hydrogène et le carbone qui ont fait
partie de leur substance ; ce même carbone, abandonné
aujourd'hui par un cadavre, contribuera un jour ou l'autre à la formation d'autres organismes vivants.

XII

LES ÉLÉMENTS ACCIDENTELS DE L'ATMOSPHÈRE

États allotropiques. — L'ozone. — Sa formation. — Son influence sur les êtres vivants. — L'ammoniaque. — L'acide nitrique. — Les hydrocarbures. — Le gaz des marais et le feu grisou. — L'hydrogène sulfuré. — Les miasmes.

La constitution de l'air atmosphérique est à peu près invariable quand on n'envisage que ses éléments essentiels ; nous avons déjà insisté sur la constance presque absolue des proportions d'oxygène et d'azote, nous avons expliqué la cause des variations qu'éprouvait celle de l'acide carbonique ; mais ces substances ne sont pas seules dans l'atmosphère : les perfectionnements de l'analyse chimique conduisent tous les jours à de nouvelles découvertes, et l'on arrive, par l'emploi des procédés délicats, à constater dans l'air la présence d'un très grand nombre de principes qui avaient dû échapper aux premiers observateurs. Il ne faut pas l'oublier : l'atmosphère est le réceptacle où se réunissent les émanations gazeuzes de toute nature engendrées par mille causes di-

verses, à la surface de la terre; nous devons donc nous
attendre à rencontrer au sein de l'air des substances nombreuses, de nature très variée, contrastant, par la mobilité de leur proportion, avec la constance si remarquable
des principes fondamentaux. Nous parlerons d'abord d'un
gaz aux allures singulières, qui dérive directement de
l'élément vital de l'atmosphère, dans des circonstances
encore mystérieuses et mal définies.

En 1785, Van Marum avait déjà remarqué qu'en faisant éclater des étincelles électriques dans des tubes renfermant de l'oxygène, le gaz prenait une odeur alliacée
rappelant celle qui se développe sur une machine électrique en activité ; il reconnaît, de plus, dans cet oxygène
électrisé une propriété nouvelle, celle de se combiner avec
le mercure à la température ordinaire; enfin, il assure
que l'odeur communiquée à l'oxygène dans ces circonstances lui a paru *être très clairement l'odeur de la matière électrique*. Ces expériences restèrent dans l'oubli
jusqu'en 1840 ; à cette époque, un chimiste de Bâle,
M. Schönbein, appela l'attention des savants sur les propriétés spéciales de l'oxygène qui se dégage pendant la
décomposition de l'eau par la pile ; il constata l'odeur
vive et pénétrante de ce gaz, montra quelques-unes de
ses propriétés chimiques caractéristiques, et crut avoir
découvert un nouveau corps simple qu'il nomma *ozone*
(du mot grec όζω, je sens).

La découverte de M. Schönbein produisit une grande
sensation; mais elle trouva parmi les savants des hésitants
et des incrédules; non pas au point de vue de l'exactitude
des faits observés, mais au point de vue de leur interprétation. On ne pouvait se décider à admettre, sans preuves
plus démonstratives, l'existence d'un nouveau corps simple, et M. Schönbein lui-même ne tarda pas à abandonner
sa première opinion pour considérer l'ozone comme une

simple modification de l'oxygène, comme un état particulier de ce corps, caractérisé par des propriétés physiques et chimiques très différentes de celles que nous lui connaissons.

' Ce fait de l'existence, chez un même corps, de propriétés nouvelles, avait, d'ailleurs, été déja constaté pour plusieurs autres principes élémentaires. Le carbone, par exemple, affecte les apparences les plus variées ; le charbon de bois, le coke, le noir de fumée, sont les manières d'être les plus ordinaires de cette substance ; mais qui pourrait croire que le diamant, placé au premier rang parmi les pierres précieuses, n'est autre chose que du charbon dans un état particulier ? Il est cependant démontré qu'il est chimiquement identique, par sa nature, à un grossier fragment de coke. Comme lui, il se consume dans l'oxygène en se transformant en acide carbonique ; en un mot, cette matière si rare et si précieuse ne diffère du charbon que par l'arrangement de ses molécules.

Un exemple plus remarquable encore nous est fourni par le phosphore. Ce corps, dans son état normal, est mou, transparent, facilement fusible, très inflammable, doué de puissantes propriétés toxiques ; le maintient-on pendant quelque temps à la température de 250 à 300 degrés, il perd sa fusibilité ; de transparent et incolore qu'il était, il devient rouge et opaque, il s'enflamme avec peine, il n'est plus vénéneux ; c'est le phosphore rouge ou *phosphore amorphe*, que son innocuité appelle à remplacer le phosphore ordinaire dans la plupart de ses applications industrielles. Voilà donc des corps capables de se présenter à nous avec des apparences très différentes, avec des propriétés presque opposées, sans cesser de conserver leur nature intime, donnant toujours naissance, en s'unissant à d'autres corps, à des composés identiques. Les chimistes désignent sous le nom d'*états allotropiques* ces manières d'être particulières présentées par une même substance. Nous venons d'en citer deux exemples, on pourrait en indiquer d'autres ; le soufre, l'étain, possèdent aussi des états allotropiques.

Il en est de même pour l'oxygène : obtenu par les méthodes ordinaires, tel qu'il existe habituellement dans l'atmosphère, ce gaz est sans odeur et sans saveur; il n'oxyde, à une basse température, ni l'argent ni le mercure. Préparé, au contraire, par la décomposition de l'eau au moyen de la pile, il possède une odeur irritante ; il est doué d'une saveur comparée par M. Houzeau à celle du homard ; il produit à froid des oxydations intenses. Il constitue un état allotropique de l'oxygène au même titre que le phosphore rouge comparé au phosphore normal. Un mot sur les moyens d'obtenir l'ozone et sur ses propriétés les plus saillantes; nous verrons ensuite comment on peut constater sa présence dans l'atmosphère.

On connaît aujourd'hui un assez grand nombre de méthodes pour obtenir l'ozone. La première en date et en même temps une des plus efficaces est celle qui a conduit M. Schönbein à la découverte de ce corps. Lorsqu'on fait passer le courant d'une pile dans un vase contenant de l'eau acidulée, le liquide est décomposé, et l'on voit se dégager autour des fils qui amènent le courant, des bulles gazeuses qui se réunissent dans des cloches placées au-dessus de chacune des lames ; quand ces gaz se sont accumulés en assez grande quantité, il est facile de reconnaître dans celui qui a pris naissance au pôle positif les propriétés de l'oxygène pur ; dans le second, celles de l'hydrogène. L'oxygène ainsi obtenu contient des proportions notables d'ozone reconnaissable à son odeur.

Les étincelles électriques, en traversant l'oxygène ou l'air atmosphérique, donnent également lieu à la formation de l'ozone; c'est le fait observé par Van Marum :

on constate fréquemment l'odeur caractéristique de ce
corps, lorsqu'on tire des étincelles d'une puissante machine électrique; cette même odeur se manifeste dans
l'atmosphère à la suite des détonations de la foudre : elle
a été remarquée dans bien des cas par les personnes qui
ont pu observer de près ce météore, et a pu faire naître
l'idée que la foudre n'est autre chose qu'un jet de soufre

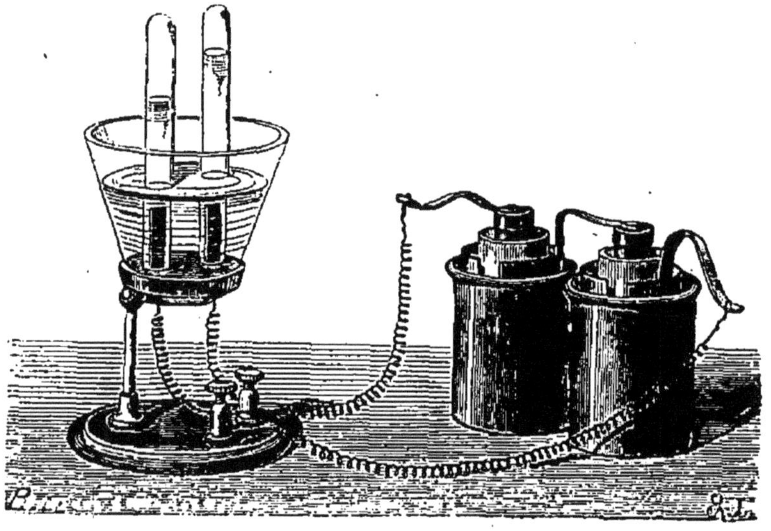

Fig. 68. — Production de l'ozone par la décomposition de l'eau
par la pile.

enflammé. Cependant, les étincelles électriques engendrent ordinairement l'ozone en faible proportion; on
doit se placer dans des conditions spéciales pour que
cette méthode devienne avantageuse. On emploie aujourd'hui les décharges de la bobine de Ruhmkorff pour
préparer l'ozone en quantité un peu considérable, et,
chose singulière, les étincelles bruyantes et d'un éclat
éblouissant ne sont pas les plus favorables à sa production ; il est, au contraire, préférable de recourir à ces décharges silencieuses que M. Thénard désigne sous le nom
d'effluves électriques. La première application de l'élec-

tricité sous cette forme est due à M. Houzeau, qui a fait connaître, en 1871, l'action de cette électrisation obscure.

Parmi les dispositions nombreuses imaginées pour la production de l'ozone par les effluves électriques, la plus simple est la suivante : dans un tube de verre étroit on introduit un fil de platine dont une extrémité sort extérieurement par une ouverture latérale ménagée en un point des parois du tube ; à l'extérieur du même tube se trouve enroulé, sur le parcours du fil intérieur, un autre fil du même métal et de même longueur. Ces deux fils sont mis en communication avec une bobine de Ruhmkorff pendant que le tube est lentement traversé par un courant d'air ou d'oxygène. Aucune étincelle ne se produit dans ces circonstances ; on aperçoit seulement dans l'obscurité une faible lueur violette s'étendant le long de chaque fil ; l'ozonisation s'effectue cependant très régulièrement et avec une assez grande activité.

L'ozone se produit encore dans d'autres circonstances remarquables indiquées par M. Schönbein. Quand on abandonne, dans un ballon de verre de 12 à 15 litres de capacité, pendant plusieurs heures et à la température de 12 à 20 degrés, un peu d'eau et des bâtons de phosphore, de manière qu'ils plongent moitié dans l'air, moitié dans l'eau, l'air du ballon acquiert les propriétés de l'ozone.

Voilà bien des moyens capables d'engendrer de l'ozone, et l'on pourrait en signaler beaucoup d'autres encore. Il ne faudrait pas croire cependant que la transformation de l'oxygène puisse s'opérer complètement ; il n'y en a jamais, au contraire, qu'une très petite quantité de modifiée : en se plaçant dans les conditions les plus favorables, on ne peut dépasser une limite bien faible sans doute, mais suffisante à l'étude des propriétés de ce corps.

La décomposition de l'eau par la pile fournit tout

au plus 4 à 5 milligrammes d'ozone par litre d'oxy-gène ; c'est par fraction de milligramme qu'il faut l'éva-luer dans l'action du phosphore ; enfin, le procédé le plus efficace, celui de l'électrisation obscure, produit, d'après M. Houzeau, une quantité d'ozone comprise entre 6 et 12 centigrammes par litre de gaz odorant, selon que la température est plus ou moins élevée ; c'est la plus grande concentration à laquelle on soit encore parvenu. Remar-quons, en terminant, que toutes ces méthodes de prépara-tion présentent un caractère commun, celui d'exiger une basse température ; cette condition a sa raison d'être dans la destruction éprouvée par l'ozone sous l'influence de la chaleur. Il suffit de le chauffer à 250 degrés environ pour lui faire perdre toutes ses propriétés et le ramener à l'état d'oxygène normal.

A côté de son odeur spéciale, l'ozone a pour caractère essentiel une activité chimique de beaucoup supérieure à celle de l'oxygène ordinaire : nous ne saurions entrer ici dans l'examen de toutes ses propriétés ; nous parlerons seulement de celle dont on fait le plus souvent usage pour constater la présence de ce corps et déterminer ses variations dans l'atmosphère. Les chimistes désignent sous le nom d'iodure de potassium un sel blanc, fort employé en médecine, composé, comme son nom l'indique, d'iode et de potassium. L'oxygène normal n'exerce sur lui aucune action ; l'ozone, au contraire, le décompose promptement ; une conséquence de cette altération est la mise en liberté d'une portion de l'iode primitivement combiné. D'un autre côté, l'iode jouit de la propriété remarquable d'en-gendrer une magnifique coloration bleue quand on le mélange avec de l'empois d'amidon ; enfin les deux réac-tions peuvent se produire simultanément lorsqu'on fait agir l'ozone sur les deux substances réunies dans une même dissolution. Un mélange d'empois et d'iodure de potassium bleuit rapidement dans ces conditions, et la coloration est d'autant plus intense que l'air est plus fortement ozonisé. M. Schönbein s'est appuyé sur ce principe pour la préparation de son papier ozonométrique.

On l'obtient en immergeant pendant quelques heures du papier à lettre, déjà collé à l'amidon, dans une faible dissolution d'iodure de potassium, contenant 1 partie d'iodure pour 100 parties d'eau. Les feuilles sont ensuite séchées et découpées en petites bandes que l'on conserve dans un flacon bien bouché. Une de ces bandes placée dans de l'air ozonisé ne tarde par à bleuir avec d'autant plus d'intensité que la quantité d'ozone est plus considérable. On s'est servi de l'intensité de la coloration pour former un instrument destiné à mesurer empiriquement les quantités d'ozone contenues dans l'air : on lui a donné le nom d'*ozonomètre*. Cet instrument, dont les indications n'ont rien d'absolu, consiste en une échelle comparative formée d'une série de bandes colorées en bleu, à nuances dégradées et numérotées de 0 à 10 ; la dernière est la plus foncée et représente le maximum de coloration du papier réactif, tandis que la première, entièrement blanche, correspond à l'absence complète d'ozone.

La découverte de Schönbein devait attirer l'attention des météorologistes ; aussi les observations ozonométriques vinrent-elles aussitôt s'ajouter à celles qui font l'objet de leurs études. Malheureusement il n'est pas encore possible de tirer de leurs recherches des déductions rationnelles ; souvent même les résultats paraissent contradictoires ; mais peut-être un jour la lumière se fera-t-elle sur cette intéressante question. Voici comment M. Péligot [1] exposait, en 1866, l'ensemble de nos con-

---

1. *Revue des cours scientifiques.* 1866.

naissances sur l'ozone atmosphérique. Depuis cette époque, aucun fait important n'a signalé un progrès réel dans cette partie de la météorologie.

« L'un des faits qui me semble ressortir de ces observations, c'est que la production de l'ozone est un phénomène atmosphérique beaucoup plus qu'un phénomène résultant des actions qui se produisent au sein ou à la surface de la terre. Ainsi, bien que les observations persévérantes faites, à Rouen, par M. Houzeau, aient établi que la manifestation de l'ozone a lieu particulièrement au printemps et pendant l'été, tandis que ce corps n'existe dans l'air que rarement pendant l'hiver et pendant l'automne, il ne paraît pas qu'on doive attribuer au développement des végétaux une part bien grande dans la manifestation de ce phénomène. Il semble probable, au contraire, que les vents qui nous viennent de la mer sont ceux qui nous apportent la plus grande quantité d'air ozonisé. Sous l'influence des bourrasques, des tempêtes, des ouragans, de l'évaporation et du transport de l'eau, et des actions électriques qui accompagnent ces phénomènes au sein des mers, l'ozone se développe, et ce corps nous arrive avec les vents qui soufflent sur nos côtes. Ainsi, de nombreuses observations faites dans ces derniers temps, à la demande de M. Le Verrier, ont nettement constaté que pour nous l'ozone existe dans l'air lorsque les vents nous viennent de l'ouest ou du sud-ouest.

« La présence de l'ozone dans l'air peut-elle exercer une influence quelconque sur la santé publique? Cette question a donné lieu à bien des opinions contradictoires.

« M. Schönbein a émis, le premier, l'opinion que l'oxygène sous cette forme est un agent destructeur des gaz méphytiques, des miasmes qui existent dans tous les pays, soit normalement, soit, en temps d'épidémie, d'une façon accidentelle. Ces miasmes, transportés par l'air ou dégagés par la putréfaction des matières végétales et animales, sont transformés par l'ozone, qui les brûle, en matières inertes, sans action nuisible sur notre économie ; de sorte que l'ozone serait comme un correctif versé dans l'air par la Providence pour le purifier ou pour le maintenir dans un état convenable de salubrité.

« Schröder a trouvé que la putréfaction des matières animales n'a pas lieu dans l'air ozonisé : un œuf, conservé dans cet air pendant trente-huit jours, n'avait subi aucune altération. Un trois-millionième d'ozone dans l'air suffirait pour en assurer la salubrité au point de vue de la destruction des miasmes. La proportion qu'on en trouve dans l'air peut varier de 1 à 10 cent-millièmes.

« Cette action dépurative n'est pas, d'ailleurs, en contradiction avec cette autre observation que l'ozone, mêlé à l'air en proportion exceptionnelle, peut exercer sur nos organes respiratoires une action délétère marquée, ainsi que l'ont observé, en 1847, les professeurs de médecine de Bâle. Ce serait même, selon un médecin de Bombay, dont je parlerai tout à l'heure, à sa concentration dans l'atmosphère, dans des circonstances particulières, qu'il faudrait attribuer, en partie, les effets si terribles produits par le simoun dans les déserts de l'Afrique.

« Cette action de l'ozone, bienfaisante selon les uns, nuisible ou nulle selon les autres, nous conduit naturellement à l'examen de cette question : Existe-t-il une certaine relation entre l'existence de l'ozone dans l'air et le développement des maladies épidémiques, notamment du choléra ?

« Je n'étonnerai personne en disant que, sur cette question (comme sur plusieurs autres), nos médecins ne sont pas d'accord. Néanmoins, si les observations nombreuses et patientes, faites à Versailles, depuis plus de dix ans, par M. Bérigny, ne donnent encore aucune indication bien précise à cet égard, M. Böckel a tiré de ses expé-

riences, faites à Strasbourg en 1854 et 1855, cette conclusion qu'il existait une relation intime entre le développement du choléra et la diminution ou l'absence
d'ozone dans l'air ; l'ozone avait disparu au commencement de l'épidémie ; il avait reparu quand le choléra disparaissait à son tour.

« Le travail le plus considérable, j'ajouterai le plus au-
torisé, qui ait été fait sur cette importante question, est
un travail tout récent qui nous arrive de l'Inde. Il est dû
à un médecin de Bombay, le docteur Cook. C'est une relation de l'enregistrement de l'ozone dans la présidence
de Bombay, pendant les années 1863 et 1864, expériences
faites en exécution des ordres de l'inspecteur général du
service de santé de cette présidence. Ces observations ont
été faites simultanément, pendant toute l'année, le jour
et la nuit, dans seize stations qui sont les divers hôpitaux civils et militaires du pays. Vous le voyez, on ne peut
pas dire, cette fois :

C'est du Nord, aujourd'hui, que nous vient la lumière.

« Le travail du docteur Cook présente une importance
qui n'échappe à personne, en raison des conditions dans
lesquelles il a été exécuté. Si l'Inde n'est pas, comme
beaucoup le pensent, la mère patrie du choléra, il est
certain que cette maladie y exerce ses ravages d'une façon presque continue. D'une autre part, l'élévation de la
température, l'état habituellement électrique de l'air, et
d'autres circonstances, y rendent la présence de l'ozone
plus fréquente et sa constatation plus facile qu'ailleurs.

« Le docteur Cook tire des résultats numériques très
nombreux qu'il a enregistrés cette conclusion, qu'il
existe une connexité évidente entre l'absence ou la dé-
croissance de l'ozone dans l'air et la présence du choléra ; il en est de même pour la dysenterie et les fièvres

intermittentes. Quand l'ozone existe dans l'air en proportion relativement grande, ces maladies disparaissent; quand il diminue, elles font de nouvelles victimes.

« Ainsi, vous le voyez, cette question de l'ozone n'est pas une petite question; de Versailles à Bombay, elle a donné lieu déjà à bien des recherches. C'est donc avec raison que l'illustre directeur de l'observatoire de Paris l'a rangée au nombre des questions importantes dont la météorologie ait à s'occuper désormais. »

Parmi les autres substances contenues dans l'air en petite quantité, il en est une à laquelle on a fait jouer un rôle très important au point de vue du développement des végétaux : nous voulons parler de l'ammoniaque. Tout le monde connaît ce liquide caustique, à odeur vive et pénétrante, désigné sous le nom d'ammoniaque ou alcali volatil ; c'est presque toujours sous cette forme que l'ammoniaque est employée dans les arts et dans l'industrie. Ce corps n'est cependant pas liquide dans son état naturel ; il affecte, au contraire, la forme d'un gaz ; mais ce gaz est doué d'une prodigieuse solubilité dans l'eau : elle en absorbe environ mille fois son volume. L'ammoniaque liquide des pharmacies n'est autre chose qu'une dissolution très concentrée de gaz ammoniac.

Le gaz ammoniac n'est pas un corps simple; il résulte de la combinaison de l'azote avec l'hydrogène et se produit en abondance dans la décomposition de toutes les matières animales. l'azote fait partie constituante, nous l'avons déjà dit, de tous les tissus animaux, et lorsque, après la mort, ces tissus éprouvent la putréfaction, l'azote se sépare à l'état d'ammoniaque, de même que le carbone s'élimine à l'état d'acide carbonique. Il n'est donc pas surprenant de trouver ce corps d'une manière constante dans l'air atmosphérique, et de voir sa présence signalée depuis longtemps déjà.

L'ammoniaque et ses combinaisons constituent pour le règne végétal un principe fertilisant par excellence ; les composés ammoniacaux entrent pour une très large part dans l'activité si bien démontrée des fumiers et des engrais, et, bien que leur mode d'action ne soit pas encore exactement connu, il est certain que les végétaux ont besoin pour se développer d'une quantité considérable d'azote, dont les substances ammoniacales sont une des principales sources. La présence de l'ammoniaque dans l'air pouvait donc faire attribuer à cette origine naturelle une grande influence sur la vie végétale : cette idée a été le point de départ des nombreuses tentatives faites pour rechercher et doser cet élément dans l'atmosphère.

Les premières expériences démontrant l'existence de l'ammoniaque dans l'atmosphère sont dûes à Scheele ; cette découverte a été confirmée au commencement de ce siècle par Théodore de Saussure, et vérifiée plus tard par plusieurs chimistes qui ont essayé, à plusieurs reprises, de déterminer la proportion de cet alcali dans l'air atmosphérique. Le résultat général de ces recherches a été de démontrer que l'ammoniaque se trouvait dans l'atmosphère en proportion infinitésimale ; mais les nombres obtenus par les divers observateurs présentaient entre eux un tel désaccord, qu'il était impossible de se faire une idée, même approximative, de la quantité absolue d'ammoniaque contenue dans l'air.

Ainsi, d'après de nombreuses expériences dues à M. Græger (de Mulhouse), 1 million de kilogrammes d'air renfermerait 333 grammes d'ammoniaque, tandis que les travaux de Kemp élèveraient cette proportion à près de 4 kilogrammes, et que les analyses de Fresenius l'abaisseraient à 100 ou 150 grammes. Cependant cette question est d'une telle importance au point de vue du développement des végétaux, qu'elle exigeait de nouvelles recherches. On doit à M. Georges Ville un important travail sur ce difficile sujet. Ce savant, après avoir signalé toutes les causes d'erreur inhérentes aux méthodes employées par ses devanciers, a fait lui-même un grand nombre d'expériences : en opérant sur d'énormes volumes d'air compris entre 20 000 et 55 000 litres, il arrive à cette conclusion que la quantité d'ammoniaque contenue dans l'atmosphère varie de 16 à 52 grammes dans 1 million de kilogrammes d'air.

Des quantités aussi exiguës, nous dit l'auteur, appartiennent au domaine des infiniment petits et ne peuvent se concilier avec l'importance du rôle qu'on a voulu leur attribuer. Nous aurons à revenir plus loin sur ce sujet; remarquons dès à présent que, pour si minime que soit cette proportion, elle peut s'accumuler dans certaines circonstances à la surface du sol et produire sur la végétation des effets qu'on ne saurait négliger. La vapeur d'eau de l'atmosphère, en se condensant sous forme de pluie, de rosée ou de neige, doit nécessairement entraîner en grande partie les vapeurs ammoniacales disséminées dans l'air et les répandre sur le sol à l'état de dissolution. Ce mode de condensation s'effectue, en effet, d'une manière constante : non seulement les eaux des fleuves et des sources renferment des traces de ce principe fertilisant, mais les eaux pluviales en contiennent toujours des proportions notablement plus considérables. Voici quelle est, d'après M. Boussingault, la quantité moyenne d'ammoniaque dissoute dans un litre d'eau de diverses provenances :

Eaux pluviales..........	0$^{\text{milligr.}}$	72
Eaux de rivières..	0	18
Eaux de sources........	0 .	09
Neige........ ....{	10	54
	1	78

Pour si faibles que soient ces nombres, si on les rapporte aux quantités considérables d'eau versées par les

pluies dans certaines régions du globe, on ne peut refuser à l'ammoniaque atmosphérique une part assez active, comme source de l'azote nécessaire à la végétation.

L'air contient encore, sous une autre forme, de l'azote
combiné, assimilable par les plantes; il renferme de
l'acide azotique, dont la présence, parfaitement constatée aujourd'hui, est d'une importance capitale. Cet
acide, formé, comme son nom l'indique, par la combinaı-
son de l'azote avec l'oxygène, est ordinairement désigné
dans les arts sous le nom d'acide nitrique ou d'eau-forte.
Les deux éléments qui entrent dans sa composition, con-
stituant presque à eux seuls la masse de l'atmosphère, il
semble naturel de penser que l'acide nitrique doit aisément prendre naissance au sein de l'air par leur combinaison directe ; cette conclusion serait cependant des
plus inexactes. Dans les circonstances ordinaires, l'azote
et l'oxygène ne s'unissent pas chimiquement; les deux
gaz peuvent rester au contact l'un de l'autre pendant un
temps indéfini sans se combiner, et il faut le concours de
conditions spéciales pour déterminer la formation de
l'acide azotique; aussi l'air n'en renferme-t-il jamais que
des quantités infiniment petites, et il a fallu les analyses
les plus délicates et les plus patientes pour déceler sa
présence dans l'atmosphère et en déterminer la proportion.

Un chimiste suédois, Bergman, contemporain et ami
de Scheele, signale le premier, dans les eaux de pluies,
des traces d'acide azotique. Longtemps après lui, Brandes
et Liebig en Allemagne, Ben Jones en Angleterre, indiquent le même fait; mais c'est à M. Barral que revient le
mérite de l'avoir généralisé et d'avoir, par des méthodes
précises, indiqué les proportions de ce composé et les limites de ses variations. La recherche directe de cet acide
était chose très difficile, sinon tout à fait impossible ; mais

il était tout aussi logique et beaucoup plus commode
de le rechercher dans les eaux pluviales. La pluie, en
traversant toutes les couches atmosphériques comprises
entre le nuage d'où elle se détache et le sol qui la reçoit, doit s'imprégner d'une portion au moins des matières qu'elle rencontre et les entraîner mécaniquement.
Nous avons déjà vu l'importance de ce fait pour la recherche de l'ammoniaque; il s'applique avec la même
rigueur à celle de l'acide azotique.

Il résulte des premières analyses de M. Barral[1] que l'eau
recueillie dans les pluviomètres de l'observatoire de Paris renferme toujours de l'acide azotique, et que la proportion de cette substance a varié, pendant une année
d'observations, faites mois par mois, de $1^{gr},15$ à 36 grammes par mètre cube d'eau. En rapportant la quantité
de pluie tombée à un hectare de terrain, ce chimiste a
évalué la proportion d'acide azotique tombée en un an à
la surface du sol, à plus de 46 kilogrammes par hectare;
la quantité d'ammoniaque versée sur le sol pendant le
même espace de temps a été de 14 kilogrammes.

Quelques années plus tard, M. Boussingault détermina
la quantité d'acide nitrique dans des eaux météoriques
recueillies loin des centres de population, où diverses
causes peuvent introduire dans l'atmosphère, et par
suite dans la pluie, des éléments particuliers; son examen eut pour objet 90 échantillons d'eaux pluviales tombées au Liebfrauenberg, sur le versant d'une ramification
des Vosges, dans une contrée très boisée; dans tous les
cas, il a pu constater des quantités notables d'acide nitrique, et contrôler ainsi les observations de M. Barral. L'analyse de nombreux échantillons de neige, de grêle, de rosée,
a conduit cet observateur aux mêmes résultats; il en

1. Barral, *Comptes rendus de l'Académie des sciences*, t. XXXV.
1852.

fut encore de même de l'eau provenant de la condensation des brouillards; dans ce cas, la proportion de ce corps
était relativement considérable, elle dépassait 1 centigramme par litre d'eau.

La présence de l'acide nitrique dans l'atmosphère est
donc un fait démontré de la manière la plus rigoureuse;
ce n'est pas cependant à l'état de liberté que ce corps se
trouve dans l'air; un instant de réflexion fait voir qu'il
ne peut en être ainsi. L'existence simultanée de l'ammoniaque, celle de nombreuses poussières calcaires, suffit
pour saturer cet acide et le faire passer à l'état de sel,
c'est-à-dire de nitrate; c'est donc du nitrate d'ammoniaque et non de l'acide nitrique libre que renferme
l'air. Tous les nombres précédents représentent ces deux
principes comme s'ils étaient isolés et simplement mé
langés dans l'air.

Sous quelle influence se produit l'acide azotique atmosphérique? Nous sommes, à cet égard, réduits à des con-
jectures; mais une comparaison avec les phénomènes que
nous savons produire dans nos laboratoires leur donne
un certain degré de probabilité. On peut invoquer, pour
expliquer sa formation, une expérience célèbre de Cavendish, devenue aujourd'hui classique : l'illustre physicien
anglais a démontré que la combinaison directe de l'oxygène
et de l'azote, impossible à réaliser dans les conditions
ordinaires, s'effectue facilement sous l'influence des décharges électriques; un tube, recourbé en forme de V,
est rempli de mercure et renversé de manière que chacune de ses extrémités plonge dans deux godets séparés,
contenant aussi du mercure. On introduit de l'air dans le
tube en même temps qu'un peu de potasse en dissolution;
puis on fait communiquer le mercure de l'un des godets
avec une machine électrique et l'autre avec le sol. Après
le passage d'un grand nombre d'étincelles, on constate
la formation du nitrate de potasse.

MM. Fremy et Becquerel ont donné à l'expérience de
Cavendish une forme beaucoup plus saisissante et plus
démonstrative : dans un ballon de verre plein d'air on
fait éclater, entre deux tiges métalliques, une série d'é-
tincelles produites par une bobine de Ruhmkorff; le ballon se remplit aussitôt de vapeurs rutilantes dues à la

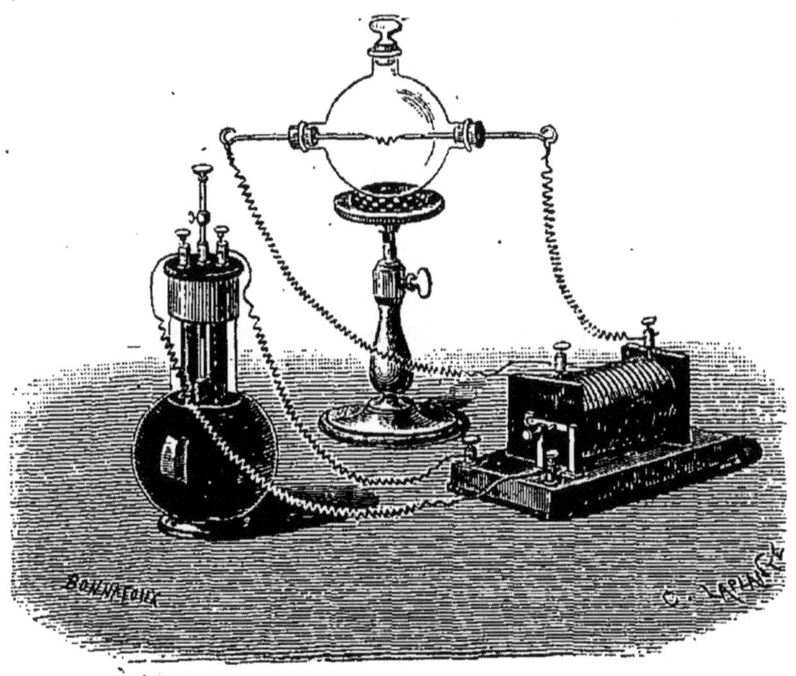

Fig. 69. — Combinaison de l'oxygène et de l'azote sous l'influence
de l'étincelle électrique.

formation de combinaisons oxygénées de l'azote. Ces vapeurs se transforment elles-mêmes en acide nitrique avec
la plus grande facilité.

Des conditions analogues se trouvant très souvent réalisées dans l'atmosphère, on attribue généralement aux
décharges électriques qui produisent la foudre la formation de l'acide nitrique ; il serait cependant plus conforme
aux faits observés dans ces derniers temps d'admettre
que cette substance résulte de l'oxydation des principes

constitutifs de l'ammoniaque et de leur transformation
en nitrate ; l'ozone serait peut-être un des agents essentiels de cette réaction. L'acide azotique, en effet, ne se rencontre pas seulement dans les pluies d'orage, on le retrouve
dans toute les saisons ; d'après les expériences de M. Barral, le maximum de sa production ne correspond même pas
aux époques de l'année où se montrent les orages avec le
plus de fréquence ; de sorte que si l'électricité atmosphérique exerce une action dans la formation de l'acide azotique, il est très probable que d'autres causes interviennent aussi, peut-être même pour une part plus active.

Ce ne sont pas encore là tous les éléments constitutifs
de l'air atmosphérique ; on y trouve, en très petite quantité et d'une manière accidentelle, des substances gazeuses très différentes par leur nature de celle que nous
venons d'étudier, mais qui n'en constituent pas moins
des éléments importants à connaître au point de vue surtout de l'action délétère qu'ils exercent sur les êtres
vivants et sur l'homme en particulier. Ces substances appartiennent à une classe nombreuse de corps désignés
par les chimistes sous le nom générique d'*hydrocarbures*
ou *hydrogènes carbonés*.

On connaît un très grand nombre de ces hydrocarbures ; tous sont combustibles, ils ont pour caractère
commun d'être composés d'hydrogène et de carbone. Ces
deux éléments, groupés de diverses manières ou combinés en proportions différentes, peuvent engendrer un
nombre de corps extrêmement considérable : les uns
sont gazeux, c'est à un principe de cette nature que le
gaz d'éclairage doit ses propriétés combustibles ; d'autres
sont liquides : telles sont l'essence de térébenthine, la plupart des huiles essentielles fournies par les végétaux, les
pétroles : quelques-uns enfin sont solides : parmi ceux-ci,
on peut citer la naphtaline et la paraffine, que l'on obtient

en grande quantité par la distillation de la houille. Les hydrocarbures sont généralement volatils ; à ce titre, ils peuvent faire partie de l'atmosphère, si une cause quelconque détermine leur formation à la surface du sol ; or ces causes sont nombreuses et suffisantes pour exercer,

Fig. 70. Dégagement du gaz des marais.

dans certains cas, une influence notable sur la composition générale de l'air.

Un des hydrogènes carbonés les plus importants, au point de vue qui nous occupe, est connu sous le nom de *gaz des marais*. On voit presque toujours se dégager des eaux boueuses ou stagnantes de nombreuses bulles gazeuses qui viennent crever à la surface : il est facile de les recueillir en renversant au-dessus d'une mare un flacon rempli d'eau et muni d'un large entonnoir ; il suffit alors d'agiter l'eau avec un bâton pour accélérer le dégagement de ces bulles. Le gaz ainsi obtenu est un mélange d'oxygène, d'azote, d'acide carbonique, et d'un gaz inflammable, brûlant avec une flamme bleuâtre peu éclairante; c'est le gaz des marais, désigné par les chimistes sous le nom d'*hydrogène protocarboné*. Ce corps provient de la décomposition des matières organiques : sa présence dans la boue des marais s'explique par la putréfaction des substances végétales et animales accumulées dans la vase, mais on observe sa production dans un grand nombre d'autres circonstances.

Le *grisou*, si justement redouté des mineurs, n'est autre chose que ce même gaz des marais, se dégageant souvent en quantité prodigieuse dans les houillères; par sa plus grande légèreté, il tend à s'accumuler dans la partie supérieure des galeries de mine, où il produit en se mêlant à l'air des mélanges explosifs très dangereux, qui coûtent chaque année la vie à un grand nombre d'ouvriers. Enfin, l'hydrogène bicarboné s'échappe dans un grand nombre de localités par des fissures du sol, formant des espèces de volcans de boue que l'on désigne généralement sous le nom de *salses*. On observe un assez grand nombre de ces salses en Italie, sur la pente septentrionale des Apennins, en Angleterre, sur les côtes de Crimée; mais c'est surtout en Asie que les gaz inflammables se dégagent en prodigieuse quantité.

Il existe aux environs de Bakou, dans la Russie asiatique, d'abondantes sources de naphte qui constituent pour ce pays un trésor inépuisable; à une petite distance de ces sources s'étend le *champ des grands feux*, d'environ un quart de lieue en carré, d'où s'échappent continuellement des gaz inflammables. Les Parsis et les Hindous, dans leur naïve ignorance, viennent en foule y adorer une émanation du feu céleste, une manifestation de Kaly, la puissante déesse du grand élément : on y voit plusieurs temples élevés à cette divinité ; dans l'un, près d'un au-

tel, on a fixé un large tube à l'extrémité duquel brûle
sans interruption une grande et belle flamme bleue ; d'autres flammes semblables s'échappent autour de la première
par des fissures habilement ménagées dans le rocher. La
Chine renferme aussi des sources de gaz inflammables
connues sous le nom de *puits de feu*. On compte, dit
M. Boussingault, plus de dix mille de ces puits sur une
surface de 50 lieues carrées ; on utilise le gaz qu'ils
émettent, soit pour l'éclairage, soit comme combustible.

Malgré l'abondance extraordinaire de ces sources, les
gaz carbonés qu'elles vomissent, rapidement diffusés dans
l'atmosphère, n'existent jamais dans l'air qu'en proportion infiniment petite. De Saussure fut le premier à soupçonner leur présence, mais il opérait sur des volumes d'air
trop restreints pour pouvoir rien affirmer de positif. La
recherche de ces éléments fut reprise par M. Boussingault, et ce savant a pu démontrer, par des expériences
concluantes, leur existence constante au sein de l'atmosphère.

On a également signalé dans l'air la présence de l'hydrogène sulfuré : ce gaz, d'une odeur nauséabonde, se produit, comme le précédent, pendant la décomposition de
certaines matières animales ; il se dégage aussi de l'eau
de plusieurs sources minérales ; beaucoup de volcans en
versent constamment dans l'atmosphère des quantités souvent considérables. L'hydrogène sulfuré est un gaz très
vénéneux, car un oiseau périt dans une atmosphère qui
en contient $\frac{1}{1500}$: il suffit de $\frac{1}{300}$ pour tuer un chien ;
$\frac{1}{200}$ peut donner la mort à un cheval. On pourrait citer
encore quelques autres gaz nuisibles aux animaux, disséminés dans l'air en très faible quantité ; de ce nombre
est l'oxyde de carbone qui, à la dose de $\frac{1}{100}$, fait périr
rapidement un animal de petite taille. Hâtons-nous d'a-
jouter cependant que ces substances délétères n'existent

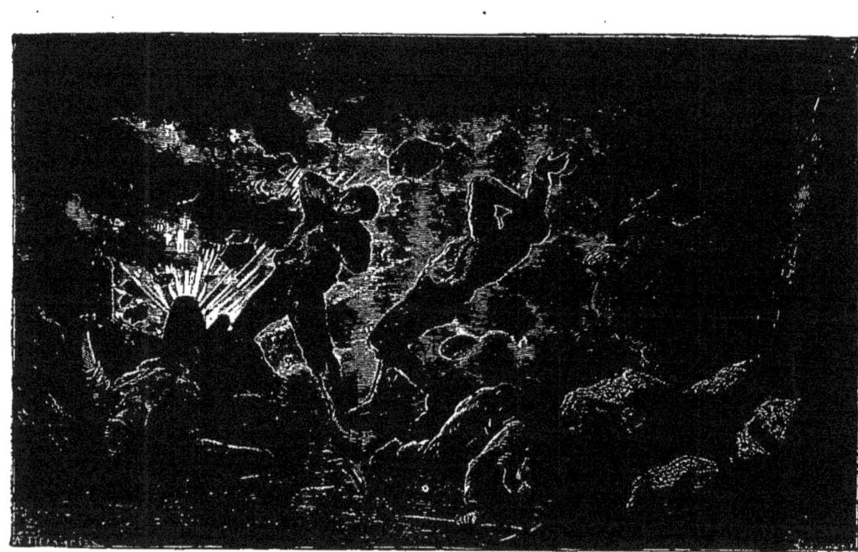

Fig. 71. Explosion du grisou dans une galerie de mine.

jamais dans l'air qu'à des doses infinitésimales, mais elles peuvent dans quelques circonstances s'y trouver en quantité suffisante pour occasionner des maladies. Leur production, presque normale dans les pays marécageux, est sans aucun doute une puissante cause d'insalubrité de ces régions malsaines.

Nous sommes naturellement conduit à dire un mot de ces agents mystérieux, insaisissables, inconnus dans leur nature, mais dont l'action ne saurait être révoquée en doute, désignés ordinairement sous le nom de *miasmes*. Rien n'est plus vague que cette expression ; elle s'applique à toutes les émanations insalubres émises par des mares d'eaux croupissantes, auxquelles certains pays doivent une triste renommée. Les miasmes se développent dans les lieux où se putréfient des matières animales ou végétales ; la chaleur et l'humidité sont les agents nécessaires à leur formation. Leur production se manifeste surtout d'une manière terrible dans les localités où se fait un mélange d'eaux douces et d'eaux salées, comme à l'embouchure des grands fleuves ou sur le littoral des golfes qui reçoivent de nombreux torrents : les myriades d'êtres vivants qui peuplent les rivières ou les mers ne trouvent plus dans le mélange de leurs eaux les conditions nécessaires à leur existence ; ils meurent dans ce nouveau milieu, et, de leur décomposition, naissent des substances nouvelles qui, répandues dans l'atmosphère, lui communiquent des propriétés délétères. Bien qu'on sache très peu de chose sur la nature de ces émanations malfaisantes, on a pu démontrer cependant que leur action se rattachait toujours à la présence dans l'air de matières organiques que l'on a pu recueillir et dont on a même étudié directement les effets. C'est à un savant italien, Mascati, et à M. Boussingault, que l'on doit les meilleures recherches sur ce sujet.

On a supposé, nous dit M. Boussingault, que l'air malsain était plus pesant que l'air pur, et l'on a admis que les miasmes se déposaient avec la rosée qui se forme en abondance après le coucher du soleil. Mascati, savant italien, condensa l'eau dissoute dans l'atmosphère, dans le but d'y rechercher le principe qui viciait l'air. Il fit ses

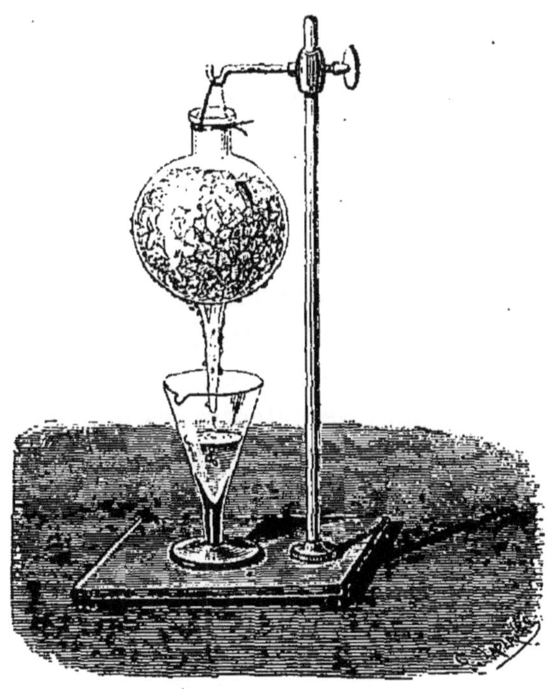

Fig. 72. — Condensation de la vapeur d'eau imprégnée de subtances miasmatiques.

expériences dans les rivières de la Toscane. Mascati suspendait à quelque distance du sol des matras remplis de glace; l'eau condensée à la surface des matras pouvait être recueillie facilement. Cette eau, d'abord limpide, présenta bientôt des flocons doués des propriétés spéciales aux matières animalisées; au bout de quelques jours, elle était complètement putréfiée; on a d'ailleurs démontré son action délétère par des expériences directes faites sur des animaux.

M. Boussingault fit plus tard à Cartago, en Amérique, d'autres observations concluantes : peu après le coucher du soleil, deux verres de montre furent posés sur une table placée au milieu d'un pré marécageux ; dans l'un il mit de l'eau distillée chaude, afin d'éviter le dépôt de rosée ; le second, bientôt refroidi par l'effet du rayonnement nocturne, se recouvrit d'une abondante rosée. En ajoutant de l'acide sulfurique dans chaque verre et en évaporant à sec le liquide, il trouva toujours une trace de matière charbonneuse adhérente au verre dans lequel la rosée s'était déposée, l'autre restait parfaitement net après l'évaporation de l'acide.

Il faut signaler aussi ce fait curieux que les eaux en contact prolongé avec l'atmosphère sont tout aussi malsaines que celles qui proviennent de leur condensation. En Chine, en Toscane, il faut faire bouillir les eaux pour les rendre potables, afin de détruire les miasmes qu'elles contiennent. Les Chinois, qui ne prennent guère d'autre boisson que le thé, dont la préparation exige de l'eau bouillante, sont, par le fait même de ce régime, à l'abri de l'influence délétère des miasmes aquatiques.

XIII

LES POUSSIÈRES DE L'ATMOSPHÈRE

Procédé pour recueillir ces poussières. — Les poussières vues au microscope. — Les générations spontanées. — Van Helmont. — La faune et la
flore microscopiques. — Buffon. — Expériences de Schwann. — Les hétérogénistes et les panspermistes. — Travaux de M. Pasteur. — Les fermentations et la putréfaction. — Les fièvres intermittentes. — Les dissolu-
tions sursaturées.

Voilà déjà bien des substances, disséminées à l'état de
gaz ou de vapeur au milieu des éléments fondamentaux
de l'atmosphère ; mais ce n'est pas tout encore, l'air contient bien d'autres choses dignes de fixer notre attention.
Qui ne s'est amusé à suivre de l'œil dans un rayon de soleil les mouvements capricieux de ces mille petits corps
d'un si petit volume, d'un si petit poids que l'air peut les
porter comme de la fumée ? Ces mille petits riens ne sont
pas toutefois à dédaigner ; par leur ensemble, ils forment
la poussière, cet ennemi domestique contre lequel nous
luttons sans cesse ; mais est-il bien sûr que nous puissions
nous en passer ? Si la poussière constitue dans nos demeures un hôte toujours incommode, si elle nous apporte

parfois la maladie ou la mort, elle contient aussi les germes vivants d'un nombre incalculable d'animaux et de végétaux infiniment petits dont l'existence est une condition nécessaire à l'équilibre de la vie à la surface du globe.

Ces corpuscules microscopiques, qui nagent par myriades autour de nous, nous ne les voyons pas ordinairement : c'est que leur surface infiniment petite réfléchit trop peu de lumière pour impressionner notre œil, ou plutôt cette lumière, extrêmement faible, disparaît à côté de celle toujours plus intense que nous envoient les objets environnants; mais vient-on à faire l'obscurité dans l'espace qui les entoure, ils apparaissent alors vivement éclairés, semblables à ces essaims d'étoiles perdues dans les profondeurs du ciel, qui étincellent pendant la nuit profonde. Ce sont ces milliers de corpuscules qui illuminent le trajet d'un rayon de soleil traversant une pièce peu éclairée; on les voit alors s'agiter dans tous les sens, obéissant au souffle le plus léger. Les plus volumineux finissent cependant par tomber et couvrent d'une couche poudreuse les objets sur lesquels ils se déposent.

La nature de ces corpuscules doit être, on le conçoit, d'une extrême complication : il faut, pour se faire une idée de leur infinie variété, mettre en œuvre toutes les ressources de l'analyse. Depuis quelques années les savants ont compris l'importance d'une pareille étude; déjà les recherches chimiques combinées avec les observations microscopiques les plus patientes ont ouvert à la science des horizons nouveaux brillamment parcourus et promettant encore de bien riches moissons.

Disons d'abord un mot de quelques substances salines dont les chimistes ont signalé la présence dans l'atmosphère : les plus importantes à signaler sont le chlorure de sodium ou sel marin, les sulfates de soude et de potasse, de magnésie et de chaux, des iodures, etc. L'existence de ces composés n'a pas lieu de surprendre si l'on remarque qu'ils se trouvent tous dans l'eau des mers ; on conçoit que cette eau, sans cesse agitée par les vagues, puisse être transportée mécaniquement dans l'atmosphère. C'est dans ces *poussières de l'Océan*, comme les nomme Arago, que l'on doit chercher l'origine de ces nombreuses matières salines. Chaque kilogramme d'eau de mer pulvérisée par le vent et évaporée dans l'air y laisse 30 à 40 grammes de sels qui peuvent être transportés à de grandes distances, mais on doit s'attendre aussi à voir la proportion de ces éléments soumise à de grandes variations : ils sont, en effet, beaucoup plus abondants dans le voisinage des côtes que dans l'intérieur des terres et surtout sur les montagnes élevées.

Quant aux autres matériaux solides en suspension dans l'atmosphère, la chimie est à peu près impuissante à nous en déceler la nature, le microscope seul peut donner à cet égard d'utiles renseignements ; encore faut-il faire usage de puissants grossissements pour se faire une idée nette de cette multitude d'éléments dont quelques-uns, par leur petitesse, défient presque l'imagination.

L'étude des corpuscules microscopiques exige quelques opérations que nous indiquerons brièvement ; on peut employer plusieurs moyens pour les recueillir. Le plus simple consiste à exposer au contact de l'air, à l'abri de la pluie, des lames de verre et à examiner ensuite au microscope la poussière déposée à leur surface ; mais ce procédé ne fournit jamais qu'une petite quantité de corpuscules pour chaque préparation, et il est préférable de recourir au moyen suivant recommandé par M. Pasteur. Dans un tube de verre, on place une petite bourre de coton assez lâche pour être perméable à l'air ; une des extrémités du tube est mise en communication avec un vase rempli d'eau, faisant fonction d'aspirateur ; l'écoulement de l'eau force l'air à traverser le fragment de coton : lorsque le volume d'air ainsi filtré est assez considérable, il devient complètement noir. Il suffit ensuite de le malaxer dans un peu d'eau distillée et de porter sous le microscope une goutte de ce liquide.

On voit alors le champ du microscope couvert des productions les plus variées ; un faible grossissement nous montre déjà des grains anguleux aux formes irrégulières, semblables à des cailloux en miniature,. des fragments de charbon, de calcaire, des débris de filaments de coton, de laine, de soie auxquels sont accrochées des graines de pollen, de la fécule, etc. ; ailleurs on voit d'élégantes écailles de papillons, des cellules végétales libres ou réunies en groupes ; quelquefois même, des infusoires desséchés éprouvent une véritable résurrection sous l'influence de l'humidité. Puis, à côté de tous ces objets, apparaissent de fines granulations dont l'œil a quelque peine à pénétrer la structure ; mais, vient-on à armer le microscope d'un plus puissant objectif, elles se résolvent à leur tour en cellules très régulières complètement identiques par leur forme et leurs apparences à ces fines poussières que laissent échapper la mousse, les champignons, les moisissures, et que les naturalistes désignent sous le nom de spores : ce sont, en réalité, les germes qui servent à la reproduction de ces végétaux inférieurs. Nous avons réuni dans la figure 73 les dessins d'un grand nombre d'objets observés avec des grossissements compris entre 200 et 500 diamètres.

L'analogie nous conduit ainsi à soupçonner au milieu de ces corpuscules des germes de végétaux, peut-être même des œufs d'animaux infiniment petits : mais comment savoir à quels êtres vivants correspondent ces germes déjà si difficiles à apercevoir ? Ici le microscope reste muet, l'observation directe de ces poussières ne nous apprend plus rien ; nous verrons bientôt comment la science est parvenue à vaincre une difficulté en apparence insurmontable.

On voit, par cette énumération sans doute bien incomplète, la variété infinie d'objets que peut recéler le milieu

Fig. 73. — Poussières de l'air.

Fragments de carbonate de chaux. — 2. Charbon. — 3. Œufs d'infusoires. — 4. Substance indéterminée. — 5. Sporange. — 6-7. Œufs d'infusoires. — 8. Hematococcus sanguineus. — 9. Fragment de mucédinée. — 10. Amas de spores. — 11-12. Grains de fécule. — 13. Plumules de papillon. — 14. Brin de coton. — 15. Tube de mucédinée. — 16. Grain de pollen.

qui nous enveloppe. « L'imagination se figure aisément, mais non sans un certain dégoût, nous dit M. Boussingault, tout ce que renferment ces poussières que nous respirons sans cesse, et que l'on a parfaitement caractérisées en les nommant les *immondices de l'atmosphère.* Elles établissent en quelque sorte le contact entre les in-

dividus les plus éloignés les uns des autres, et bien que
leur proportion, leur nature, leurs effets soient des plus
variés, ce n'est pas trop s'avancer que de leur attribuer
une partie de l'insalubrité qui se manifeste ordinairement dans de grandes agglomérations d'hommes. » Ces
paroles de M. Boussingault ne sont certainement pas empreintes d'exagération ; depuis qu'elles ont été écrites,
l'observation en a sanctionné plus d'une fois la vérité.
Nous allons voir ces granulations presque invisibles
jouer un rôle immense dans la nature : ces ouvriers
microscopiques remuent sans relâche la matière organique, la détruisent et la reforment ; sous leur influence,
les éléments qui ont vécu rentrent dans l'immense réser-
voir d'où émane sans cesse une vie nouvelle.

Ici se dresse une des plus graves questions qui ait
jamais préoccupé l'esprit humain, nous voulons parler
des générations spontanées : Un être vivant peut-il venir
au monde sans parents, sans aïeux ? tel est le sujet qui a
servir de thème aux plus ardentes polémiques et qui est
encore l'objet de bien des discussions. Les anciens
croyaient fermement à la naissance spontanée d'animaux
et de plantes ; ils invoquaient même des *expériences* à
l'appui de leurs affirmations. La citation suivante, empruntée à une conférence de M. Pasteur, montre jusqu'à
quel point pouvait aller leur crédulité. Voici, par exemple, ce qu'écrivait encore au dix-septième siècle un célèbre médecin alchimiste, Van Helmont :

« L'eau de fontaine la plus pure, mise dans un vase
imprégné de l'odeur d'un ferment, se moisit et engendre
des vers. Les odeurs qui s'élèvent du fond des marais
produisent des grenouilles, des limaces, des sangsues, des
herbes.... Creusez un trou dans une brique, mettez-y de
l'herbe de basilic pilée, appliquez une seconde brique sur
la première, de façon que le trou soit parfaitement cou-

vert, et, au bout de quelques jours, l'odeur de basilic
agissant comme un ferment, changera l'herbe en véritables scorpions. » Van Helmont cite ailleurs l'expérience
suivante : « Si l'on comprime une chemise sale dans l'orifice d'un vaisseau contenant des grains de froment, le
ferment sorti de la chemise sale, modifié par l'odeur des
grains, donne lieu à la transmutation du froment en sou-
ris après vingt et un jours environ. » Voilà sur quelles données, au dix-septième siècle, s'appuyait la doctrine des générations spontanées; mais, hâtons-nous de le dire, de
pareilles énormités ne résistèrent pas longtemps à un
contrôle sérieux : cette doctrine était déjà abandonnée
lorsque une immense découverte, celle du microscope,
vint révéler à l'homme le monde des infiniment petits.

Est-il rien de plus étrange et de plus merveilleux que
de voir naître, en quelques heures, dans une goutte
d'eau, tout un monde nouveau d'êtres vivants aux formes
les plus bizarres? Voilà cependant ce que nous montre
le microscope. Il suffit d'abandonner au contact de l'air
une infusion faite avec une substance animale ou végétale pour la voir envahie en très peu de temps par une
population d'animaux vivants ou par des forêts touffues
de végétaux microscopiques. Les premiers sont ordinairement désignés sous le nom d'*infusoires ;* les seconds
présentent, par leur structure, la plus grande analogie
avec les mousses et les champignons; on leur donne le
nom de *mycodermes.*

La planche 74 représente quelques-uns des types les
plus remarquables et les plus connus de ce monde lilli-
putien. Si l'on considère les animaux, rien n'est plus singulier que la diversité de leurs formes, plus varié que
leur organisation. Tantôt on observe des organes d'une
grande complication ; chez les *kolpodes*, les *paramécies*,
le corps est recouvert de cils vibratiles d'une excessive
ténuité, véritables appareils de locomotion agités d'un

mouvement continuel. Les *vorticelles*, au contraire, fixées par un pédoncule rétractile, vivent souvent en parasites

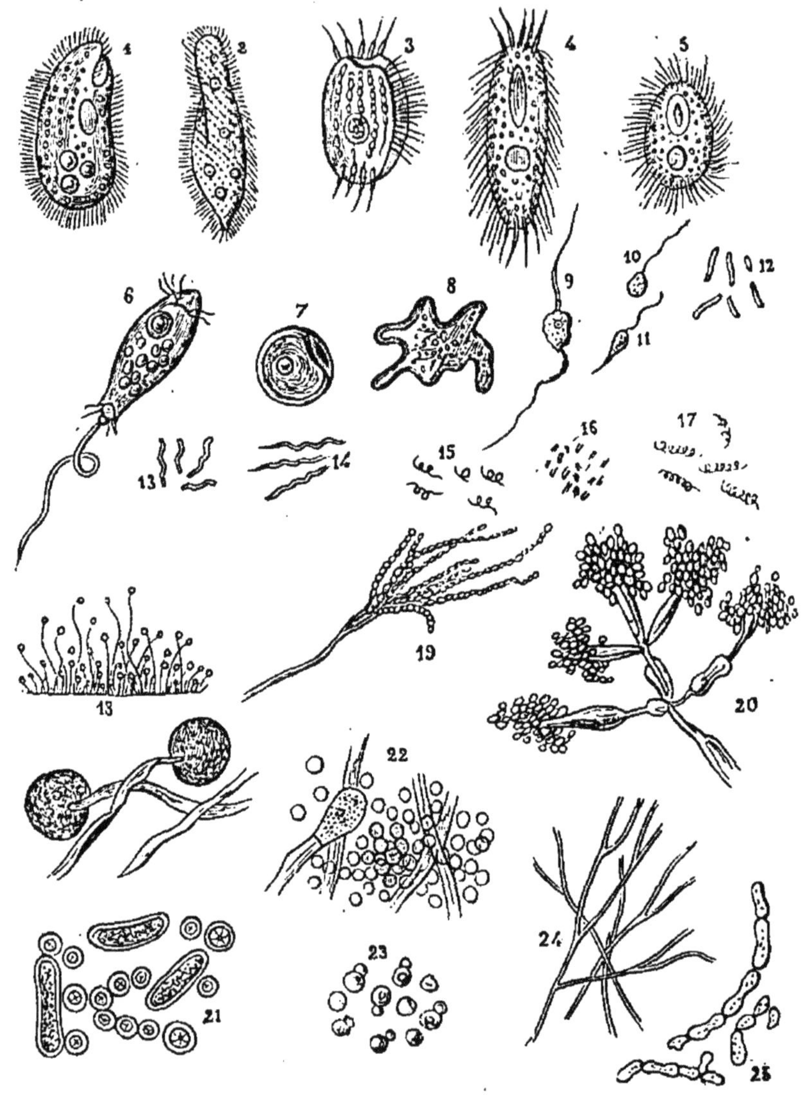

Fig. 74. — La faune et la flore microscopiques.
1 à 17. Animaux infusoires. — 18 à 25. Principaux types de mucédinées et de torulacées.

à la surface de débris végétaux. Les *amibes* sont remarquables par une sorte de plasticité permettant à leur corps de prendre toutes les formes imaginables. Mais combien de ces êtres nous dérobent, par leur extrême exiguïté, les détails de leur organisation ; de ce nombre sont les *monades*, les *vibrions*, les *bactéries*, qui ne sont peut-être que les premiers degrés d'évolution d'espèces plus élevées dans la série.

La structure des végétaux semble soumise à un plan plus régulier. Malgré leurs innombrables variétés de forme, on a pu les classer tous dans des groupes assez bien définis dont les plus importants sont les *mucédinées* et les *torulacées*. Le premier a pour caractère essentiel la présence de tubes ou de filaments (*mycelium*) d'où naissent les organes reproducteurs. Le second comprend des végétaux plus rudimentaires, dont le développement se fait par bourgeonnement. Mais que d'inconnues restent encore à dégager au milieu de la confusion qui règne dans nos connaissances sur un sujet si délicat [1] !

Il n'en fallait pas davantage à l'esprit ardent et ingénieux de Buffon pour rajeunir une vieille doctrine qui, présentée sous une forme séduisante, devait faire bien des prosélytes. Il remarque que ces manifestations si diverses de la vie se produisent avec le plus d'exubérance dans les liquides qui proviennent eux-mêmes d'êtres vivants : le sang, l'urine, les infusions de végétaux, tels sont les mi-

---

1. Voici les noms donnés par les naturalistes aux principales espèces représentées par la figure 74 :

1. *Kolpodes cucullus.* — 2. *Paramecium aurelia.* — 3. *Plœsconia subrotunda.* — 4. *Kerona pustulata.* — 5. *Glaucona elegans.* — 6. *Vorticella infusionum.* — 7. *Œuf de vorticelle.* — 8. *Amiba multiloba.* — 9. *Cercomonas globulus.* — 10. *Monas lens.* — 11. *Monas elongata.* — 12. *Vibrio lineola.* — 13. *Vibrio rugula.* — 14. *Vibrio serpens.* — 15. *Spirillum undulans.* — 16. *Bacterium termo.* — 17. *Spirillum volutans.*

18. Mucédinée du genre *Ascophora.* — 19. Fragment de *Penicillium.* — 20, 22, 24, 25. Diverses formes de Mucédinées. — 21, 23. Végétaux du groupe des Torulacées.

lieux les plus convenables au développement de ces êtres microscopiques. Comment ne pas saisir un étroit rapprochement entre des êtres qui ont vécu et des organismes qui vont naître? Les dernières molécules de la matière vivante, toujours actives, travaillent à remuer la matière putréfiée et donnent naissance à de nouveaux êtres organisés, bien infimes sans doute, mais établissant tous les degrés dans cette chaîne qui descend de l'animal le mieux organisé à la molécule organique la plus élémentaire. Telles sont les conclusions séduisantes que la poétique imagination du grand naturaliste imposait à la science de son époque.

Cependant, une réaction ne tarda pas à se produire contre les idées de Buffon; d'habiles observateurs, à la tête desquels se place Spallanzani, battent en brèche sa théorie, et, à partir de ce moment, deux camps se dessinent parmi les savants. Les uns admettent avec Buffon la génération spontanée, ce sont les *hétérogénistes*; d'autres font dériver tout être vivant d'un germe : pour eux, ces germes sont disséminés partout; ils n'attendent, pour se développer, que des circonstances favorables; de là le nom de *panspermie* sous lequel on désigne quelquefois cette doctrine. Spallanzani, le premier, soupçonna que les êtres vivants qui se développent dans une infusion tirent de l'air leur origine, et, en 1855, une expérience célèbre de Schwann semble trancher définitivement la question.

Ce savant introduisit dans un ballon une dissolution putrescible et la soumit à une longue ébullition dans le but de détruire les germes qu'elle pouvait renfermer; pendant le refroidissement, l'air ne pouvait rentrer dans le ballon qu'après avoir traversé un long tube chauffé au rouge; le ballon fut ensuite scellé à la lampe et abandonné à lui-même : aucun signe de vie ne s'y manifesta, même au bout de plusieurs années. Il est presque inutile d'ajouter que la même infusion, laissée au libre contact de l'air, fut en peu de temps envahie par des légions d'êtres vivants.

La victoire semblait définitivement acquise aux adversaires de l'hétérogénie, lorsque, en 1858, un travail de M. Pouchet vient de nouveau jeter la discorde dans les rangs des savants. Voici l'expérience fondamentale qui semblait relever le drapeau de la doctrine des hétérogénistes : « Un flacon d'un litre de capacité fut rempli d'eau bouillante, et, ayant été bouché hermétiquement, avec la plus grande précaution, immédiatement on le renversa sur une cuve à mercure; lorsque l'eau fut totalement refroidie, on le déboucha, sous le métal, et on y introduisit un demi-litre de gaz oxygène pur. Aussitôt après on y mit, sous le mercure, une petite botte de foin, pesant 10 grammes, qui venait d'être enlevée, dans un flacon bouché, à une étuve chauffée à 100 degrés, et où elle était restée trente minutes. Le flacon fut enfin fermé à l'aide de son bouchon rodé à l'émeri, et, par surcroît de précaution, lorsqu'on l'eut enlevé de la cuve, on mit une couche de vernis gras et de vermillon autour de son ouverture [1]. »

Voilà certainement un luxe de précautions capable de satisfaire l'esprit le plus méticuleux ; tout est prévu dans cette expérience : les germes sont détruits par la chaleur, les fermetures sont hermétiques, l'air lui-même a été exclu et remplacé par de l'oxygène dégagé d'une combinaison chimique; malgré cela, des êtres vivants ne tardent pas à se développer dans ce milieu préparé avec tant de soin : le ballon, ouvert au bout de dix jours, contenait un végétal mycodermique, formé de filaments groupés en élégantes touffes, serrées autour d'un centre commun.

---

1. *Comptes rendus de l'Académie des sciences*, t. LXVII, 1858.

Les résultats de cette expérience étaient certainement indiscutables, mais en fut-il de même des conséquences que les hétérogénistes crurent devoir en tirer ? N'y avait-il pas, dans les conditions mêmes de l'opération, quelque grave cause d'erreur ? Les germes actifs de l'atmosphère étaient-ils réellement exclus d'une manière complète ? M. Pasteur signala bientôt le côté faible de l'expérience, en démontrant, de la façon la plus nette, que le mercure des laboratoires est constamment imprégné de germes nombreux ; un seul globule de ce métal, pris dans la cuve d'un laboratoire, suffit à provoquer, dans un liquide altérable, la naissance de productions extrêmement variées, et il n'hésite pas à attribuer l'introduction des germes dans le flacon de M. Pouchet aux manœuvres exécutées sur le bain de mercure pendant l'introduction de l'oxygène et de la botte de foin. Cette expérience était donc sans valeur ; tout est remis en question.

A dater de cette époque, la lutte s'engage avec vivacité ; les hétérogénistes imaginent les expériences les plus variées et les plus ingénieuses ; à chacune d'elles M. Pasteur répond en signalant l'omission d'une précaution indispensable ; les premiers croient toujours obtenir des générations spontanées ; le second fait voir qu'on peut toujours les empêcher de se produire, à la condition d'écarter avec la plus sévère surveillance l'entrée de toute poussière atmosphérique. Nous ne saurions retracer ici tous les épisodes de cette mémorable campagne scientifique ; montrons seulement à l'aide de quels procédés simples et ingénieux M. Pasteur a lutté contre ses adversaires et rallié autour de lui la grande majorité des savants.

Il s'agissait, évidemment, de démontrer deux faits fondamentaux : le premier, c'est qu'un liquide très altérable

dans les conditions ordinaires, une infusion végétale
par exemple, peut devenir incorruptible quand on a tué
tous les germes qu'il renferme et qu'on s'oppose à l'arrivée de ceux de l'air. Le second est que les germes en
suspension dans l'atmosphère suffisent pour provoquer
l'apparition d'êtres vivants quand on les sème dans un
milieu rendu incorruptible. Bien que ces expériences
paraissent d'une difficulté presque insurmontable, M. Pasteur a indiqué plusieurs méthodes dont la suivante se recommande par son extrême simplicité. Dans un ballon
lon de verre, on introduit une liqueur très altérable ;
on étire son col à la lampe, de manière à lui donner
diverses courbures, comme l'indique la figure 75 ; on
porte enfin le liquide à l'ébullition pendant quelques
minutes, jusqu'à ce que la vapeur d'eau sorte abondamment par l'extrémité du col effilé restée ouverte ; puis,
sans autre précaution, on laisse refroidir le ballon. Chose singulière, le liquide qu'il ren-ferme restera indéfiniment
sans altération. « Il semble, dit M. Pasteur, que l'air ordinaire, rentrant avec force dans les premiers moments,

Fig. 75.— Ballon à col sinueux
de M. Pasteur.

doive arriver tout brut dans le ballon. Cela est vrai, mais
il rencontre un liquide encore voisin de la température
de l'ébullition. La rentrée de l'air se fait ensuite avec
plus de lenteur, et lorsque le liquide est assez refroidi
pour ne plus pouvoir enlever aux germes leur vitalité, la
rentrée de l'air est assez ralentie pour qu'il abandonne,
dans les courbures humides du col, toutes les poussières
capables d'agir sur les infusions et d'y déterminer des
productions organisées.... Le grand intérêt de cette mé-

thode, c'est qu'elle achève de prouver sans réplique que l'origine de la vie, dans les infusions qui ont été portées à l'ébullition, est uniquement due aux particules solides en suspension dans l'air. Gaz, fluides divers, électricité, magnétisme, ozone, choses connues ou choses occultes, il n'y a absolument rien dans l'air atmosphérique ordinaire qui, en dehors de ses particules solides, soit la condition de la putréfaction ou de la fermentation des liquides que nous avons étudiés. »

L'épreuve opposée, d'une exécution relativement plus facile, a donné des résultats prévus ; il suffit d'ouvrir largement un des ballons précédents pour voir le liquide, resté intact pendant plusieurs mois, se peupler en quelques jours d'une multitude d'êtres vivants, animaux ou végétaux. Dans une série d'expériences fort habilement conçues, M. Pasteur a semé directement dans ces liquides les germes recueillis dans l'atmosphère sur de petites bourres de coton. Les résultats ont été les mêmes ; l'ensemencement a toujours été suivi de la naissance d'êtres vivants, et ces êtres vivants sont précisément ceux qui naissent spontanément dans les mêmes liquides abandonnés sans aucune précaution au libre contact de l'atmosphère. En présence de tels résultats, ne doit-on pas considérer toutes les productions qui se forment normalement dans les matières putrescibles comme ayant pour origine les particules solides qui sont en suspension dans l'air ?

Cette théorie, quoique appuyée sur des bases solides, devait cependant soulever plus d'une objection. Si les germes de tous ces êtres existent dans l'atmosphère, dit-on, on doit les y retrouver et les y reconnaître ; or, il s'en faut que l'examen microscopique des poussières nous montre tous les rudiments de cette flore et de cette faune qui peuplent les produits putrescibles. Mais, de ce qu'on ne les voit pas tous, on ne saurait conclure qu'ils n'existent pas. Le microscope nous en montre avec certitude un certain nombre; pourquoi ne pas admettre qu'il en existe un plus grand nombre encore, trop petits pour être aperçus? Cet instrument est impuissant à nous déceler les corps dont la grandeur est inférieure à un dix-millième de millimètre; serait-il logique de déduire de son impuissance que cette limite est aussi celle de la divisibilité de la matière organisée? Et quand on voit naître des espèces vivantes déjà difficiles à distinguer à l'aide des plus forts grossissements, n'est-on pas forcé de conclure que les germes qui leur ont donné naissance sont encore infiniment plus petits?

Cette excessive ténuité des poussières atmosphériques s'impose d'ailleurs d'elle-même comme la conséquence d'observations d'un ordre tout à fait différent. Il résulte de très remarquables expériences de M. Tyndall, que la couleur bleue du ciel paraît due à la réflexion de la lumière sur des particules solides que leur petitesse rend inaccessibles à nos moyens d'investigation les plus délicats; ces particules, dont l'existence est infiniment probable, pourraient bien n'être autre chose que les germes dont nous recherchons vainement les traces à l'aide de nos microscopes.

L'étude de ces germes n'a pas seulement un intérêt théorique, elle a aussi une importance pratique considérable. Tous les êtres microscopiques ne se développent pas indifféremment dans un milieu quelconque; chacun exige des conditions spéciales, nécessaires à son évolution. Tel trouvera dans une infusion végétale un terrain très fertile qui sera pour tel autre d'une stérilité absolue. De là les différences si frappantes que nous offrent, au point de vue de leurs habitants, les divers liquides altérables: tantôt ce sont de véritables forêts végétales, d'autres fois des troupeaux d'animalcules; souvent même, les premiers êtres ne tardent pas à épuiser par leur développement les matériaux qui leur conviennent, et, en modifiant le terrain, ils le préparent pour de nouvelles générations. Dans tous les cas, toutes ces formes vivantes se développent aux dépens du milieu qui les entoure ; elles produisent, en se nourrissant de ses éléments, des décompositions particulières que l'on désigne sous le nom de fermentation ou de putréfaction.

La fabrication du vin, par la transformation du sucre contenu dans le raisin, nous offre l'exemple le mieux étudié des fermentations proprement dites. Il est démontré aujourd'hui que la production de l'alcool est corrélative du développement d'un champignon microscopique formé de globules mesurant à peine un centième de millimètre, et connus sous le nom de *levure de bière*. Ce même végétal produit la fermentation du moût de bière et de tous les liquides sucrés ; or, ses germes existent dans l'air, et, bien qu'ils soient généralement introduits dans ces liquides par une autre voie, il n'en est pas

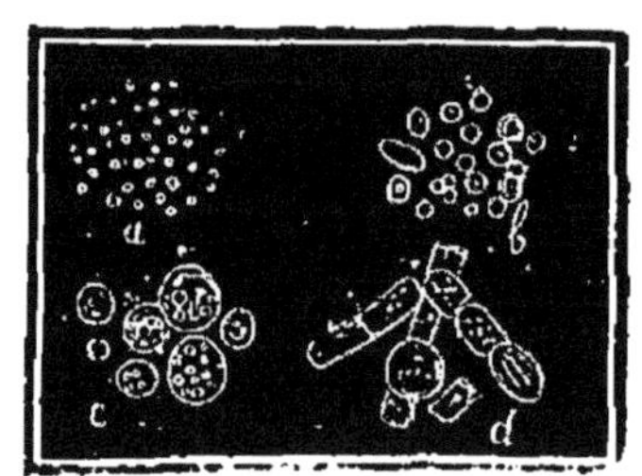

Fig. 76. — Développements successifs de la levure de bière.

moins démontré que le contact de l'air suffit à provoquer la fermentation alcoolique. La production de l'alcool aux dépens d'une liqueur sucrée est donc un phénomène chimique engendré par les forces de la vie ; le sucre est l'aliment du globule de levure ; l'alcool, l'acide carbonique en sont les excrétions ; quant à la levure elle-même, elle constitue ce qu'on nomme un ferment.

On s'étonnera peut-être de voir des réactions se produire avec une telle intensité sous l'influence d'êtres aussi infimes ; mais ici, comme en tant d'autres choses, le nombre supplée à la faiblesse. D'après une évaluation

de M. Dumas, il ne faut pas moins de 20 ou 30 milliards
de cellules de ferment pour décomposer en une minute
1 centigramme de sucre et produire 5 milligrammes d'alcool environ. « Si l'on essayait d'exprimer en chiffres le
nombre de cellules de levure ou de leurs analogues, qui
travaillent tous les jours pour fabriquer notre pain, ou
chaque année pour produire le vin, la bière et le cidre
que nous consommons, on ferait reculer même les astronomes. Soit qu'on plonge le regard sur ces infiniment
petits, soit qu'on s'élève vers les distances infinies de l'espace, on reconnaît également l'impuissance de l'homme
à se représenter des nombres aussi éloignés des grandeurs
à sa portée [1]. »

On pourrait citer un grand nombre de phénomènes
comparables à la fermentation alcoolique; dans tous, on
trouverait les mêmes termes : un être vivant, un aliment
qui le nourrit, des produits nouveaux dérivant d'une
manière plus ou moins directe de la transformation de
cet aliment. Il arrive souvent que les produits nouveaux
répandent une odeur fétide, comme on l'observe dans la
décomposition de presque toutes les matières animales.
On donne ordinairement le nom de putréfaction à cette
forme particulière de la fermentation ; cette distinction
est plus artificielle que réelle, car elle n'est basée sur aucune différence fondamentale. Qu'une substance soit ino-
dore ou odorante, que son odeur soit agréable ou repous-
sante, ce sont là des propriétés toutes relatives qui
constituent de simples variétés parmi des phénomènes
liés entre eux par une origine commune.

Rien de plus facile maintenant que d'imaginer des
procédés capables de s'opposer à la putréfaction des matières animales ou végétales: en cela, il faut le dire,

____

1 Dumas, *Comptes rendus de l'Académie des sciences*, 1873
t. LXXV.

la pratique a instinctivement devancé toutes les indications
de la science. Le but sera atteint toutes les fois qu'on
aura pu écarter des substances putrescibles les germes
des ferments ou qu'on aura communiqué à ces substances des propriétés incompatibles avec leur développement. Une foule d'agents chimiques ou physiques réali-
sent merveilleusement ces dernières conditions ; tous les
corps désignés sous le nom d'*antiseptiques* jouissent de
cette propriété ; ils agissent comme de véritables poisons
sur ces êtres microscopiques, s'opposent à leur développement et entravent en même temps la putréfaction, qui en est la conséquence. Le froid agit de même :
une température inférieure à zéro arrête tout développement vital. Le sol, éternellement gelé, de la froide Sibérie
préserve indéfiniment les cadavres dans les tombes ; il a
conservé jusqu'à nos jours, avec leur chair et leur sang,
les éléphants et les rhinocéros des époques antéhisto-
riques.

L'industrie fait une très fréquente application de ces
principes à la conservation, pour ainsi dire indéfinie,
des substances alimentaires. Déjà, au commencement de
ce siècle, Appert avait fait connaître un procédé ingénieux, encore employé tous les jours sans modification
essentielle. Les substances qu'il s'agit de conserver sont
introduites dans des boîtes de fer-blanc dont le couvercle
est hermétiquement soudé. Ces boîtes sont ensuite plongées pendant quelque temps dans un bain d'eau bouillante. A cette température, tous les germes sont tués, et
les substances les plus altérables se trouvent ainsi à
l'abri des atteintes de la putréfaction.

L'étude des organismes microscopiques n'est pas moins
intéressante au point de vue de l'hygiène et de la patho-
logie. On cherchait, autrefois, les agents des maladies
contagieuses dans les gaz répandus accidentellement dans

l'atmosphère ; aujourd'hui, l'attention se porte sur ces parasites invisibles dont l'influence est certainement immense, bien qu'il soit ordinairement très difficile de la définir avec précision ; mais la science fait tous les jours de nouvelles conquêtes, et il est permis d'espérer que la cause des grands fléaux destructeurs qui déciment l'humanité n'échappera pas à des recherches poursuivies avec une ardeur infatigable. Nous pourrions citer plusieurs exemples de maladies transportées par les poussières de l'atmosphère ; le suivant suffira à établir d'une manière très nette des relations évidentes entre le développement des fièvres intermittentes et l'influence de germes vivants appartenant à des algues microscopiques.

On sait, depuis longtemps, que cette maladie se manifeste, avec une intensité souvent effrayante, dans le voisinage des marécages ; or les eaux de ces mares sont peuplées d'algues et d'infusoires de différentes espèces ; on y remarque surtout des végétaux microscopiques extrêmement abondants dont les spores infiniment petites se répandent avec profusion dans l'atmosphère ; ces végétaux appartiennent à une famille désignée par les

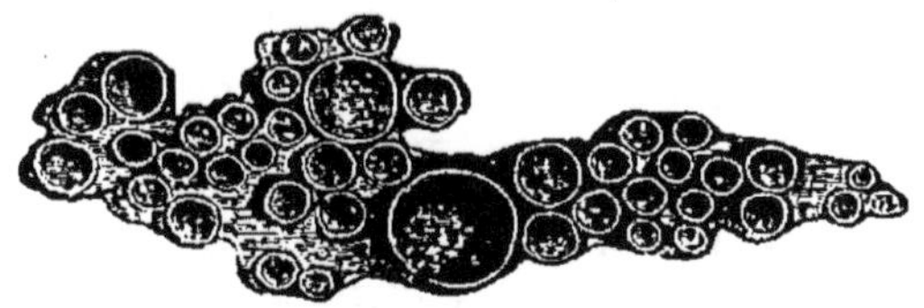

Fig. 77. — Palmelle vue à un grossissement considérable.

naturalistes sous le nom de *palmellæ*. Les marais sont-ils desséchés par l'ardeur du soleil de l'été, la vie de tous ces êtres est momentanément suspendue ; mais le retour de l'humidité la fait aussitôt renaître : bientôt les spores se développent, et alors commence invariablement l'invasion des fièvres paludéennes. Il y avait là déjà une curieuse coïncidence qui devait faire attribuer à ces germes un rôle important dans la production de ces maladies, quand une expérience directe est venue éclairer la question d'un jour tout nouveau.

Le docteur Salisbury, auteur d'un grand nombre de recherches importantes sur ce sujet, démontre de la manière suivante l'action fébrigène de ces infiniment petits ; c'est dans les régions marécageuses qui environnent la ville de Lancaster (Ohio) qu'il exécuta ses expériences. Il fit remplir six tonnes de terre prise à la surface d'une prairie humide, marécageuse, couverte des plantes dont il s'agit. Des gâteaux de la dimension des tonnes furent enlevés à la surface avec cette végétation et encaissés avec soin. Transportées dans un district montueux, élevé, dans une localité à trois cents pieds au-dessus du niveau de la mer, parfaitement salubre, où jamais un cas de fièvre intermittente n'avait paru, et à cinq milles environ de toute contrée palustre, ces boites de cryptogames furent placées sur le châssis d'une fenêtre, au second étage, ouvrant sur la chambre à coucher de deux jeunes gens. La fenêtre fut tenue constamment ouverte. Dès le deuxième jour, un des jeunes gens eut un accès de fièvre intermittente, le second fut atteint le quatorzième jour. Tous deux eurent ainsi trois accès consécutifs qui furent jugés par le remède souverain. Des quatre membres de la famille couchant au premier étage, aucun ne fut atteint.

Il est bon de rapprocher ce fait d'une anecdote racontée par un micrographe américain, le docteur Haunon : « En 1843, dit-il, j'étudiais à l'Université de Liège ; le savant professeur, Charles Morren, m'avait enthousiasmé à tel point à l'étude physiologique des algues d'eaux douces, que j'avais encombré la fenêtre et la cheminée de ma chambre à coucher d'assiettes remplies de vauchéries, de conferves, de zygnèmes, d'oscillaires, etc. J'entretenais mon professeur de mes observations sur ces algues, et, chaque fois, il me disait : « Pre-

« nez garde à l'époque de leur fructification, les spores des
« algues donnent la fièvre intermittente. — Je l'ai éprou-
« vée chaque fois que je les ai étudiées de trop près. »
Comme je cultivais mes algues dans de l'eau pure, et non
dans de l'eau des marais, où je les avais recueillies, je
n'attachai aucune importance à ces observations.

« Mal m'en prit. Un mois plus tard, à l'époque de la
fructification, je fus pris d'un frisson, mes dents claquè-
rent, j'avais la fièvre, elle dura six semaines..... Quand je
revis le professeur de botanique, Charles Morren, je lui
racontai ce qui m'était arrivé. « Vous voyez, me dit-il,
« je vous l'avais bien dit ; vous n'êtes pas le seul que j'ai
« vu devenir fièvreux de la sorte [1]. »

Un dernier mot sur les poussières de l'air : on a fait
jouer, dans ces derniers temps, un rôle important et fort
curieux aux matières salines, dont nous avons indiqué
plus haut la présence. D'après quelques savants, ces poussières minérales agiraient, dans certains cas, comme de
véritables germes capables, non pas d'engendrer des êtres
vivants, mais de provoquer, par leur simple contact, de
merveilleuses cristallisations au sein de certaines disso-
lutions salines. Une courte digression est ici nécessaire
pour faire comprendre les phénomènes auxquels nous
faisons allusion.

La plupart des sels solubles se dissolvent en plus grande
quantité dans l'eau chaude que dans l'eau froide : une
dissolution saline faite à chaud, doit, par conséquent,
abandonner en se refroidissant une partie du sel à l'état
de cristaux. Or il arrive quelquefois qu'un sel se soustrait à la règle commune ; ce qui devait se déposer par
suite de l'abaissement de température reste dissous ; la

---

1. *Dictionnaire annuel du progrès des sciences et institutions mé-
dicales*, par M. P. Garnier, 1866.

liqueur froide conserve toute sa limpidité et ne fournit pas de cristaux, on dit alors qu'elle est *sursaturée*.

Le sulfate de soude se prête très bien à ce genre d'expérience : il suffit de dissoudre deux parties de ce sel dans une partie d'eau bouillante; si la solution est abritée du contact de l'air, elle reste limpide après le refroidissement, elle est sursaturée. On réalise facilement ces conditions en plaçant le liquide dans un matras de verre à col effilé que l'on scelle ensuite à la lampe. Mais vient-on à permettre l'accès de l'air en brisant la pointe du ballon, en quelques instants la dissolution se prend en masse; une partie du sel se dépose, la sursaturation n'existe plus. C'est à Gay-Lussac que l'on doit la première observation de ce fait; il a été étudié plus tard, avec beaucoup de soin, par Lœwel, et par M. Gernez dans ces dernières années. On connaît d'ailleurs, aujourd'hui, un assez grand nombre de sels partageant avec le sulfate de soude cette curieuse propriété.

On pourrait croire que le contact de l'air est la cause essentielle de cette cristallisation subite; il n'en est pas cependant ainsi, car l'expérience ne réussit pas toujours ; l'air n'exerce souvent aucune action, d'autres fois elle ne se manifeste qu'après un temps assez long. Lœwel a fait cette observation curieuse que l'air filtré sur du coton est complètement inactif. D'un autre côté, la solution cristallise subitement au contact d'un corps sec, par exemple d'une baguette de verre. Mais, chose surprenante, cette même baguette, chauffée sur des charbons ou plongée dans l'eau bouillante, perd, pour un temps plus ou moins long, la propriété de provoquer la cristallisation.

M. Gernez, en étudiant de près cette intéressante question, a donné une explication très rationnelle de tous ces faits. Il démontre d'abord que ces cristallisations, si capricieuses en apparence, se produisent *toujours* au contact d'un cristal, pour si petit qu'il soit, de sulfate de soude ; or, comme une dissolution de ce sel cristallise presque constamment sous la seule influence de l'air, il en conclut que c'est à la dissémination dans l'atmosphère du sulfate de soude cristallisé qu'il faut attribuer le phénomène. Ce sel ferait donc partie dés poussières de l'air, sous forme de cristaux infiniment petits ; ainsi s'expliquent les anomalies apparentes signalées plus haut. On se rend compte de l'inactivité de l'air filtré : une baguette de verre sèche agit par les poussières déposées à sa surface, mais la chaleur, modifiant ces poussières, détruit le germe qui provoque la cristallisation ; il en est de même de l'action de l'eau bouillante.

Enfin, M. Gernez a fait voir que l'air ne possède pas toujours la même activité ; sous ce rapport, celui des campagnes est, comme on devait le prévoir, moins apte que celui des villes à faire cesser la sursaturation ; l'on pourrait, à la rigueur, se servir d'une dissolution sursaturée de sulfate de soude pour étudier la dissémination de cette substance dans l'atmosphère.

M. Gernez a étendu le principe précédent à la recherche d'autres substances salines contenues dans les poussières de l'air ; mais, jusqu'à présent, cette méthode n'a pas conduit à d'importants résultats ; il faut signaler cependant un alun qui semble exister presque partout, et qui entre, peut-être au même titre que le sulfate de soude, dans le mélange si complexe de ces poussières. Sans attribuer une valeur exagérée à ce procédé d'analyse, on aurait tort de le négliger complètement ; peut-être nous aidera-t-il un jour à pénétrer d'une manière plus intime la constitution si compliquée du milieu qui nous entoure.

XIV

LES CHUTES MIRACULEUSES

Pluies de sang, de soufre, d'animaux, etc. — La superstition et la sience.
— Transport des sables du désert. — Les brumes rousses. — Observations
d'Ehrenberg. — Pluies de poussières rouges. — Cendres volcaniques. —
Les aérolithes et les étoiles filantes.

Il nous reste, pour compléter le tableau des scènes si
diverses dont l'atmosphère est le théâtre, à jeter un coup
d'œil rapide sur quelques phénomènes aux apparences les
plus singulières, dont le caractère merveilleux et presque
surnaturel a si souvent jeté l'effroi et la consternation au
sein des populations superstitieuses. Tout le monde connaît ces mille récits légendaires si nombreux dans les
écrits du moyen âge et qui, même de nos jours, trouvent
encore créance auprès des âmes faibles et des esprits igno-
rants. Ce sont des pluies de sang, de soufre, de feu même,
déchaînées sur la terre par la colère divine ; d'autres fois,
des animaux immondes, des crapauds, des grenouilles,
des chenilles, des insectes de toute nature s'échappent subitement des nuages pour s'abattre sur le sol. Dans quel-

ques cas cependant, ces manifestations extraordinaires,
loin de répandre la terreur, semblent naître, au contraire,
sous l'empire d'une volonté bienfaisante, ce sont des pluies
de blé assez abondantes pour nourrir toute une population ; diverses substances alimentaires, de la chair même,
tombent du ciel, rappelant la manne du désert.

Pour si fabuleux qu'ils paraissent, ces faits ne sont pas
indignes d'attirer un instant notre attention : en faisant
la part du côté merveilleux et surnaturel de tous ces prodiges, on trouve dans les seules actions de la nature l'origine rationnelle de ces curieuses légendes, et il est facile
d'expliquer le crédit qu'elles ont trouvé, soit par des analogies grossières amplifiées par des idées superstitieuses,
soit par la tendance des prêtres des anciens cultes à exploiter à leur profit la crédulité populaire. De pareils miracles deviennent, comme tant d'autres, tous les jours
moins communs ; ils cessent de se produire partout où on
cesse d'y croire, mais les causes premières de ces inven-
tions conservent toujours leur activité, c'est ce côté de
la question que nous devons nous borner à examiner.

M. Flammarion a fait un relevé intéressant des récits
légendaires enregistrés dans nos chroniques depuis le
commencement de notre ère jusqu'à la fin du siècle dernier ; nous lui empruntons la relation d'une de ces averses
miraculeuses dont l'examen attentif a fait découvrir la
véritable origine[1].

« Au commencement de juillet 1608, une de ces pré-
tendues pluies de sang vint tomber dans les faubourgs
d'Aix, en Provence, et cette pluie s'étendit à une demi-
lieue de la ville. Quelques prêtres de la ville, trompés ou
désireux d'exploiter la crédulité publique, n'hésitèrent
pas à voir dans cet événement des influences sataniques.

1. *L'atmosphère*, page 696.

Heureusement un homme instruit, M. de Peiresc, se livra
sur ce soi-disant prodige à des recherches assidues, exa-

Fig. 78. — Pluie de sang à Aix, en 1608.

mina surtout de ces gouttes fixées à la muraille du cime-
tière de la grande église d'Aix et de quelques maisons

voisines. Il reconnut bientôt qu'elles n'étaient autre chose
que les excréments des papillons qu'on avait observés en
abondance dans le commencement de juillet.... Cependant,
en dépit des remarques rassurantes de Peiresc, le peuple
des faubourgs d'Aix continua de ressentir une véritable
terreur à la vue de ces larmes sanglantes qui tachaient le
sol de la campagne. »

Nous avons déjà fait connaître les influences nombreuses qui agissent sur l'atmosphère pour troubler
continuellement son repos : les vents, les tempêtes, les
trombes la bouleversent sans cesse. On sait avec quelle
prodigieuse puissance ces météores exercent leur action
sur les portions du globe qu'ils parcourent ; on les a vus dé-
vaster en quelques instants les contrées les plus fertiles,
déraciner des arbres séculaires, renverser des édifices,
soulever à d'immenses hauteurs de colossales colonnes
d'eau. En présence de faits révélant une énergie si for-
midable, peut-on s'étonner de voir les mêmes agents
transporter à de grandes distances des flots de sable et
de poussière violemment arrachés à la croûte du globe,
pour les déposer ensuite dans des régions fort éloignées?
Ces faits se manifestent tous les jours sous nos yeux,
souvent même ils se produisent avec une régularité et
une continuité désespérantes, modifiant à chaque instant la configuration d'un pays. C'est ainsi que, sous
l'influence du simoun, d'énormes tourbillons de sable,
transportés vers la haute Égypte, reculent constamment
vers l'est les limites de l'immense Sahara. « Les can-
tons de la Thébaïde, nous dit Jean Reynaud, autrefois
les plus peuplés et les plus florissants de la terre, appartiennent maintenant au désert. Les temples élèvent sur
le sable, comme sur les eaux d'un déluge, leurs som-
mités désolées, et les sphinx, semblables à ces animaux
fossiles de l'ancien monde dont on ne découvre plus les

traces qu'au sein des couches souterraines, dorment en paix dans ces profondeurs. »

D'autres fois, des conditions météorologiques, intermittentes ou périodiques, se font sentir sur de vastes contrées et soulèvent dans l'atmosphère des amas de matières pulvérulentes qui, transportées par les vents à de très grandes distances, vont s'abattre périodiquement sous la forme de pluies minérales dans des régions lointaines. Voici un curieux exemple de ce phénomène aujourd'hui bien étudié : A certaines époques de l'année, les navigateurs de l'océan Atlantique voient tomber dans le voisinage des îles du cap Vert, une fine poussière de couleur rouge, qui couvre bientôt les voiles et tous les agrès du navire; l'air s'obscurcit légèrement en prenant une teinte rougeâtre, ce qui a fait donner au phénomène le nom de *brumes rousses*. Cette apparition, à peu près périodique à l'époque des équinoxes, s'étend sur une surface maritime de plus d'un million de mètres carrés. Ce fait était de nature à exciter l'attention des météorologistes; il a trouvé une explication très satisfaisante dans les observations d'Ehrenberg et de Maury.

Ehrenberg, ayant réuni un grand nombre d'échantillons de ces pluies minérales tombées en différents points du globe, reconnut par une analyse délicate qu'elles possédaient toutes une composition identique : leurs matériaux solides sont presque entièrement formés d'animaux infusoires associés à quelques parties molles de plantes, à du sable quartzeux et à de l'argile. Mais, chose remarquable, des formes organiques si diverses appartiennent, dans tous les cas, à des espèces américaines; elles présentent l'identité la plus complète avec celles que le même savant a observées dans les boues recueillies entre les embouchures de l'Amazone et de l'Orénoque. Jamais M. Ehrenberg n'a pu découvrir, dans ces poussières, des infusoires propres à d'autres régions. et ses observations forcent à admettre que toutes les pluies minérales observées nous arrivent du Nouveau-Monde.

Le fait une fois admis, la périodicité de la brume rousse s'explique sans difficulté ; elle est, comme le fait observer Maury, une conséquence de la grande circulation atmosphérique. Le bassin de l'Orénoque et celui du fleuve des Amazones se convertissent alternativement, au printemps et en automne, en de vastes déserts secs et arides ; l'eau y a complétement disparu, et les alisés peuvent facilement entraîner la poussière qui tourbillonne dans ces savanes desséchées ; transportées de là dans l'autre hémisphère, elles se déposent, soit seules, soit mélangées à la pluie qui s'échappe des nuages.

Souvent enfin ces pluies de poussière apparaissent d'une manière accidentelle et ne semblent liées à aucune cause générale; mais leur mode de formation admet toujours une origine analogue. Nous pourrions citer un très grand nombre d'exemples de ces météores extraordinaires. Nous indiquerons seulement un des plus remarquables, observé, en 1846, dans les départements de l'Ardèche, de l'Isère et de la Drôme. Voici la description que l'on en trouve dans les comptes rendus des mémoires de l'Académie des sciences :

« La pluie a commencé le 17 octobre, vers midi, et a duré environ deux heures : on s'en est aperçu ici à Lamartre, au Cheylard, à Tournon, à Tain (Drôme) (une étendue d'une dizaine de lieues; je ne sais s'il en a été de même ailleurs). C'étaient de grosses gouttes, d'un rouge de sang, et figurant ce liquide à s'y méprendre. Peu à peu il s'opérait, dans les gouttes tombées et restées en repos, une espèce de décomposition semblable à celle qui s'opère entre le sérum et les globules du sang. Le liquide surnageait et l'on voyait au fond une matière rougeâtre semblable à de la brique pilée : les feuilles en étaient couvertes. Cette matière provenait sans doute de terrains rougeâtres, pourtant inconnus dans nos pays, d'où l'eau de la pluie provenait.... Dans certaines localités, l'effroi a été grand : les femmes de la campagne voyant leurs parapluies et leurs coiffes teints en rouge, se sont hâtées de regagner le logis; dans d'autres endroits, à la vue des herbes tachées, on s'est empressé de retirer les bestiaux des pâturages. »

A ces causes, déjà si puissantes, s'en joignent d'autres encore d'une effrayante intensité. Les éruptions volcaniques sont fréquemment accompagnées de la projection d'une masse énorme de cendres qui retombent ordinairement autour du cratère qui les a vomies : tout le monde connaît la terrible catastrophe qui ensevelit la ville de Pompéi sous les cendres du Vésuve; il n'est pas rare non plus de voir ces cendres transportées à de grandes distances par les courants atmosphériques. Les éruptions des volcans de l'Islande ont quelquefois couvert de cendres les côtes de la Norvège, et celles du Vésuve sont allées tomber jusqu'à Constantinople ou en Égypte. Nous avons déjà cité (p. 126) quelques faits plus surprenants encore. On a vu les cendres du volcan de Saint-Vincent et du Cosiguina, lancées à une immense hauteur, parcourir des distances de plusieurs centaines de lieues et retomber en flots épais au bout de plusieurs jours dans des régions fort éloignées de celles où elles avaient pris naissance, indiquant, par la direction de leur trajet, celle des vents alisés supérieurs.

Ajoutons à ces actions si énergiques celle des trombes, dont la puissance mécanique ne le cède en rien aux précédentes, nous aurons un tableau à peu près complet des forces prodigieuses qui bouleversent à la fois l'atmosphère et la surface du globe. Ces météores électriques engendrent souvent de véritables tempêtes de poussière; d'autres fois, ils pompent à la surface de l'Océan des torrents d'eau salée : on a vu des trombes dessécher en

quelques minutes des étangs et transporter dans les nuages les poissons et les autres animaux qui vivaient dans
leurs eaux.

Ces faits, heureusement assez rares, suffisent à rendre
compte de ces relations empreintes d'un caractère surnaturel. Une exagération superstitieuse, souvent intéres-
sée, a transformé en pluies de sang ces chutes de poussières rougeâtres colorées le plus souvent par des argiles
ferrugineuses. Les pluies de soufre trouvent leur explication dans des analogies du même ordre : l'odeur ordinairement sulfureuse des cendres volcaniques est probablement le seul caractère qui ait servi à établir la
nature de ces pluies miraculeuses. D'autres fois on a vu, et
le fait est constaté par des observations authentiques, le
pollen de certains arbres, tels que les pins et autres conifères, transporté par les vents, s'abattre sur le sol dans
une grande étendue. La couleur jaune de ces pollens
et leur état pulvérulent suffisent pour excuser les grossières erreurs qui ont donné lieu à des fables si connues
et trop souvent rajeunies.

Quant aux pluies d'animaux vivants, il est un grand
nombre de récits fantastiques qui trouvent encore créance
auprès des amateurs du merveilleux. Nous ne voudrions
pas nier d'une manière absolue la possibilité de quelques-unes de ces chutes extraordinaires de petits animaux, l'action des trombes pourrait à la rigueur en
rendre compte; il est bon de remarquer cependant que
les animaux qui jouent le principal rôle dans ces récits
miraculeux vivent ordinairement cachés dans des trous
ou sous des pierres, et abandonnent volontiers leurs
tanières après les pluies d'orage. La plupart des averses
de crapauds et de grenouilles n'ont certainement pas
d'autre origine.

Les corps terrestres, arrachés à la surface du sol, ne

sont pas les seuls à circuler ainsi dans notre atmosphère ;
il en est d'autres qui n'obéissent ni aux trombes, ni aux
tempêtes, que ne vomissent pas les cratères enflam-
més des volcans et dont l'origine, pendant longtemps
problématique, a été pour la science moderne l'objet de
révélations inattendues. Nous voulons parler des *pierres
tombées du ciel*, désignées sous le nom d'*aérolithes* ou de
météorites. Un phénomène aussi important et aussi extraordinaire que des pluies de pierres était bien fait pour
exciter la curiosité et l'imagination des premiers observateurs ; aussi n'est-il pas étonnant de voir certaines pierres
mystérieuses élevées au rang des divinités les plus puissantes et les plus redoutées. Nous ne saurions reproduire
ici toutes les relations plus ou moins authentiques qui,
depuis les temps mythologiques jusqu'à notre époque, ont
trouvé place dans les annales des divers peuples ; on suivra
cependant avec intérêt dans son évolution scientifique la
question si longtemps controversée de la nature de ces
singuliers météores. On ne voit pas sans quelque surprise
l'origine extra-terrestre des aérolithes, attestée dès la
plus haute antiquité par de nombreux témoignages, mise
en doute à mesure que les observations se multiplient, et
reléguée au rang des légendes les plus extravagantes par
ceux-là même qui immortalisaient leur nom en jetant les
fondements les plus solides de la science moderne.

En 1768, au moment où ces faits étaient regardés
comme fabuleux, trois chutes eurent lieu sur des points
différents de la France : l'une à Lucé, dans le Maine ; une
autre à Aire, en Artois ; la troisième à Coutances, en Normandie[1]. La mutuelle ressemblance des pierres de ces
trois chutes et les conditions identiques des trois phénomènes provoquèrent l'attention de tout le monde. L'Académie des sciences nomma alors une commission formée

---

[1] Voyez *Revue des cours scientifiques*, t. IV, 1867. Les pierres qui
tombent du ciel, conférence par M. Stanislas Meunier.

de trois membres, parmi lesquels était Lavoisier. La chute de Lucé occupa surtout les commissaires. Leur enquête établit que le 13 septembre 1768, vers quatre heures et demie du soir, on vit paraître près de Lucé un nuage orageux, d'où partit un coup de tonnerre sec et à peu près semblable à un coup de canon; qu'on entendit ensuite un sifflement violent qui imitait si bien le mugissement d'un bœuf, que plusieurs personnes y furent trompées. « Enfin, plusieurs particuliers qui travaillaient à la récolte dans la paroisse de Périgné, à trois lieues environ de Lucé, ayant entendu le même bruit, regardèrent en haut, et virent un corps opaque qui décrivait une ligne courbe, et qui alla tomber sur une pelouse, dans le grand chemin du Mans, auprès duquel ils travaillaient. Tous y accoururent promptement, et trouvèrent une espèce de pierre dont environ la moitié était enfoncée dans la terre; mais elle était si chaude et si brûlante, qu'il n'était pas possible d'y toucher. Alors ils furent tous saisis de frayeur et prirent la fuite; mais, étant revenus quelque temps après, ils virent qu'elle n'avait pas changé de place, et ils la trouvèrent assez refroidie pour pouvoir la manier et l'examiner. »

Le récit était formel, les témoins avaient vu tomber la pierre; cependant la commission, dominée par les préjugés de l'époque, préféra recourir, pour expliquer le phénomène, à une série de suppositions très compliquées et très abstraites. « Nous croyons devoir conclure, disent-ils, que la pierre n'est pas tombée du ciel... L'opinion qui nous paraît la plus probable, celle qui cadre le mieux avec les principes reçus en physique et avec nos propres expériences, c'est que cette pierre, qui peut-être était couverte d'une couche de terre ou de gazon, aura été frappée par la foudre, et qu'elle aura été ainsi mise en évidence. » Les trois pierres tombées en 1768 étaient très analogues, comme nous l'avons dit; ce fait remar-

quable n'embarrassa pas les commissaires. « C'est, disent-
ils, que le tonnerre tombe de préférence sur les matières
pyriteuses. »

Après cet arrêt, prononcé par des juges aussi compé-
tents, on n'osa plus de longtemps réveiller les idées anciennes, et, lorsque de bons paysans surprenaient parfois sur le fait la chute d'un aérolithe, leur déclaration
était considérée comme le comble de l'absurdité. Cependant, vers la fin du dix-huitième siècle, un physicien
allemand, Chladni, essaya de démontrer l'origine céleste
de ces météores. Il réunit et discuta toutes les observations qu'il put recueillir; son travail produisit dans le
monde savant une vive impression.

On attendait avec impatience une occasion de vérifier
ses idées, lorsque, le 18 avril 1803, une pluie de pierres
vint tomber sur la petite ville de Laigle, en Normandie.
L'Académie des sciences chargea Biot de faire une enquête sur ce sujet. Voici, d'après de Humbold, un extrait
du remarquable travail de Biot :

« A une heure de l'après-midi, par un ciel très pur, on
vit à Alençon, à Falaise et à Caen un grand bolide se
mouvant du sud-est au nord-ouest. Quelques minutes
après, on entendit à Laigle, durant cinq à six minutes,
une explosion partant d'un petit nuage noir presque immobile, qui fut suivi de trois ou quatre détonations et
d'un bruit que l'on aurait pu croire produit par des décharges de mousqueterie, auxquelles se mêlait le roulement d'un grand nombre de tambours. Chaque détonation détachait du nuage noir une partie des vapeurs qui
le formaient. On ne remarqua en cet endroit aucun phénomène lumineux. Plus de deux mille pierres météoriques, dont la plus grande pesait 17 livres, tombèrent
sur une surface elliptique, dirigée du sud-est au nord-
ouest, et ayant 11 kilomètres de longueur. Ces pierres
fumaient, elles étaient brûlantes sans être enflammées, et

l'on constata qu'elles étaient plus faciles à briser quelques jours après leur chute que plus tard. »

A partir de cette époque, on admit sans contestation l'origine extra-terrestre des météorites. De toutes parts,

Fig. 79. — Chute d'un aérolithe.

on étudie leurs caractères et leurs propriétés ; l'analyse chimique dévoile bientôt leur constitution intime : elle montre que toutes ne se ressemblent pas par leur nature ; elle indique en même temps des moyens certains de les reconnaître et de les distinguer de toutes les productions terrestres. Cette partie de la science, aujourd'hui très avancée, permet d'établir, parmi les météorites, plusieurs divisions parfaitement tranchées et d'une grande importance.

Les unes, relativement assez rares, sont des blocs de fer massif ; le Muséum d'histoire naturelle de Paris en possède deux échantillons très remarquables. L'un d'eux, pesant près de 600 kilogrammes, a été trouvé à Caille (Alpes-Maritimes) en 1828 : il servait, de temps immémorial, à amarrer les navires, sans que personne se doutât de son origine. Le second échantillon a été récemment rapporté du Mexique ; il a la forme d'un tronc de pyramide triangulaire, mesurant près d'un mètre et demi de hauteur, et pèse 780 kilogrammes. Il a été trouvé dans la petite ville de Charcas, où il était l'objet d'une sorte de culte.

Un second groupe renferme les aérolithes de beaucoup les plus fréquents, ils ont l'apparence de la pierre : ce sont des masses grises et rudes au toucher, au milieu desquelles sont disséminés de petits grains de fer, des cristaux de pyrite, du péridot et de petites boules pierreuses très remarquables. A ce type se rattachent les météorites de Lucé et de Laigle dont nous avons déjà parlé, celle de Juvénas (Ardèche), tombée en 1821, et pesant 92 kilogrammes, et une foule d'autres d'un très grand intérêt.

Enfin, on connaît quelques météorites charbonneuses : ce sont les plus rares, car on ne peut encore en citer que quatre chutes bien constatées. La première eut lieu à Alais (Gard), en 1806 ; la seconde, au cap de Bonne-Espérance, en 1838 ; la troisième, à Kaba (Hongrie), en 1857 ; la quatrième, à Orgueil (Tarn-et-Garonne), en 1864.

A côté de ces aérolithes plus ou moins volumineux, il faut citer de véritables nuages de poussière tombés du ciel avec tout le cortège des phénomènes sonores et lumineux

qui accompagnent l'arrivée des productions météoriques;
d'autres fois, tous ces signes précurseurs se manifestent
avec une grande violence sans qu'on voie rien tomber à
leur suite; enfin, dans quelques cas plus rares, une pluie
de poussière météorique se produit dans un calme complet de l'atmosphère, sans être précédé ni suivi d'aucune
manifestation lumineuse ou sonore. Voici un cas fort intéressant d'une chute de ce genre :

Le navire américain *Josiah-Bates* naviguait dans les
eaux indiennes au sud de Java, lorsqu'une pluie de petites pierres très fines, ressemblant beaucoup à des excréments d'oiseaux, tomba subitement sur le pont, sans
qu'aucun autre phénomène permît d'expliquer une circonstance aussi singulière. Ces poussières, recueillies par
le capitaine Calloun, furent examinées par Ehrenbreg. Il
reconnut, en les étudiant au microscope, qu'elles étaient
formées de très petites sphères juxtaposées, la plupart
creuses, dont le diamètre moyen ne dépassait pas trois
millièmes de ligne; l'analyse chimique n'y découvrit que
du fer mélangé à un peu d'oxyde du même métal. Ainsi
une ligne cube d'acier suffirait pour produire 27 000
millions de ces vésicules microscopiques. Cette poussière
provient, on ne peut en douter, de la même source que
les aérolithes; elle rappelle, par sa constitution, les fers
météoriques de Caille et de Charcas, et n'en diffère essentiellement que par sa forme et son extrême ténuité.

D'où viennent ces mystérieux projectiles aux allures si
capricieuses, aux apparences si diverses? Laplace admettait que les météorites ne sont autre chose que les déjec-
tions de volcans lunaires; le savant géomètre démontra,
pour appuyer sa théorie, qu'un corps, lancé de la lune
avec une vitesse quatre ou cinq fois supérieure à celle
d'un boulet de canon, ne retomberait pas sur la lune,
mais se précipiterait sur la terre. Cette ingénieuse hypo-

thèse, parfaitement soutenable au point de vue mathématique, ne résiste pas devant l'étude physique des phénomènes ; car il n'existe pas dans la lune de volcans en activité, de plus, les aérolithes ne sont nullement comparables à des produits volcaniques.

Déjà, avant Laplace, Chladni avait émis l'opinion que l'espace renferme, outre les astres dont nous pouvons suivre la marche, de petites masses de matières isolées, trop petites pour être aperçues, et qui se meuvent comme les astres, jusqu'à ce qu'elles arrivent assez près d'un autre corps céleste pour être attirées par lui et tomber à sa surface. Dans cette hypothèse, la chute des météorites serait due à l'attraction de la terre sur ces planètes microscopiques. La théorie de Chladni s'accorde parfaitement avec toutes nos observations ; elle explique d'une manière satisfaisante toutes les conditions du phénomène ; c'est à elle que se rattachent aujourd'hui les astronomes et les physiciens.

Nous ne saurions, sans nous écarter de notre sujet, pénétrer plus profondément dans cette question intéressante. Disons seulement que, d'après cette manière de voir, les aérolithes appartiennent à ce groupe de météores si communs, connus sous le nom d'étoiles filantes. L'analogie peut, au premier abord, ne pas paraître évidente si on se borne à un examen superficiel : en général, aucun phénomène apparent ne précède ni ne suit l'apparition de ces météores lumineux ; ils disparaissent, comme ils sont venus, en silence et avec une prodigieuse rapidité ; mais il n'en est pas toujours ainsi. Quelquefois, au milieu d'un essaim d'étoiles filantes, on aperçoit d'énormes globes de feu, d'un éclat éblouissant, parcourant l'espace avec une énorme vitesse et laissant derrière eux une longue trainée de feu qui se dissipe avec lenteur après avoir rempli l'espace de cendres étincelantes. Ce sont les bolides, qui ne diffèrent des étoiles filantes que par un éclat inaccoutumé. Quelquefois, enfin, l'apparition de ces bolides est accompagnée de détonations formidables, et le plus souvent alors se produit la chute de quelque aérolithe.

Ces manifestations si diverses sont toujours le résultat de la pénétration, dans notre atmosphère, d'astéroïdes microscopiques déviés de leur orbite. La lumière, qui les rend visibles, est une conséquence de l'énorme échauffement qu'ils éprouvent en traversant un milieu résistant. Cette élévation de température est d'ailleurs attestée par toutes les observations directes et, mieux encore, par les indices de fusion que l'on remarque à la surface de presque tous les aérolithes. On explique facilement la différence d'éclat, si variable d'un météore à un autre, soit par leur volume relatif, soit par la hauteur à laquelle ils rencontrent l'atmosphère, soit enfin par leur nature chimique. Ajoutons qu'on peut mesurer avec assez d'exactitude l'altitude à laquelle ils apparaissent, pour affirmer que la manifestation de lumière qui les accompagne se produit toujours dans l'air plus ou moins raréfié.

En résumé, parmi les astéroïdes qui pénétrent dans la sphère d'attraction de notre globe, le plus grand nombre ne fait que passer dans les régions supérieures de l'atmosphère ; ils en ressortent ensuite pour continuer leur route dans l'espace : ce sont les étoiles filantes proprement dites et la plupart des bolides. Quelques-uns se rapprochent suffisamment de la terre pour ne pouvoir résister à son attraction : ceux-là tombent et donnent naissance aux aérolithes ou aux pluies de pierres, selon qu'ils restent intacts ou qu'ils se divisent, pendant leur chute, en fragments plus ou moins nombreux.

XV

L'AIR ET LES ANIMAUX

Production de chaleur par les animaux. — Source de la chaleur animale — Respiration pulmonaire. — Dégagement d'acide carbonique. — Expériences de Lavoisier. — Lieu des combustions respiratoires. — Respiration des insectes, des animaux inférieurs. — Animaux aquatiques. — La respiration pendant le travail. — L'air confiné. — Disparition de l'oxygène dans l'atmosphère. — Accumulation d'acide carbonique. — Les madrépores.

Tous les êtres vivants répandus à la surface du globe, animaux ou végétaux, puisent dans l'atmosphère leur première condition d'existence; l'air est, pour tout ce qui vit, l'aliment le plus indispensable, et, depuis que l'homme observe ce qui se passe autour de lui, il a dû être frappé de l'étroite relation qui unit la vie à la respiration. Cette fonction, l'une des plus importantes de l'économie, ne peut être suspendue sans que la mort en soit la suite inévitable. On sait, depuis des siècles, que le même air ne peut servir indéfiniment à l'entretien de la vie, et que, dans certains gaz, les animaux meurent rapidement asphyxiés. Des expériences fort anciennes ont montré, de plus, une frappante analogie entre la combustion et la respiration : la flamme s'éteint comme la vie, dès que l'air vient à faire défaut. Si tous ces faits étaient connus, il s'en faut de beaucoup que leur interprétation ait suivi la même marche ; l'opinion la plus généralement répandue jusqu'à la fin du dix-huitième siècle, n'attribuait à l'air d'autre usage, dans l'acte respiratoire, que celui de rafraichir le sang en traversant les poumons ; il faut arriver à Lavoisier pour voir cette grande question posée sur son véritable terrain et définitivement résolue.

Quand on considère la manière d'être des animaux les plus parfaits, on remarque un fait important lié à leur existence de la manière la plus intime : ils ont tous la propriété d'engendrer de la chaleur et de maintenir leur température à un degré supérieur à celle du milieu dans lequel ils vivent. Les mammifères et les oiseaux présentent ce caractère de la manière la plus évidente, ils réagissent, sous ce rapport, avec une extrême énergie contre toutes les influences extérieures, et conservent une température sensiblement constante sous toutes les latitudes et dans tous les climats. Dans leur voyage d'exploration aux régions polaires, le capitaine Parry et le capitaine Back ont constaté que ces animaux peuvent maintenir leur chaleur propre à 60 et même à 79 degrés au-dessus de celle de l'atmosphère. L'homme lui-même peut braver les froids les plus excessifs sans que sa température soit notablement modifiée ; il résulte, des observations de J. Davy, que la température des matelots ne s'élève pas de plus de 1 degré, lorsque, des climats froids de l'Europe septentrionale, ils passent aux régions les plus chaudes de la zone intertropicale [1].

Quant aux animaux placés plus bas dans l'échelle

----

[1] Voyez Gavaret, *Les phénomènes physiques de la vie.*

des êtres, ils jouissent encore de la même faculté, mais à des degrés très divers. Les reptiles, les poissons, les insectes, les mollusques même, obéissent, comme les oiseaux et les mammifères, à cette loi générale, et c'est à tort qu'on leur a imposé la dénomination trop absolue d'animaux à *sang froid.* Ils produisent de la chaleur, mais en si faible quantité, que leur température ne dépasse souvent que de quelques fractions de degré celle du milieu ambiant ; l'on peut dire, d'une manière générale, que la faculté de produire de la chaleur s'accentue d'autant mieux que l'organisation des animaux est plus parfaite.

Quelle est l'origine de cette chaleur animale ? Il n'est peut-être pas de question sur laquelle on ait plus discuté et qui ait enfanté plus de systèmes et plus d'erreurs ; sans entrer ici dans l'examen des ardentes polémiques qu'elle a soulevées, nous allons essayer d'exposer sommairement les différents phénomènes qui se produisent dans l'acte de la respiration chez les animaux les plus élevés. Cette étude nous conduira à une théorie générale applicable, sans restriction, à toutes les espèces animales.

L'appareil respiratoire proprement dit est formé, chez les animaux supérieurs, par les poumons, organes dont la structure intime est assez compliquée. Ils sont essentiellement constitués par des tubes creux, ramifiés un grand nombre de fois, dont les dernières divisions débouchent dans de très petites vésicules, accolées les unes aux autres, dans la paroi desquelles rampent de nombreux vaisseaux sanguins. Tous ces canaux, désignés sous le nom de *bronches,* aboutissent supérieurement à un tronc commun, la *trachée-artère,* qui communique elle-même par le nez et la bouche avec l'air extérieur. Les poumons, généralement au nombre de deux, sont placés dans la poitrine, sur laquelle ils se moulent et qu'ils remplissent presque entièrement ; cette cavité est limitée

extérieurement par les côtes, et séparée inférieurement
de l'abdomen par un organe musculaire, le *diaphragme*.
La figure 80 montre la distribution des bronches dans
l'intérieur du tissu pulmonaire. Les deux poumons sont
représentés dans leur ensemble (fig. 81), en relation avec
le cœur et les gros vaisseaux qui en émergent.

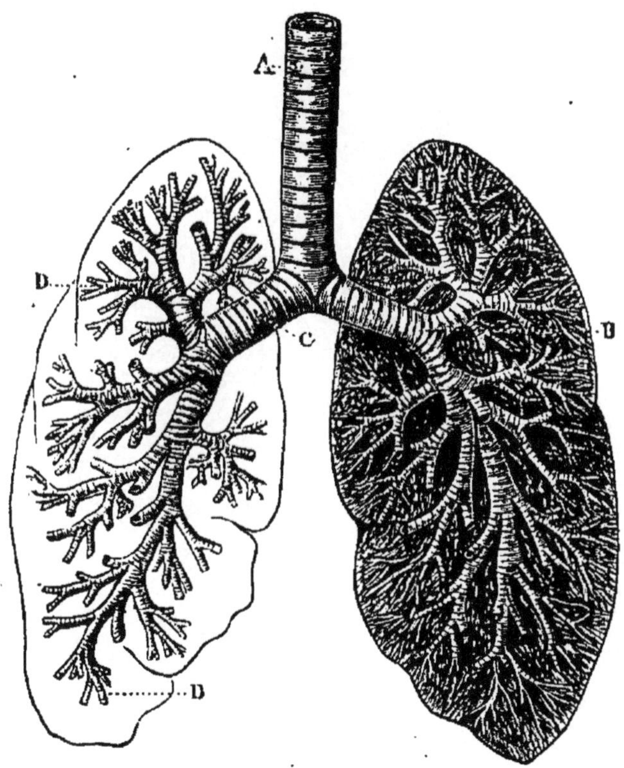

Fig. 80. — Distribution des bronches dans l'intérieur des poumons.

L'acte respiratoire, réduit à ses conditions physiques,
comprend deux phases distinctes : la première a pour
but de faire pénétrer dans les poumons une certaine quantité d'air, on la désigne sous le nom d'*inspiration*. Cet
appel d'air est déterminé par le jeu des côtes et du diaphragme. Les premières, sous l'influence de muscles
nombreux, agrandissent, en se soulevant, la cavité de la

poitrine, pendant que le diaphragme produit, en s'abaissant, le même résultat ; de cette augmentation de volume
résulte une diminution de pression qui force l'air extérieur à pénétrer dans les poumons. Par un mécanisme
inverse, la poitrine diminue ensuite de capacité, de sorte

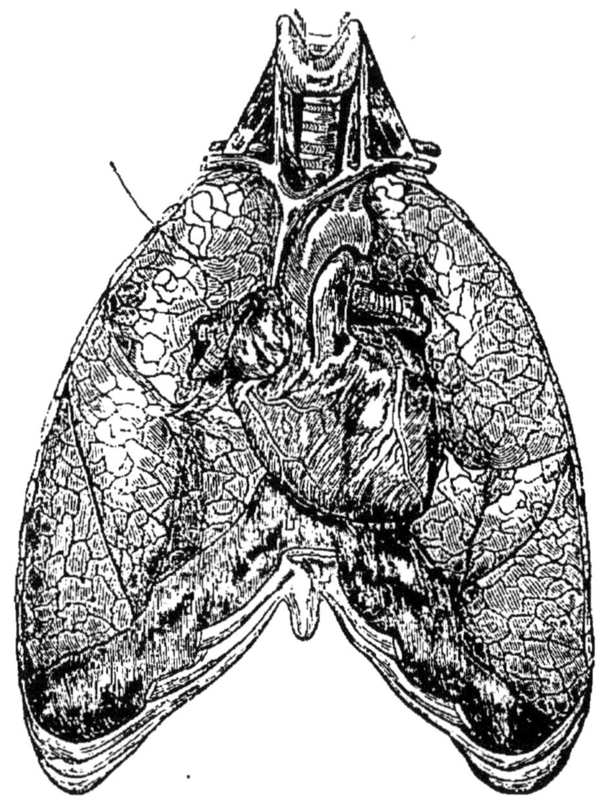

Fig. 81. — Les poumons et le cœur dans l'intérieur de la poitrine.

qu'une partie des gaz contenus dans les poumons est rejetée au dehors ; cette seconde phase, opposée à la première, constitue l'*expiration*.

Si maintenant nous considérons les phénomènes respiratoires dans ce qu'ils ont d'essentiel, un premier fait
frappe notre attention : l'air introduit dans les poumons

par l'acte de l'inspiration, est de l'air pur, c'est-à-dire
un mélange d'oxygène et d'azote ; il n'en est plus de même
des gaz expirés ; ceux-ci sont d'une nature beaucoup plus
complexe. En analysant avec soin ces produits gazeux, on
trouve qu'ils contiennent l'azote primitivement introduit
dans les poumons, mais une partie de l'oxygène a dis-

Fig. 82. — Production d'acide carbonique dans la respiration.

paru, et se trouve remplacé par une proportion considérable d'acide carbonique.

La formation de ce composé est le fait fondamental de
la théorie de la respiration ; il est d'ailleurs facile de la
mettre en évidence par des moyens très simples. Dans
deux verres semblables, versons une dissolution limpide
d'eau de chaux : dans l'un, dirigeons, à l'aide d'un soufflet, un courant d'air atmosphérique ; le liquide se trou-
blera très lentement, car l'air contient seulement des traces d'acide carbonique ; dans le second, faisons arriver,
au moyen d'un tube, l'air qui s'échappe de nos pou-

mons; les premières bulles produiront un trouble très
visible qui augmentera avec rapidité. C'est là, nous le
savons, une des propriétés caractéristiques de l'acide
carbonique.

On peut donner à l'expérience une forme plus rigoureuse et plus scientifique : sous une cloche remplie d'air,
reposant sur un bain de mercure, on place un petit ani-

Fig. 85 — Formation d'acide carbonique dans la respiration.

mal. Deux tubes fixés dans la tubulure de la cloche
communiquent, par l'intermédiaire de tubes absorbants,
l'un, avec l'atmosphère, l'autre avec un récipient à robinet contenant de l'eau. Si on ouvre le robinet pour faire
écouler le liquide, on détermine un appel d'air qui, après
avoir traversé la cloche, vient remplacer l'eau du réser-
voir. Les tubes en U contiennent de la potasse destinée à
arrêter l'acide carbonique de l'air, de sorte que de l'eau de
chaux, placée dans l'appareil à boules qui les suit, conserve sa limpidité pendant toute la durée de l'expérience,
mais le second tube semblable, disposé entre la cloche et

l'aspirateur, se remplit bientôt d'un abondant précipité de carbonate de chaux. Cette expérience prouve, de la façon la plus nette, que la respiration des animaux, entretenue avec de l'air parfaitement pur, est une source incessante d'acide carbonique.

L'acte respiratoire donne donc naissance à un gaz identique par sa nature à celui qui se forme lorsque du charbon brûle au contact de l'air. Si nous trouvons dans l'atmosphère un des principes constitutifs de l'acide carbonique, l'oxygène, on est forcé d'admettre que le second, le carbone, est fourni par les éléments mêmes de notre corps. Nous savons que toutes les matières organisées, animales ou végétales sont essentiellement formées d'un petit nombre d'éléments fondamentaux, parmi lesquels figure en première ligne le carbone. C'est ce carbone, emprunté à nos organes, qui, s'unissant à l'oxygène de l'air, donne lieu à cette abondante production d'acide carbonique.

Mais ce corps n'est pas le seul produit qui résulte de l'action de l'oxygène sur nos tissus. Pendant la respiration, une portion de ce gaz disparaît sans qu'on le retrouve à l'état d'acide carbonique, et, bien que sa transformation soit plus difficile à suivre, il n'en est pas moins démontré d'une manière incontestable qu'il se combine avec l'hydrogène de nos organes pour former de l'eau. Ces actions si complexes, si difficiles à saisir, ont été formulées par Lavoisier en 1789 dans un immortel mémoire où la noble simplicité du style ne le cède en rien à la grandeur et à l'élévation de la pensée.

« En partant des connaissances acquises, nous dit-il, et en nous réduisant à des idées simples que chacun puisse aisément saisir, nous dirons d'abord, en général, que la respiration n'est qu'une combustion lente de carbone et d'hydrogène, qui est semblable en tout à celle qui s'opère dans une lampe ou dans une bougie allumée,

que, sous ce point de vue, les animaux qui respirent
sont de véritables corps combustibles qui brûlent et se
consument.

« Dans la respiration, comme dans la combustion, c'est
l'air atmosphérique qui fournit l'oxygène et le calorique;
mais, comme dans la respiration, c'est la substance même
de l'animal, c'est le sang qui fournit le combustible, si
les animaux ne réparaient pas habituellement par les aliments ce qu'ils perdent par la respiration, l'huile man-
querait bientôt à la lampe, et l'animal périrait, comme
une lampe s'éteint lorsqu'elle manque de nourriture.

« Les preuves de cette identité d'effets entre la respiration et la combustion se déduisent immédiatement de
l'expérience. En effet, l'air qui a servi à la respiration ne
contient plus, à la sortie du poumon, la même quantité
d'oxygène ; il renferme non seulement du gaz carbonique,
mais encore beaucoup plus d'eau qu'il n'en contient avant
l'inspiration. Or, comme l'air vital (l'oxygène) ne peut se
convertir en acide carbonique que par une addition de
carbone ; qu'il ne peut se convertir en eau que par une
addition d'hydrogène, que cette double combinaison ne
peut s'opérer sans que l'air vital perde une quantité de
son calorique spécifique, il en résulte que l'effet de la
respiration est d'extraire du sang une portion de carbone
et d'hydrogène et d'y déposer à la place une portion de
son calorique spécifique, qui, pendant la circulation, se
distribue avec le sang dans toutes les parties de l'économie animale, et entretient cette température à peu près
constante qu'on observe dans tous les animaux qui
respirent.

« On dirait que cette analogie qui existe entre la combustion et la respiration n'avait point échappé aux poètes,
ou plutôt aux philosophes de l'antiquité dont ils étaient
les interprètes et les organes. Ce feu dérobé du ciel, ce
flambeau de Prométhée, ne présente pas seulement une

idée ingénieuse et poétique, c'est la peinture fidèle des opérations de la nature, du moins pour les animaux qui respirent. On peut donc dire, avec les anciens, que le flambeau de la vie s'allume au moment où l'enfant respire pour la première fois, et qu'il ne s'éteint qu'à sa mort. »

Il n'y a rien à ajouter à ces admirables pages; depuis l'époque où elles ont été écrites, la science a perfectionné les méthodes expérimentales, elle a élucidé quelques points de détail; ses efforts ont toujours eu pour résultat de confirmer dans leur ensemble les faits fondamentaux découverts par Lavoisier. Cependant la nouvelle théorie soulevait plus d'une difficulté qui ne pouvait échapper à son auteur : que devient cette chaleur produite d'une manière continue par la respiration? Puisque la température d'un animal reste invariablement la même pendant toute sa vie, il faut nécessairement qu'il perde par une cause quelconque autant de chaleur qu'il en produit par les combustions respiratoires. La réponse à cette question exige comme on le voit des mesures directes; il s'agit de déterminer à la fois, d'une manière absolue, la quantité de chaleur perdue et la quantité produite dans le même temps par le même animal. Malgré les difficultés nombreuses dont elle était entourée, l'expérience fut tentée avec le plus grand succès par Lavoisier.

Il commença par déterminer la proportion d'acide carbonique fournie pendant un temps déterminé, dix heures par exemple, par un petit animal; ce furent des cochons d'Inde qui servirent à ces recherches. L'appareil employé était analogue à celui représenté par la figure 82 (p. 334). Il reconnut ainsi qu'en dix heures l'animal brûlait en moyenne $3^{gr},333$ de carbone. Il avait établi par des expériences antérieures, que cette quantité de charbon produit, en se transformant en acide carbonique une quantité de chaleur capable de fondre 326^{gr}, 25 de glace ; ainsi se trouvait résolu un des côtés de la question.

Il s'agissait maintenant de savoir si le même cochon d'Inde perd réellement pendant le même temps cette quantité de chaleur. A cet effet, l'animal fut placé dans une sorte de cage où l'air circulait librement et complètement entourée de glace. La disposition de cet appareil, connu sous le nom de *calorimètre de glace*, permettait de recueillir toute l'eau provenant de la fusion : Lavoisier reconnut ainsi qu'en dix heures un cochon d'Inde produisait assez de chaleur pour fondre 341 grammes de glace. Ce nombre ne concorde pas exactement avec le premier qui ne représente que les 96 centièmes du second ; le déficit correspond à la quantité de chaleur provenant de la combustion d'une certaine quantité d'hydrogène.

« On voit, ajoute Lavoisier, que la machine animale est principalement gouvernée par trois régulateurs principaux : la respiration, qui consomme de l'hydrogène et du carbone et qui fournit du calorique ; la transpiration, qui augmente ou diminue, suivant qu'il est nécessaire d'emporter plus ou moins de calorique ; enfin, la digestion, qui rend au sang ce qu'il perd par la respiration et la transpiration. »

Ainsi se trouvait définitivement établie sur des bases inébranlables, la théorie de la respiration ; cependant une difficulté se présentait encore. Dans quel point de notre organisme se produit cette combustion ? L'idée la plus simple devait la placer dans le poumon même, là où pénètre directement l'oxygène de l'air ; c'est, en effet, l'opinion qui fut adoptée *provisoirement* par Lavoisier. Mais on fit bientôt remarquer que, si la combustion du carbone s'opérait directement dans le poumon, la température de cet organe ne tarderait pas à s'élever assez haut pour

entraîner de graves lésions de texture. Lagrange, à qui l'on
doit cette observation, en conclut qu'il se passe dans le
poumon un simple échange de gaz entre l'atmosphère qui
cède son oxygène et le sang qui laissse échapper de l'acide
carbonique. Cette idée fut bientôt expérimentalement démontrée par les travaux de Spallanzani et par ceux
d'Edwards. Voici l'expérience fondamentale de ce dernier :
dans une cloche pleine d'hydrogène et renversée sur une
cuve à mercure, il introduit une grenouille placée sur un

Fig. 84. — Expérience d'Ewards.

flotteur de liège. L'animal avait été préalablement comprimé sous le mercure, de manière à chasser tous les gaz
contenus dans ses poumons. Au bout de huit heures, il
fut retiré vivant de la cloche, et l'analyse des gaz qu'elle
renfermait montra que la grenouille avait exhalé un volume d'acide carbonique supérieur à celui de son corps.
Il est donc évident que la combustion ne s'effectue pas
dans les poumons, puisqu'un animal continue à dégager
de l'acide carbonique dans un milieu complètement dépourvu d'oxygène.

En résumé, il faut admettre, avec tous les physio-
logistes modernes, que l'acide carbonique existe tout

formé dans le sang veineux. Ce sang arrive dans les
vaisseaux capillaires qui rampent dans les parois des
vésicules pulmonaires ; là, à travers les tissus infiniment
minces des vaisseaux, s'opère un échange de gaz ; le sang
perd son acide carbonique et se charge d'oxygène, en
même temps il prend une couleur rutilante, il est transformé en sang artériel. Celui-ci revient au cœur d'où il
est lancé dans les vaisseaux qui le distribuent jusqu'aux
parties les plus profondes de nos organes ; c'est là que
s'effectue réellement la combustion : le sang artériel y
brûle par son oxygène les éléments de nos tisssus, et redevient veineux en se chargeant d'acide carbonique ; il
est enfin repris par l'appareil circulatoire qui le ramène
aux poumons où il se transformé de nouveau en sang artériel sous l'action vivifiante de l'air. Il existe, on le voit,
une solidarité absolue entre la circulation sanguine et
les actes respiratoires : toutes les causes qui agissent sur
l'une de ces fonctions doivent nécessairement imprimer
à la seconde une modification correspondante.

La respiration présente le même caractère dans toute la
série animale ; il s'en faut cependant qu'elle s'effectue par
un mécanisme toujours identique. On ne doit pas s'attendre à rencontrer chez tous les animaux des organes semblables aux poumons de l'homme ; la nature se sert, au
contraire, de moyens extrêmement variés pour arriver
toujours au même but. On trouve dans certaines classes
d'animaux une forme très singulière de l'appareil respiratoire qui, abstraction faite de la fonction, ne présente
avec les poumons aucun trait de ressemblance. Chez les
insectes, par exemple, on observe entre chacun des an-
neaux dont est formé leur corps deux petites ouvertures
nommées *stigmates* : ces ouvertures ne sont autre chose
que l'orifice de tubes qui se ramifient bientôt et se subdi-
visent en un nombre infini de branches en pénétrant dans

le corps de l'animal. Ces tubes, désignés sous le nom de
trachées, sont remarquables par leurs formes élégantes ;
ce sont des cylindres creux sur lesquels un long fil
contourné en spirale semble avoir pour but de donner de la résistance et de
l'élasticité à ces canaux
aérifères. L'air pénètre par
les stigmates et suit les
trachées jusque dans leurs
plus fines ramifications où
il rencontre le sang qu'il
doit revivifier. Ainsi, tandis

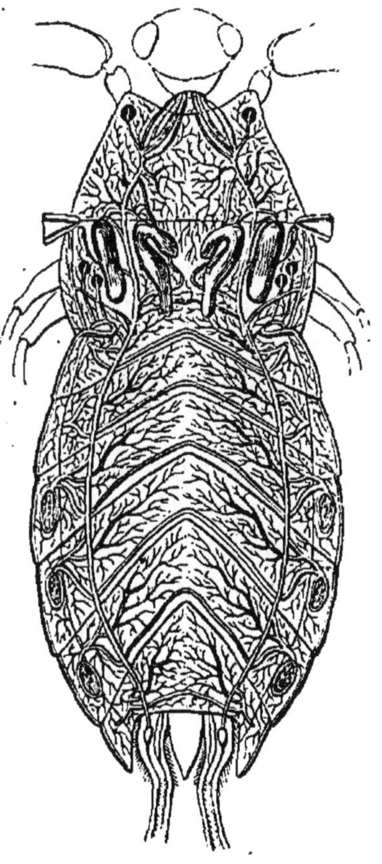

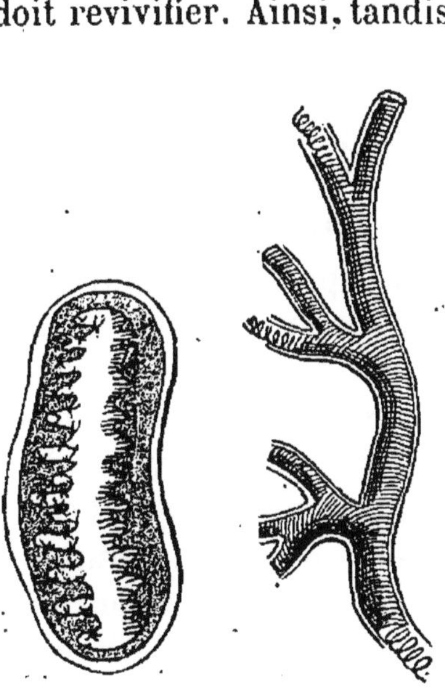

Fig. 85. — Stigmate et fragment
de trachée.

Fig. 86. — Appareil respiratoire
d'un insecte.

que dans la respiration pulmonaire le sang va à la rencontre de l'air, dans la respiration trachéenne, au contraire, l'air circule pour aller à la rencontre du sang
et le régénérer.

Chez beaucoup d'animaux inférieurs, on ne trouve plus
aucune trace d'organes respiratoires ; c'est ce que l'on

observe chez un grand nombre de vers; la sangsue nous offre un curieux exemple de cette fonction réduite à sa plus grande simplicité : chez cet animal, le sang circule dans un réseau vasculaire très compliqué, placé directement sous la peau; c'est à travers cette mince enveloppe que s'effectue l'échange gazeux entre le sang et l'oxygène de l'air. Cette *respiration cutanée* ajoute d'ailleurs presque toujours son action à celle des organes spéciaux dont sont pourvus les êtres supérieurs.

Enfin, un grand nombre d'animaux, souvent assez élevés dans l'échelle zoologique semblent, par les conditions même de leur existence, échapper à ces lois générales. Si la surface de la terre donne asile à un nombre prodigieux d'espèces animales, on en trouve un bien plus grand nombre encore dans les profondeurs de l'Océan. Le moindre cours d'eau est peuplé d'une infinité d'êtres vivants qui paraissent n'avoir avec l'atmosphère aucune relation directe. Ce n'est là qu'une apparence; l'air est aussi indispensable à la vie des poissons qu'à celle des mammifères ou des oiseaux : il suffit de soustraire pendant peu de temps à l'action de l'air des poissons contenus dans un bocal pour les faire périr par asphyxie.

On a vu, dans un des chapitres précédents, que l'eau des mers et des fleuves contient toujours en dissolution une certaine quantité d'air : ce gaz, sans cesse renouvelé par le contact continu de l'atmosphère, est l'élément actif dans la respiration des animaux aquatiques; mais de pareils animaux ont besoin d'organes spéciaux appropriés à l'état physique du milieu dans lequel ils respirent, et l'on ne sera pas surpris de trouver des modifications profondes dans leurs appareils respiratoires.

Si l'on examine avec quelque attention un poisson nageant sous l'eau, on voit, de chaque côté de sa tête, deux larges ouvertures, alternativement ouvertes et fermées par deux lames nommées *opercules*. Ces ouvertures ont reçu

le nom d'*ouïes*; au-dessous des opercules sont les *branchies*, qui constituent les véritables organes respiratoires.
Ces branchies sont formées de lames membraneuses, em-
pilées les unes sur les autres, composées chacune de plusieurs feuillets et découpées en lanières étroites, ce .qui
leur donne quelque ressemblance avec les dents d'un
peigne. L'eau que le poisson avale continuellement passe
sur ces lames pour ressortir par les ouïes; l'air en dissolution rencontre ainsi les innombrables vaisseaux san-

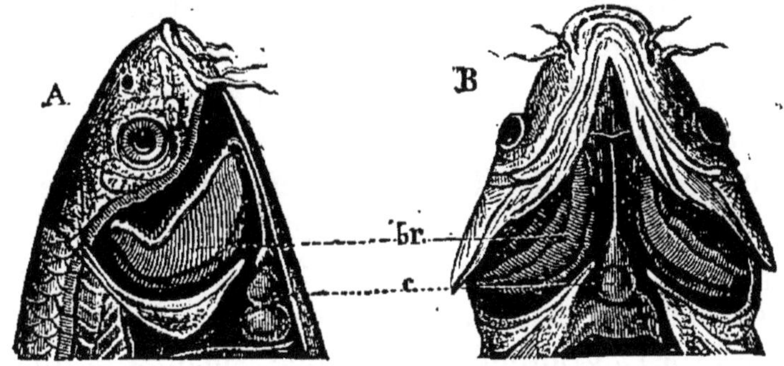

Fig. 87. — Appareil respiratoire d'un poisson — *br*, branchies ; c, cœur.

guins répandus dans les lames branchiales, et agit sur
le sang veineux en donnant lieu à toute la série de phénomènes qui se produisent dans les poumons.

Il s'en faut de beaucoup cependant que l'appareil respiratoire des animaux aquatiques présente toujours ce
degré de perfectionnement, il subit au contraire de nombreuses modifications; il se simplifie à mesure que les
êtres occupent dans l'échelle un rang plus inférieur et
finit même par disparaître entièrement. Comme chez certains animaux terrestres, c'est alors au contact de la
peau que s'effectuent les échanges gazeux nécessaires à
l'entretien de la vie.

Quel que soit leur mode de respiration, les animaux
exercent tous sur l'air une influence identique; le résultat

final est toujours le même : il y a absorption d'oxygène et exhalation d'acide carbonique. Ils agissent donc d'une manière continue comme une cause de viciation de l'atmosphère : essayons de nous faire une idée du rôle dévolu au règne animal dans cette altération.

Nous sommes loin, il est vrai, de pouvoir apprécier avec rigueur la part qui revient à ces myriades d'animaux dont nous connaissons à peine la manière de vivre; nous pourrons toutefois arriver à une approximation suffisante en examinant ce qui se passe chez l'homme dont le régime respiratoire est parfaitement connu. Voyons d'abord quels sont, dans leur ensemble, les traits les plus saillants des phénomènes de la respiration dans l'espèce humaine.

Un homme adulte, de taille moyenne, consomme, en une heure, environ 25 litres d'oxygène, transformé en eau et en acide carbonique par les actes respiratoires; on peut approximativement évaluer à 20 litres le volume d'acide carbonique exhalé, ce qui correspond à la combustion de 11 à 12 grammes de carbone. Quant à la quantité de chaleur dégagée, elle serait capable d'élever de 0 à 100 degrés la température d'un kilogramme d'eau. Ces chiffres ne peuvent être, on le conçoit, d'une constance absolue, car une foule de conditions doivent les modifier sans cesse; sans parler de l'influence exercée par l'âge, le sexe, par la mobilité extrême du milieu qui nous entoure, etc., nous appellerons l'attention sur une cause importante qui imprime à l'activité des phénomènes respiratoires une allure tout à fait spéciale : nous voulons parler de ces alternatives de repos et de travail auxquelles l'homme doit nécessairement obéir.

Quand on détermine la quantité d'oxygène consommée par un homme, on constate des différences considérables selon que le sujet soumis à l'expérience est dans un repos complet ou qu'il effectue un travail mécanique quelconque. Si, par exemple, cet homme emploie sa force musculaire à élever un poids à une certaine hauteur, ou à vaincre une résistance quelconque, s'il gravit une côte rapide, si, en un mot, il exécute un travail pénible quel qu'il soit, la quantité d'oxygène absorbé subit une augmentation correspondante. En même temps, la circulation s'accélère, les mouvements respiratoires deviennent plus rapides, la proportion d'acide carbonique exhalé est beaucoup plus considérable ; tout, enfin, dénote une plus grande activité dans les phénomènes de combustion, et le corps a besoin d'une alimentation plus copieuse pour réparer les pertes qui résultent de cette combustion exagérée. Cependant, chose remarquable, on n'observe pas chez cet homme une élévation appréciable de sa température ; c'est à peine si elle dépasse de quelques fractions de degré celle qu'il possédait pendant la période de repos. L'importance de ces faits n'avait pas échappé à Lavoisier : non seulement il les a observés avec une précision étonnante, mais il en tire des conclusions hardies que la science moderne devait brillamment justifier.

« Ce genre d'observation, dit-il, conduit à comparer des emplois de forces entre lesquelles il semblerait n'exister aucun rapport. On peut connaître, par exemple, à combien de livres en poids répondent les efforts d'un homme qui récite un discours, d'un musicien qui joue d'un instrument. On pourrait même évaluer ce qu'il y a de mécanique dans le travail du philosophe qui réfléchit, de l'homme de lettres qui écrit, du musicien qui compose. Ces effets, considérés comme purement moraux, ont quelque chose de physique et de matériel qui permet, sous ce rapport, de les comparer avec ceux que fait l'homme de peine. Ce n'est donc pas sans quelque justesse que la langue française a confondu, sous la dénomination commune de *travail*, les efforts de l'esprit comme ceux du corps, le travail du cabinet et le travail du mercenaire.

« Tant que nous n'avons considéré dans la respiration que la seule consommation de l'air, le sort du riche et celui du pauvre étaient le même ; car l'air appartient également à tous et ne coûte rien à personne ; l'homme de peine, qui travaille davantage, jouit même plus complétement de ce bienfait de la nature. Mais, maintenant que l'expérience nous apprend que la respiration est une véritable combustion, qui consume à chaque instant une portion de la substance de l'individu ; que cette consommation est d'autant plus grande, que la circulation et la respiration sont plus accélérées ; qu'elle augmente à mesure que l'individu mène une vie plus laborieuse et plus active, une foule de considérations morales naissent comme d'elles-mêmes de ces résultats de la physique.

« Par quelle fatalité arrive-t-il que l'homme pauvre, qui vit du travail de ses bras, qui est obligé de déployer pour sa subsistance tout ce que la nature lui a donné de forces, consomme moins que l'homme oisif, tandis que ce dernier a moins besoin de réparer? Pourquoi, par un contraste choquant, l'homme riche jouit-il d'une abondance qui ne lui est pas physiquement nécessaire, et qui semble destinée pour l'homme laborieux? Gardons-nous cependant de calomnier la nature et de l'accuser des fautes qui tiennent sans doute à nos institutions et qui, peut-être, en sont inséparables... »

Cherchant plus loin à établir un lien entre le travail de l'homme et son état de santé et de maladie : « Dans la course, dans la danse, ajoute-t-il, dans tous les exercices violents, quelque accélération qu'éprouvent la respiration et la circulation, quelque accroissement que prenne la consommation d'air, de carbone et d'hydrogène, l'équilibre de l'économie n'est pas troublé, tant que les aliments plus ou moins digérés, qui sont presque toujours en réserve dans le canal intestinal, fournissent aux pertes ; mais, si la dépense qui se fait par le poumon est supérieure à la recette qui se fait par la nutrition, le sang se dépouille de plus en plus d'hydrogène et de carbone, et telle est la cause sans doute des maladies inflammatoires proprement dites. Dans ce cas, l'animal est averti du danger qu'il court par la lassitude, par l'épuisement et la perte de ses forces; il sent le besoin de rétablir l'équilibre dans l'économie animale par la nourriture et par le repos. Les individus d'un tempérament faible en sont avertis plus tôt que les autres, et c'est par cette raison que les personnes d'un tempérament robuste sont les plus exposées aux maladies violentes. »

Ces pensées admirables devançaient d'un demi-siècle les hardies conceptions de la science moderne, en établissant de la manière la plus nette la relation intime qui unit le travail effectué par les animaux à l'activité de leurs combustions respiratoires; les découvertes récentes ont permis, nous l'avons vu, de pénétrer plus intimement dans la nature de ces phénomènes et de les rattacher aux lois générales qui régissent toute production de travail mécanique.

N'est-il pas naturel de comparer un animal qui travaille à une machine en activité? Cette comparaison, justifiée par l'identité des résultats définitifs, n'est pas moins exacte au point de vue de la cause qui alimente ces deux moteurs, si différents en apparence.

Dans une machine à vapeur, comme dans un animal, la chaleur de combustion se transforme constamment en travail mécanique; l'homme qui travaille consomme plus d'oxygène et brûle plus de carbone que l'homme oisif, sans produire cependant plus de chaleur; mais, à la place de celle-ci, on trouve une quantité de travail exactement équivalente à celle de la chaleur qui fait défaut, et, chose remarquable, l'équivalent mécanique de la chaleur, déduit du travail effectué par les animaux, conduit aux mêmes résultats que les méthodes les plus diverses employées par les physiciens.

Il faut remarquer, cependant, que si le corps humain est de tous points comparable à un moteur à feu, il a sur ces derniers l'énorme avantage d'utiliser d'une manière beaucoup plus parfaite la force disponible qui résulte des combustions dont il est le siège. Nos machines les mieux construites utilisent rarement, malgré leur poids et leur volume considérables, plus des douze centièmes de cette force, tandis que la machine humaine produit, sous un petit volume, un effet utile qui s'élève aux dix-huit centièmes. Un autre fait intéressant à signaler est encore plus caractéristique : les combustions animales s'effectuent toujours à une basse température, ne dépassant jamais 40 degrés ; l'industrie, au contraire, ne sait tirer profit que de combustions vives, toujours accompagnées d'une élévation considérable de température.

Arrivons maintenant à l'influence exercée par la respiration sur le milieu ambiant. Les animaux à l'état sauvage passent la plus grande partie de leur existence en dehors de toute habitation, souvent même de tout abri ; il puisent ainsi largement dans l'atmosphère l'oxygène dont ils ont besoin, et cette atmosphère, constamment agitée par les vents, conserve autour d'eux une composition toujours identique, malgré la quantité d'acide carbonique qu'ils y versent sans cesse. L'homme n'est pas aussi privilégié sous ce rapport : condamné par la civilisation à passer une partie de sa vie dans des conditions bien différentes, il n'a pas toujours à discrétion cet aliment indispensable ; trop souvent même des accidents graves sont la conséquence de cette parcimonie d'oxygène qu'il s'impose à lui-même. Que de tristes exemples de dégénérescence physique et morale ne pourrait-on pas citer, dont la cause principale tient aux conditions funestes du milieu où l'homme est assujetti à vivre! Quelques chiffres vont nous permettre de saisir exactement le rapport de la respiration humaine avec le milieu gazeux au sein duquel elle s'exerce.

L'air contient normalement, au nombre de ses éléments, une petite quantité d'acide carbonique, variant entre 4 et 6 dix-millièmes. Cette faible proportion n'exerce évidemment aucune influence fâcheuse sur la respiration; mais si, par une cause quelconque, elle s'élève à un centième, le séjour de l'homme dans une pareille atmosphère ne saurait se prolonger sans exciter bientôt une sensation de malaise prononcée. Dès qu'elle atteint 5 à 6 pour 100, la flamme d'une bougie s'éteint, et, bien que la vie puisse encore continuer, la respiration devient très pénible; le danger de séjourner dans un semblable milieu, attesté par de nombreux accidents, doit faire considérer cette proportion d'acide carbonique comme incompatible avec la vie animale.

D'un autre côté, un homme introduit par heure, dans ses poumons, près de 500 litres d'air, et rejette une quantité de gaz à peu près égale, renfermant, en moyenne, 4 pour 100 d'acide carbonique. L'air qui sort de nos poumons possède donc la composition d'une atmosphère irrespirable; si un homme est condamné à vivre dans un espace complètement clos, sa respiration finira nécessairement par vicier l'air au point de le rendre impropre à la vie. Il en sera encore de même, si l'air se renouvelle avec une grande lenteur; son action délétère ne cessera de se faire sentir que si, par une ventilation suffisante, on empêche l'acide carbonique d'atteindre la proportion de 1 centième; une pareille limite ne serait pas encore exempte de tout danger, car l'expérience démontre que la quantité d'acide carbonique ne doit pas dépasser 4 à 5 millièmes, chiffre dix fois supérieur à celui qui représente ce gaz dans l'air pur.

On a cherché à établir avec certitude quelle devait être
l'activité de la ventilation pour arriver à un pareil résultat ; théoriquement il suffirait de donner à un homme
une ration d'air de 5 mètres cubes à l'heure pour atteindre le but ; mais, dans la pratique, ce nombre est loin
d'être suffisant. Dans un travail complet sur la question,
M. Leblanc a démontré que, pour se placer dans de
bonnes conditions hygiéniques, il ne fallait pas introduire, par la ventilation, moins de 18 à 20 mètres cubes
d'air par heure et par personne ; dans ce cas seulement,
la proportion d'acide carbonique ne dépasse pas cinq
millièmes.

Ces chiffres supposent encore que la respiration est la
seule cause de viciation de l'air ; mais il n'en est pas toujours ainsi : dans une salle de spectacle, par exemple,
les nombreux appareils d'éclairage ajoutent leur action à
celle des spectateurs. Dans ce cas, on le comprend, le
renouvellement de l'air devra être encore plus rapide et
proportionné à toutes les causes de viciation. Il n'entre
pas dans notre sujet de décrire ici les différents procédés
mis en usage pour produire la ventilation ; disons seulement qu'on a le plus souvent recours à des appareils
calorifères dont la construction utilise en hiver, comme
moyen de chauffage, la chaleur qu'ils développent en dé-
terminant en même temps, par des cheminées d'appel convenablement disposées, une circulation d'air en rapport
avec les dimensions des salles à ventiler. Les cheminées
ordinaires de nos demeures constituent d'excellents ven-
tilateurs ; aussi les conserve-t-on de préférence à d'autres
systèmes de chauffage, malgré leur imperfection évidente
au point de vue de l'économie de combustible.

Quand il s'agit d'enceintes habitées, dépourvues d'appareils de ventilation ou de cheminées, il ne faut pas
trop compter, comme on le fait souvent, sur un renouvellement très efficace de l'air à la faveur des jointures

des portes et des fenêtres; ordinairement, ces effets n'arrivent pas à réduire l'altération à la moitié de ce qu'elle serait dans un espace rigoureusement fermé; il conviendra donc de limiter le nombre des individus qui pourront habiter une salle close d'après sa capacité. Supposons, par exemple, un dortoir destiné à donner asile à 50 personnes et restant fermé pendant 8 heures : en réduisant à un minimum de 6 mètres cubes par heure la quantité d'air nécessaire à chaque individu, on trouve que cette salle devrait avoir une capacité de 2,400 mètres cubes; au bout de 8 heures, la ventilation deviendrait indispensable.

Combien de salles d'hôpitaux sont au-dessous de ces limites, et cependant, à la viciation de l'air par l'acide carbonique, s'ajoutent mille émanations miasmatiques peut-être plus nuisibles encore. Les conditions de séjour des ouvriers dans un grand nombre d'ateliers et de fabriques fourniraient aussi bien des sujets de remarques pénibles. Ne faut-il pas former des vœux pour que la sollicitude de l'administration rende obligatoires des mesures d'assainissement bien faciles à réaliser, et qu'elle exerce une surveillance active sur leur exécution ?

La présence de l'acide carbonique dans l'air confiné exerce sur la respiration une action pour ainsi dire mécanique : d'une part, il occupe la place d'une portion de l'oxygène, dont il diminue la proportion absolue; d'autre part, il s'oppose, en pénétrant dans les poumons, à l'échange gazeux, qui est le phénomène essentiel de la respiration. Ce n'est pas par suite de propriétés vénéneuses comparables à celle des poisons que l'acide carbonique produit un effet délétère; il en est tout autrement des gaz engendrés ordinairement par la combustion du charbon. Tout le monde connaît l'usage malheureusement si fréquent que font du charbon allumé les

malheureux qui cherchent dans le suicide un terme à
leur misère. Dans ce cas, à l'action asphyxiante de l'acide
carbonique et à la disparition d'oxygène, se joignent les
effets beaucoup plus redoutables de l'oxyde de carbone,
produit par une combustion incomplète. M. Leblanc a
démontré la présence de ce gaz dans une atmosphère vi-
ciée par un brasier en ignition; répandu seul dans l'air à
la dose de 1 pour 100, il constitue une atmosphère immédiatement mortelle pour les animaux à sang chaud ;
la mort résulte alors d'un véritable empoisonnement dont
ne sauraient rendre compte ni les proportions exagérées
d'acide carbonique, ni le défaut d'oxygène.

Que la respiration s'effectue à l'air libre ou dans un milieu confiné, les gaz sortis des poumons se répandent toujours dans l'atmosphère où ils s'accumulent sans cesse.
Pour évaluer l'influence d'une pareille cause sur la viciation générale de l'air, admettons, avec M. Dumas, que chaque homme consomme un kilogramme d'oxygène par
jour, qu'il y ait 1 milliard d'hommes sur la terre, et
que, par l'effet de la respiration des animaux, cette consommation soit quadruplée ; dans cette hypothèse, certainement exagérée, la dépense d'oxygène serait de 4
milliards de kilogrammes par jour, et de 1460 milliards
en un an. Pour nous servir de quantités qui parlent plus
nettement à notre esprit, employons l'ingénieuse comparaison formulée par M. Dumas : le poids total de
l'oxygène contenu dans l'air est égal à celui de 134 000
cubes de cuivre massif ayant chacun 1 kilomètre de
côté; eh bien, au bout d'un siècle, tout le genre humain
réuni, et trois fois son équivalent, n'aurait absorbé
qu'une quantité d'oxygène égale en poids à 15 à 16 de
ces cubes. Nos procédés d'analyse n'ont pas une sensibi-
lité suffisante pour indiquer une aussi faible variation, il
faudrait opérer sur un énorme volume d'air pour ren-

dre la différence appréciable. Ainsi, au bout d'un siècle, l'atmosphère aurait perdu $\frac{1}{8000}$ de son oxygène ; après mille siècles, la perte serait de $\frac{1}{8}$; la proportion de ce gaz dans l'air se trouverait réduite à 18 pour 100. Les animaux continueraient à respirer très librement dans un pareil milieu.

Quant à l'influence de l'acide carbonique dégagé, elle peut, au premier abord, paraître plus considérable, car un litre d'oxygène fournit, en brûlant du carbone, un volume exactement égal d'acide carbonique. En raisonnant comme nous venons de le faire, on trouve que l'acide carbonique versé dans l'atmosphère par la respiration s'élève annuellement à plus de 1000 milliards de mètres cubes ; à cela ajoutons les combustions de toute nature qui s'effectuent à la surface du globe et toutes les sources naturelles précédemment énumérées, il n'est pas douteux que ce gaz, en s'accumulant lentement dans l'air, pourrait finir, à la longue, par le rendre irrespirable, si des causes nombreuses ne venaient sans cesse en débarrasser l'atmosphère et rétablir un état d'équilibre sensiblement constant.

Le règne animal lui-même agit d'une manière très active pour maintenir cet équilibre. L'eau des mers, par son pouvoir dissolvant, devient le véhicule d'une énorme quantité d'acide carbonique qui ne tarde pas à se minéraliser, se dérobant ainsi à jamais à l'atmosphère : des myriades d'animaux, zoophytes, mollusques, crustacés, se recouvrent d'une enveloppe calcaire contenant environ la moitié de son poids d'acide carbonique, et cette fixation se forme sur une échelle tellement vaste que l'imagination a de la peine à la mesurer. Les polypiers surtout, par leur prodigieux développement, sont les plus puissants minéralisateurs de l'acide carbonique : formés d'animaux d'une extrême petitesse, mais agglomérés en nombre incalculable, ils donnent naissance, dans les mers intertropicales, à d'immenses productions calcaires bien connues des navigateurs. Ce sont ces dangereux récifs qui gagnent sans cesse en étendue et finissent par former des îles ou

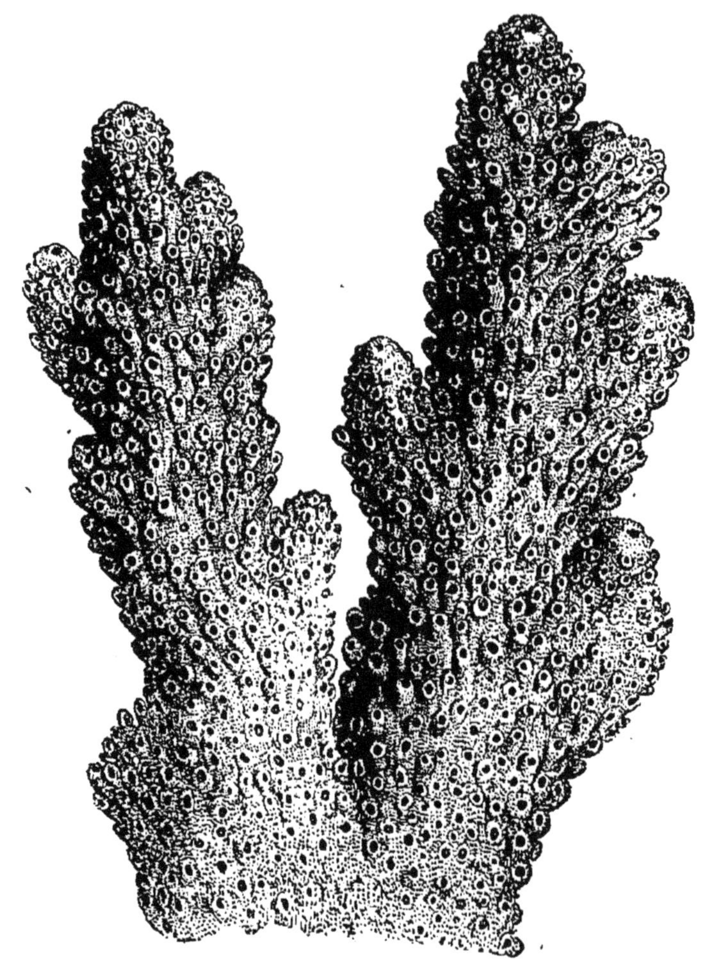

Fig. 88. — Fragment de madrépore.

de vastes continents. La figure 88 donne une idée de la constitution des polypiers ou madrépores qui ont joué un rôle important dans la formation des terrains à tous les âges du monde. Leur immense développement dans le voisinage de l'Australie et de la Nouvelle-Calédo-

nie a fait donner à cette partie de l'océan Pacifique le nom de
mer de corail. Voici d'ailleurs le résultat de quelques
observations [1]officielles qui montrent avec quelle effrayante rapidité ces productions madréporiques envahissent certains parages : elles sont empruntées à un

Fig. 89. — Ile de Clermont-Tonnerre (archipel Pomoutou).

rapport que fit afficher, en 1858, l'amirauté anglaise [1] :
« Le passage à travers le détroit de Torrès (entre la
Nouvelle-Guinée et la Nouvelle-Hollande) se remplit ra-
pidement de coraux. Le danger qui en provient rend le
passage presque impossible aux navires de fort tonnage:
Ce détroit a 150 kilomètres de long. Il n'a plus aujour-
d'hui que 5 kilomètres de large en certains endroits.
En 1606, on n'y trouvait que 26 ilots ; en 1858, il y en avait

[1] Voy. Riche, *Revue des cours scientifiques*, t. II.

160. Ce calcul montre que si le développement des madrépores continue, le passage sera comblé en vingt ans. »

Les îles madréporiques sont très nombreuses dans quelques archipels de la Polynésie. Elles ont ordinairement l'apparence d'un cirque régulier dont l'intérieur forme un vaste bassin. Une des plus remarquables sous ce rapport est l'île de Clermont-Tonnerre, dans l'archipel Pomoutou.

Une pareille action suffirait, à elle seule, pour faire disparaître l'acide carbonique versé dans l'air par la respiration; nous pouvons donc envisager sans inquiétude le sort des générations futures; les conditions de leur existence sont assurées pour une incalculable série de siècles; mais là ne s'arrête pas l'admirable harmonie de la nature : à coté du règne animal se développe, avec non moins de puissance, un nombre immense de végétaux qui vivent avec lui dans la plus étroite solidarité. Comme les animaux, les plantes respirent et exercent sur l'atmosphère une influence considérable que nous allons examiner rapidement.

XVI

L'AIR ET LES VÉGÉTAUX

Les plantes produisent de l'oxygène. — Cet oxygène provient de la décomposition de l'acide carbonique. — Influence de la lumière. — Force emmagasinée par les végétaux. — Action des parties vertes et des parties colorées. La respiration des plantes. — Les stomates. — Chaleur dégagée par les végétaux. — Assimilation de l'azote et de l'hydrogène. — Rôle de l'eau dans la végétation. — Circulation de la matière organique dans les êtres vivants. — L'air et la vie aux divers âges de la terre.

L'animal ne vit qu'à la condition d'exécuter, pendant toute la durée de son existence, un travail considérable. « Depuis le haut jusqu'au bas de l'échelle, tout animal se déplace à chaque instant à la surface du sol ; ici, pour pourvoir à ses besoins, se procurer sa nourriture ou faire des provisions ; là, pour chercher à se construire un abri ; ailleurs, pour poursuivre, atteindre, terrasser une proie ou pour se dérober aux étreintes d'un ennemi... Tout ce travail, nécessaire au développement de l'individu et à la propagation de l'espèce, exige une dépense considérable de force. » Cette force, l'animal l'emprunte à la combustion de ses tissus ; semblable à nos machines industrielles, il transforme sans cesse en action mécanique la chaleur engendrée par le charbon qu'il consume. La plante, au contraire, fixée au sol, se développe et meurt dans le lieu même où la graine a commencé à germer. Elle reçoit de la terre et de l'air sa nourriture toute préparée, elle n'effectue jamais aucun travail extérieur. A des conditions d'existence si différentes doivent correspondre des modifications profondes dans les actes qui concourent à l'entretien de la vie ; c'est encore l'atmosphère que nous allons voir à l'œuvre, exerçant une action souveraine sur les végétaux comme sur les animaux ; mais, tandis qu'à ceux-ci elle fournit un aliment qui sans cesse les brûle et les consume, elle accumule au contraire dans la plante la matière la plus essentielle de ses tissus, le carbone, que la vie transforme en bois, en feuilles ou en fleurs.

Un siècle à peine nous sépare des premières observations qui ont permis d'établir les relations de l'atmosphère avec les végétaux. Tout ce qu'on savait à cette époque, c'est que les plantes émettent un gaz particulier. Cette importante découverte est due à Bonnet, naturaliste genevois : ayant introduit des rameaux de vigne dans des flacons pleins d'eau, exposés au soleil, il vit apparaître sur les feuilles « beaucoup de bulles semblables à de petites perles », les connaissances scientifiques de l'époque ne permettaient pas d'aller plus loin. Priestley reconnut plus tard que le gaz dégagé par la végétation entretient la combustion ; il s'occupait alors des modifications exercées par le séjour des animaux sur une atmosphère limitée, et fut conduit à examiner comparativement l'action des végétaux. Après avoir laissé brûler une bougie dans un espace clos, jusqu'à ce qu'elle fût éteinte, il introduisit dans cet air vicié une branche de menthe. Au bout de dix jours, l'air s'était purifié au point qu'on pouvait de nouveau y faire brûler la bougie.

Cette expérience fut, pour Priestley, le point de départ
de la découverte de l'oxygène qu'il isola, trois ans plus
tard, et, bien qu'on n'eût encore aucune idée nette de la
constitution de l'air, le chimiste anglais entrevit le rôle
important des végétaux dans l'économie de la nature.
Voici les conclusions qu'il tire lui-même de ses observations : « Les preuves d'un rétablissement partiel de l'air
par des plantes en végétation, quoique dans un empri-
sonnement contre nature, servent à rendre très probable
que le tort que font continuellement à l'atmosphère la
respiration d'un si grand nombre d'animaux et la putréfaction de tant de masses de matière végétale et animale,
est réparé, du moins en partie, par la création végétale ;
et, nonobstant la masse prodigieuse d'air qui est journellement corrompue par les causes dont je viens de parler, si l'on considère la profusion immense des végétaux
qui croissent à la surface de la terre, dans les lieux convenables à leur nature, et qui, par conséquent, exercent
en pleine liberté tous leurs pouvoirs, tant inhalants
qu'exhalants, on ne peut s'empêcher de convenir que tout
est compensé, et que le remède est proportionné au mal. »
Priestley ne fit cependant que pressentir une relation
empirique qu'il était incapable d'expliquer ; l'oxygène
était encore à peine connu ; on ignorait complètement la
constitution de l'air ; on ne connaissait pas davantage
la nature de l'acide carbonique, l'agent le plus important du phénomène ; aussi la question marcha-t-elle
avec lenteur. Les travaux d'Ingenhouz, de Sennebier,
apportèrent tour à tour de précieux éléments pour la solution du problème qui fut définitivement élucidé au
commencement de ce siècle par Théodore de Saussure.
Enfin, de nos jours, le sujet a été de nouveau étudié par
MM. Cloez et Gratiolet et par M. Boussingault, dont les
remarquables découvertes ont définitivement établi la
théorie de la respiration végétale.

Indiquons d'abord un moyen fort simple de répéter l'expérience fondamentale de Bonnet et d'étudier en même temps la nature des gaz émis par les végétaux. Dans un grand flacon de verre blanc, rempli d'eau ordinaire, on introduit des feuilles vertes (les plantes marécageuses conviennent surtout à l'expérience); le flacon est fermé par un bouchon muni d'un tube deux fois recourbé, dirigé sous une cloche renversée dans un vase plein

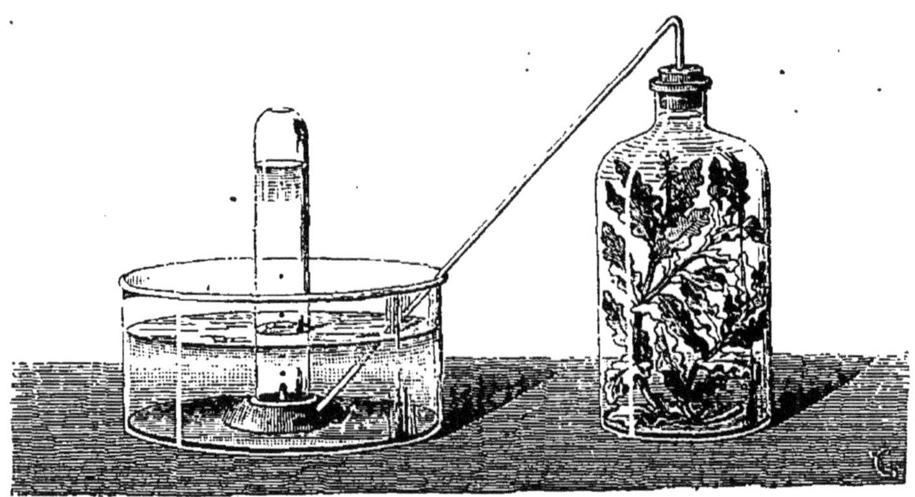

Fig. 90. — Dégagement d'oxygène par les végétaux.

d'eau. Si on expose l'appareil au soleil, on voit aussitôt les feuilles se couvrir de fines bulles de gaz qui se rassemblent dans la partie supérieure du flacon et se dégagent bientôt dans la cloche. Ce gaz est de l'oxygène mélangé d'un peu d'azote, mais assez pur pour rallumer une allumette présentant un point en ignition. Arrêtons-nous un instant sur les conditions qui favorisent ou entravent le succès de l'expérience, nous découvrirons ainsi la cause de ce curieux phénomène.

On remarque d'abord que la nature de l'eau exerce une grande influence sur le dégagement de l'oxygène. Bonnet avait déjà constaté qu'il ne se produit pas la moindre bulle gazeuse si les feuilles sont plongées dans de l'eau privée d'air par une longue ébullition; la production d'oxygène prend, au contraire, une remarquable activité quand on fait usage d'eau de pluie ou mieux encore d'eau chargée d'acide carbonique. La présence de ce gaz en dissolution est donc indispensable, et l'on se trouve placé entre deux hypothèses pour expliquer l'apparition d'oxygène : ou bien il est exhalé par la plante en vertu d'un simple échange comparable à la respiration des animaux; ou bien il est, le résultat de la décomposition de l'acide carbonique; dans ce cas, le carbone séparé se fixerait sur le végétal. La première hypothèse ne supporte pas un instant l'examen; on ne voit pas, en effet, quelle pourrait être la source, dans une simple feuille, d'un dégagement continu d'oxygène prenant quelquefois des proportions considérables : ainsi une feuille de nymphea fournit en dix heures quinze fois son volume de ce gaz.

La seconde opinion se présente, au contraire, avec une apparence séduisante, car elle rend compte en même temps de l'apparition de l'oxygène et du développement du végétal; elle avait déjà été adoptée par Sennebier et de Saussure; après eux son exactitude a été démontrée de la façon la plus éclatante par les travaux de M. Boussingault. Dans l'expérience qui précède, les feuilles, immergées dans un liquide, semblent placées dans des conditions anormales, différentes de celles où vivent les plantes terrestres; il y avait donc à rechercher si les mêmes phénomènes se produiraient en l'absence de l'eau. L'expérience de Priestley répond déjà à la question, et toutes les recherches ultérieures ont démontré une identité absolue entre l'action de l'acide carbonique gazeux et celle du même gaz en dissolution. Ce fait n'a d'ailleurs rien de surprenant, si l'on remarque que le tissu des feuilles renferme au moins 75 pour 100 d'eau;

les feuilles fonctionnent en réalité dans un milieu liquide, même lorsqu'elles sont plongées dans l'air le plus sec.

En résumé, les observations les plus précises conduisent à cette conclusion que tout végétal décompose l'acide carbonique de l'air, s'assimile son carbone et rejette son oxygène. Dans leur célèbre statique chimique, MM. Dumas et Boussingault ont formulé en ces termes la loi définitive du phénomène : « L'oxygène enlevé à l'atmosphère par les animaux est restitué par les végétaux ; les premiers consomment de l'oxygène, les seconds produisent de l'oxygène. — Les premiers brûlent du carbone, les seconds produisent du carbone. — Les premiers exhalent de l'acide carbonique, les seconds fixent de l'acide carbonique. »

Sous quelle influence s'effectue cette décomposition ? Nous savons que la combustion du carbone engendre une quantité considérable de chaleur. Or la science nous enseigne que, pour détruire une combinaison, pour *débrûler*, par exemple, un certain volume d'acide carbonique, il faut nécessairement employer une force équivalente à celle qui a pris naissance pendant la combinaison. Ce n'est pas dans la chétive constitution d'une feuille que l'on doit chercher une pareille énergie : cette puissance vient du dehors, elle est fournie par la lumière solaire.

On voit, en effet, tout dégagement d'oxygène cesser immédiatement dès qu'on soustrait le végétal à l'action directe des rayons du soleil. La lumière est donc une condition indispensable à la vie des plantes, en dehors de son action elles s'étiolent et dépérissent, comme un animal meurt d'inanition quand il est privé d'aliments. Cette lumière, le végétal ne la détruit pas, il la transforme et emmagasine pour ainsi dire la force vive qui lui correspond.

« Reportons-nous à l'époque où nos landes de Gascogne formaient une vaste surface sablonneuse, nue, dépouillée de toute végétation : sous l'action des rayons solaires, le sable s'échauffait et rendait à l'atmosphère, par rayonnement, toute la chaleur qu'il avait reçue du soleil. Il n'en est plus de même aujourd'hui : les belles forêts de pins qui les recouvrent ne restituent plus par rayonnement qu'une portion de la chaleur que leur apportent les rayons solaires. Cette force, détruite en apparence, cette chaleur, consommée par la forêt, n'est pas perdue, la plante l'utilise pour accomplir le travail intérieur que lui impose sa place dans la série des êtres organisés... Le bois que nous brûlons dans nos foyers ne nous rend en réalité que la chaleur empruntée au soleil par la forêt; en brûlant la houille dans ses fourneaux, l'industrie entre en possession de la portion de chaleur solaire, fixée, emmagasinée par les immenses forêts dont la terre était recouverte aux époques antédiluviennes... Déboiser une montagne, transformer ses flancs en surfaces nues, arides, sans végétation, c'est donc appauvrir l'humanité et perdre une quantité considérable de force. Au contraire, comme cela a été si heureusement pratiqué dans les landes de Gascogne et comme cela se fait tous les jours dans les sables de la Sologne, couvrir d'arbres une étendue du sol jusque-là improductive, c'est augmenter la richesse sociale et créer une source précieuse de force pour l'avenir [1]. »

Telle est, dans son ensemble, l'action exercée sur l'atmosphère par les végétaux ; mais elle est loin de se réduire à cette apparente simplicité; tous les organes de la plante ne se comportent pas de la même manière. Sous l'influence de la lumière, les parties vertes ont seules le privilège de fixer du carbone et de dégager de l'oxygène; un examen approfondi a même pu assigner à des éléments organiques déterminés ce rôle si important pour la nutrition du

[1] Gavarret. *Les Phénomènes physiques de la vie.*

végétal. Les feuilles doivent leur coloration à une substance verte particulière, la *chlorophylle*, disséminée sous forme de grains dans un système spécial de cellules; c'est cette matière qui jouit de la propriété de décomposer l'acide carbonique : les grains de chlorophylle ont chez les végétaux une activité comparable à celle des globules sanguins chez les animaux.

Quant aux parties de la plante qui ne sont pas vertes, les fleurs, les fruits, le bois, etc., elles ont avec l'air des relations différentes et complètement opposées; comme les animaux, elles dégagent de l'acide carbonique et absorbent de l'oxygène, et cela sous la lumière la plus vive aussi bien que dans l'obscurité la plus profonde; ajoutons enfin que pendant la nuit les parties vertes elles-mêmes se comportent comme les fleurs ou les fruits.

La plante est donc le siège de deux actions diamétralement opposées : l'une a pour effet d'accumuler dans ses tissus le carbone atmosphérique; l'autre, semblable à la respiration animale, les désorganise sans cesse et ramène dans l'air une partie de leurs matériaux. Si le végétal se développe et grandit au milieu de ce conflit continuel, c'est que la quantité de carbone fixée pendant le jour par les parties vertes est de beaucoup supérieure à celle qui se perd dans l'obscurité. Des expériences directes ont établi qu'une jeune plante assimile sous l'influence des rayons solaires cent fois plus de carbone environ qu'elle n'en exhale pendant la nuit; de sorte que le résultat définitif de cette double action est d'augmenter la proportion d'oxygène et de diminuer l'acide carbonique de l'atmosphère.

On confond souvent sous le nom de respiration ces deux fonctions des végétaux, malgré leur caractère complètement opposé; elles méritent cependant d'être parfaitement distinguées. Si on les met en parallèle avec les fonctions correspondantes des animaux, on est réduit à considérer la décomposition de l'acide carbonique par la plante et la fixation de carbone qui l'accompagne comme l'analogue de la nutrition chez l'animal. On peut dire, avec M. P. Bert, qu'il y a là une sorte de *digestion cutanée* de l'acide carbonique, masquant pendant la période diurne la véritable respiration. Mais, quand celle-ci devient prédominante, l'opposition disparaît entièrement; il n'y a plus antagonisme, comme on le dit ordinairement, entre les

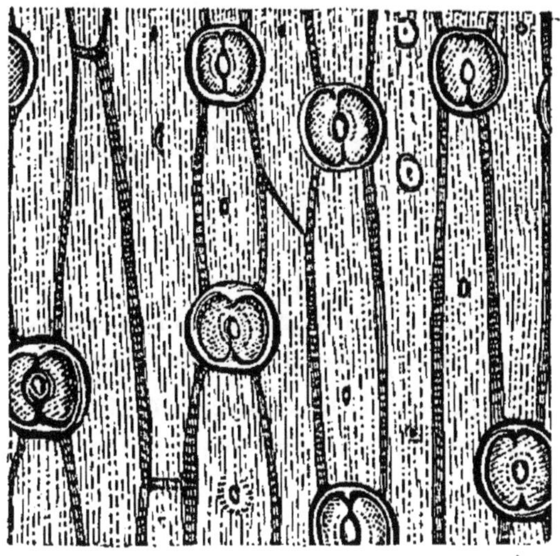

Fig. 91. — Stomates d'une feuilles d'iris.

deux groupes d'êtres vivants. Au point de vue fonctionnel, il y a, au contraire, identité complète, et cette identité devient parfois si grande, que les deux règnes se confondent étroitement au bas de l'échelle dans leurs représentants les plus simples.

Les plantes possèdent, comme les animaux, des organes destinés à l'accomplissement de ces échanges gazeux; ces organes sont, toutefois, d'une grande simplicité. Si l'on examine au microscope la face inférieure d'une feuille, on la voit criblée de petites ouvertures bordées par deux bourrelets saillants légèrement arqués : on a comparé ces bourrelets à deux lèvres et la fente qu'ils entourent à une bouche ; de là le nom de *stomates* sous lequel on les désigne. Au-dessous de chacun de ces organes se trouvent de petits espaces vides nommés chambres à air, communiquant ordinairement ensemble et favorisant ainsi la diffusion des gaz contenus dans le végétal. Les stomates sont d'une excessive ténuité et leur nombre est souvent prodigieux : c'est ainsi qu'une lame d'épiderme d'un pouce carré, prise sur la face inférieure d'une feuille de lilas, n'en contient pas moins de 160 000. Il s'en faut cependant qu'ils soient toujours aussi serrés ; quelquefois même ils manquent complètement ; la fonction respiratoire rappelle alors la respiration cutanée des animaux inférieurs.

Considérée à son véritable point de vue, la respiration de la plante devient, comme celle de l'animal, une vraie combustion : à ce titre, elle doit être nécessairement accompagnée de la production d'une certaine quantité de chaleur. Le plus souvent, il est vrai, cette chaleur n'est pas appréciable, soit à cause du peu d'activité de la combustion, soit qu'elle se trouve masquée par l'abaissement de température correspondant au dégagement de l'oxygène. Mais, dans certaines périodes de leur vie, les végétaux possèdent une température notablement supérieure à celle du milieu environnant. Le fait est très facile à constater au début de leur développement. Une semence qui germe brûle ses propres tissus, et si des graines sont réunies en tas considérable dans un germoir, comme cela se pratique dans les brasseries pour provoquer la germination de l'orge, la chaleur engendrée se manifeste par une élévation de température qui peut dépasser de plus de 15 degrés celle de l'atmosphère. La plante une fois développée, la production de chaleur continue encore, mais il faut alors recourir aux procédés les plus délicats pour la mettre en évidence. Les belles recherches de Dutrochet ont cependant mis le fait hors de doute, en montrant que les tiges et les feuilles possèdent une température propre dépassant de quelques centièmes de degrés seulement celle de l'air ambiant.

L'époque de la floraison présente, à ce point de vue, des phénomènes extrêmement remarquables. Th. de Saussure avait déjà observé dans les fleurs de la courge une élévation notable de température pouvant atteindre un demi-degré au-dessus de celle de l'air. Ce fait, probablement général au moment de l'épanouissement des fleurs, se manifeste avec une intensité surprenante dans les plantes de la famille des aroïdées. On peut étudier cette production de chaleur sur une espèce très commune en France, dans les lieux humides, l'*Arum maculatum*, vulgairement appelé *Pied-de-veau*. Les fleurs sont réunies en grand nombre sur un axe charnu, appelé *spadice*, entouré d'une élégante enveloppe, désignée sous le nom de spathe.

Au moment de la floraison, la spathe s'épanouit et le spadice possède une température souvent appréciable à la main. Dutrochet, en étudiant ce phénomène, a reconnu que cet échauffement a tous les caractères d'un accès de fièvre quotidienne; il se manifeste pendant plusieurs jours, offrant un maximum dans la journée et un minimum dans la nuit; la température du spadice pouvant dépasser de plus de 10 degrés celle de l'air extérieur. Dans une autre plante du même groupe, le *Colocasia odora*, on a vu ce maximum atteindre 22 degrés.

L'oxygène est donc un élément aussi indispensable à la vie des plantes qu'à celle de l'animal. Mais ce n'est pas seulement sur les parties étalées dans l'atmosphère qu'il exerce son influence : à l'intérieur du sol où plongent les racines, sa présence n'est pas moins indispensable. Un terrain imperméable à l'air est mortel pour les végétaux; de

là la pratique si connue des agriculteurs, qui ont soin
d'ameublir profondément la terre pour en obtenir d'abon-

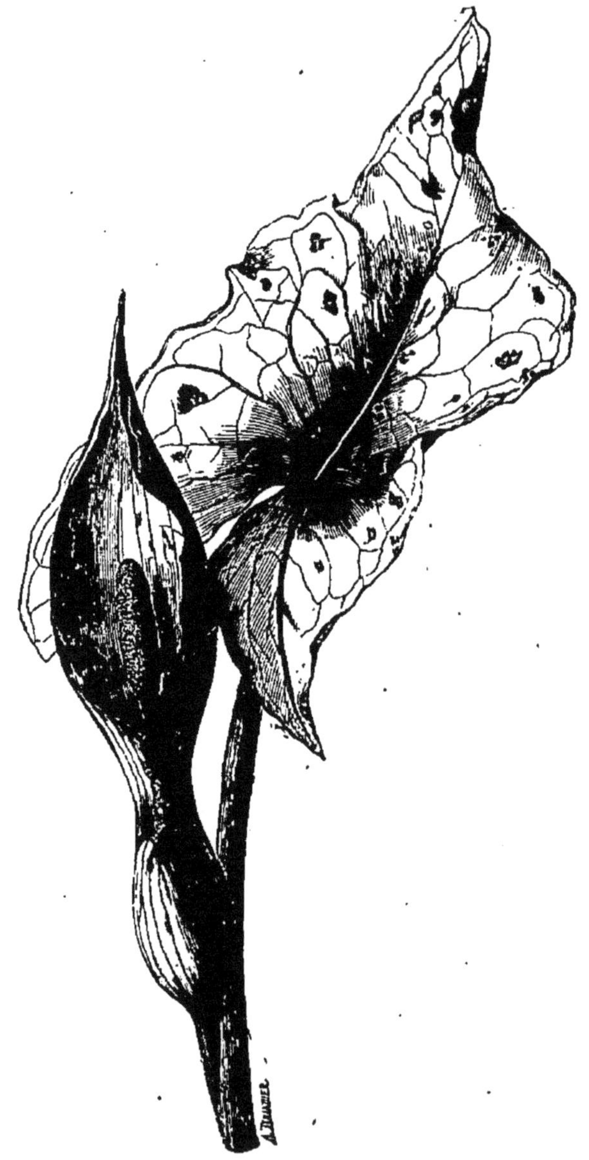

Fig. 92. — Inflorescence de l'*Arum maculatum*.

dantes récoltes. Quel est le rôle de l'oxygène ainsi engagé
dans le sol ? Tout démontre qu'outre son action spéciale

24

sur les racines il se combine encore avec les matières
organiques et minérales du sol, pour préparer à la plante
de nouveaux aliments. Tous les agriculteurs savent qu'on
ajouterait vainement à la terre de l'engrais pour augmenter sa fécondité ; cette terre resterait stérile si, par les
labours, on n'y faisait pénétrer de l'air.

Une plante n'est pas uniquement formée de carbone et
d'oxygène ; elle contient encore de l'azote, de l'hydrogène,
des sels minéraux, de l'eau, éléments tout aussi indispensables à sa constitution. Ici encore, l'atmosphère exerce
une action prépondérante, quoique beaucoup plus in-
directe. L'assimilation de l'azote par les végétaux a vivement préoccupé les savants : c'est un des points les plus
obscurs de la vie végétale. L'atmosphère contenant les
quatre cinquièmes de son volume d'azote, il semble naturel d'attribuer à ce gaz une intervention directe dans
la formation des tissus organisés ; mais il ne faut pas oublier combien sont faibles ses affinités : elles ont besoin,
pour se manifester, du secours des agents physiques.
D'un autre côté, l'azote existe dans l'air sous mille
formes diverses : l'acide nitrique, l'ammoniaque, se trouvent dans l'atmosphère d'une manière presque constante,
de sorte qu'il est difficile de distinguer la part qui revient à l'azote libre, de celle qui appartient à ses diverses
combinaisons. Sans entrer ici dans les longues discussions
soulevées par cette question, nous dirons seulement que
les nombreuses expériences faites à cet égard rendent
très peu vraisemblable la fixation de l'azote de l'air par
les végétaux. Cette substance pénètre dans leurs tissus,
absorbée par les racines qui la puisent dans le sol sous
forme d'ammoniaque et d'acide nitrique. Quant à ces
composés eux-mêmes, ils proviennent soit de la décomposition des engrais, soit de l'air où ils prennent naissance dans des conditions encore mal définies ; il est très

próbable aussi que l'azote, introduit dans le sol par la pénétration de l'air ou à l'état de dissolution dans les eaux pluviales, y éprouve une oxydation qui le transforme en ammoniaque et en acide azotique. Quoi qu'il en soit; l'azote de l'air joue un rôle indirect, éloigné, dans les phénomènes de la végétation.

Quant à l'hydrogène, qui ne fait défaut dans aucun tissu organisé, tout porte à croire qu'il tire le plus souvent son origine de l'eau, si nécessaire à la végétation : à ce titre, c'est encore dans l'atmosphère qu'il faut en chercher la source. L'eau joue, à l'égard du végétal, un autre rôle dont l'importance n'a pas moins de valeur : la vapeur, qui voyage sans cesse du sol vers les régions les plus élevées pour retomber sous la forme de pluie ou de rosée, circule constamment aussi dans tous les organes de la plante ; elle y introduit les principes salins qu'elle dissout dans la terre, et complète ainsi la préparation des aliments nécessaires à son développement.

La quantité d'eau qui du sol passe dans l'organisme végétal pour être de nouveau évaporée par les feuilles est vraiment énorme. Un hectare de choux, en vingt-quatre heures, n'évapore pas moins de 24 mètres cubes d'eau. La végétation réagit ainsi à son tour, sur la constitution de l'atmosphère pour y entretenir un certain degré d'humidité. Cette influence est d'une extrême importance au point de vue du régime des pluies à la surface du globe ; beaucoup plus fréquentes dans les contrées recouvertes d'une riche végétation, elles deviennent de plus en plus rares dans celles où l'industrie humaine, peu prévoyante, détruit les bois et les forêts. « En abattant les arbres qui couvrent la cime et les flancs des montagnes, dit M. de Humboldt, les hommes, sous tous les climats, préparent aux générations futures deux calamités à la fois : un manque de combustible et une disette d'eau. »

De l'eau, de l'air et de la lumière, et tous les miracles d'une végétation luxuriante s'accomplissent aussitôt. Fleurs, feuilles et fruits, l'a dit avec raison un éminent physiologiste, sont des êtres tissés d'air par la lumière. Les rayons solaires contiennent en eux toute la puissance nécessaire pour mettre en œuvre les matériaux de l'atmosphère et constituer, à l'aide de quelques éléments, tous les organes d'une plante. Le soleil sépare le carbone uni à l'oxygène dans l'acide carbonique, pour l'accumuler dans le règne végétal. Les animaux, à leur tour, se nourrissent des plantes; dans leur organisme, les éléments, séparés par la lumière, s'unissent de nouveau : de cette combinaison résulte la chaleur animale ; la croissance des végétaux a son point de départ dans une décomposition, celle des animaux dans une combinaison.

Ainsi s'effectue une circulation continue de la matière dans tous les êtres organisés, en même temps que la force transmise par le soleil circule et se transforme sans cesse dans toutes les manifestations de la vie. Nous pouvons dire, en donnant une acception scientifique à une pensée si souvent formulée par les poètes, que nous sommes des enfants du soleil, nous et tout l'organisme vivant.

Après cette esquisse rapide des relations qui unissent les êtres vivants avec le milieu où ils puisent leurs conditions d'existence, une dernière question reste à élucider : la terre que nous habitons a-t-elle toujours servi d'asile à des êtres organisés ? ceux-ci ont-ils toujours ressemblé à ceux qui l'habitent de nos jours ? l'air lui-même était-il aux premiers âges du monde tel qu'il nous apparaît aujourd'hui ? Les efforts combinés des naturalistes et des géologues ont résolu cet important problème.

Quand on sonde les profondeurs du globe, on y trouve mille débris d'animaux et de végétaux fossiles, restes d'antiques générations qui peuvent nous servir à reconstituer le monde vivant de ces époques primitives. « Les couches fossilifères, dit encore M. de Humboldt, sont les catacombes où gisent les faunes et les flores des époques antérieures. Lorsque nous descendons de couche en couche pour étudier leurs rapports de superpositions, des mondes engloutis d'animaux et de végétaux s'offrent à nos yeux, et nous remontons en réalité dans la série des âges. Chaque cataclysme du globe, chaque soulèvement de ces chaines de montagnes dont nous pouvons déterminer l'ancienneté relative, ont été signalés par la destruction des espèces anciennes et par l'apparition de nouvelles organisations. »

En reconstituant ainsi, d'après ces archives de la nature, les mondes qui nous ont précédés, on est frappé des différences profondes qui correspondent à chacune des phases de notre planète. Notre terre était à l'origine un globe incandescent circulant dans l'espace ; ce n'est qu'après des milliers ou des milliards de siècles qu'elle a pu éprouver un refroidissement capable de permettre à l'eau de se condenser sous forme liquide à sa surface : l'Océan était alors sans limites, peu profond et parsemé d'innombrables îlots représentant les aspérités de la croûte terrestre. Alors, pour la première fois, la vie se manifesta sur le globe par l'apparition d'animaux marins d'une organisation très simple. Les terrains correspondant à cette époque nous présentent ces premiers rudiments encore bien obscurs auxquels on a donné le nom d'*eozoon* ou animaux de l'aurore. Ils constituent des masses calcaires, amorphes, dans lesquelles le microscope révèle une structure tout à fait semblable à celle des animaux les plus inférieurs de notre époque, de ces protozoaires si communs dans les mers actuelles. C'est là le premier terme de cette série innombrable de formes qui se perfectionnent sans cesse jusqu'à celles de la nature contemporaine de l'homme.

La croûte du globe n'avait encore qu'une faible épaisseur incapable de faire équilibre aux réactions de la
masse intérieure incandescente. De là de nombreux soulèvements qui donnent successivement naissance aux
continents, et les bouleversent à tout instant. A chacun
de ces cataclysmes se rattache une vie nouvelle en harmonie avec les conditions nouvelles du milieu ambiant.
On voit d'abord apparaître diverses classes d'animaux
invertébrés : mollusques, annélides, crustacés ; dans chacune d'elles, ce sont les types inférieurs qui se montrent
les premiers. On y trouve aussi certaines espèces végétales rudimentaires de la classe des algues, puis apparaissent des poissons encore peu nombreux, de petite
dimension et d'une organisation peu élevée dans leur
propre classe. Dans la période suivante, ces types se perfectionnent, sans que l'on rencontre encore aucun animal
terrestre ; cependant des restes de plantes assez nombreux
prouvent que les conditions de la vie végétale à la surface
du sol étaient déjà réalisées.

Plus tard arrive l'ère carbonifère, une des plus importantes par l'activité vraiment prodigieuse de sa végétation. Tout dénote, pendant cette période, l'action d'un
milieu bien différent de celui des époques suivantes. Une
atmosphère chaude, chargée d'acide carbonique, favorise
cette luxuriante végétation qui couvre la terre d'immenses forêts dont les débris souterrains constituent la
plus grande richesse de l'homme. Quelles étaient les
plantes qui formaient alors ces impénétrables forêts ? Elles
appartenaient toutes à ces classes de végétaux que, d'un
commun accord, les botanistes considèrent comme les plus
inférieurs par leur organisation. Parmi les empreintes en-
fermées en si grand nombre dans les débris de cette flore
fossile, les plus fréquentes sont produites par des feuilles
de fougères ; mais ces fougères du monde primitif attei-
gnaient alors la hauteur de nos grands arbres.

Fig. 93. — Végétation de l'époque houillère.

A côté de ces plantes on rencontre des tiges de dimensions colossales, dont on retrouve les analogues
parmi les végétaux les plus humbles de notre époque.
Les *Calamites*, qui avaient jusqu'à 5 mètres d'élévation,
et 15 à 20 centimètres de diamètre, ont une ressemblance
presque complète avec les Prêles qui croissent si abondamment dans les lieux marécageux, et dont les tiges,
grosses à peine comme le doigt, dépassent bien rarement
1 mètre de haut. Les *Lépidodendrons*, qui semblent avoir
contribué, plus que tous les autres végétaux, à la formation de la houille, ne diffèrent pas essentiellement de
nos Lycopodes ; mais, tandis que ceux-ci sont de toutes
petites plantes semblables à de grandes mousses, les premiers s'élevaient à 25 mètres de hauteur, et mesuraient
1 mètre de diamètre à leur base. Ces lycopodes gigantesques, comparables, pour leur taille, à nos plus grands
sapins, formaient, comme eux, d'impénétrables forêts ·à
l'ombre desquelles se développaient de nombreuses fougères.

Tous ces arbres étaient sans fleurs ; leurs fruits secs
ne pouvaient servir à l'alimentation d'animaux terrestres ;
aussi la vie animale de cette période continue-t-elle à se
manifester par l'apparition de nouvelles espèces aquatiques. Cependant, les premiers quadrupèdes à sang
froid, respirant l'air en nature, annoncent une modification profonde dans la constitution de l'atmosphère ; ce
sont des types singuliers, intermédiaires entre les poissons et les reptiles. Bientôt la nature, comme épuisée
par un travail exagéré, semble se reposer de ses efforts,
et la période suivante n'est guère caractérisée que par le
développement et le perfectionnement progressif des
reptiles. On voit cependant apparaître quelques végétaux
nouveaux appartenant à la famille des conifères, dont les
sapins et les cyprès nous offrent des exemples généralement connus, et à celle des Cycadées, actuellement com-

posée de rares végétaux exotiques. Ces créations nouvelles établissent une transition entre les plantes houillères et celles qui doivent former désormais la majorité du règne végétal.

Vient ensuite une période importante, désignée par les géologues sous le nom d'époque jurassique ; la nature se montre déjà dans toute la plénitude de sa puissance. La classe des reptiles atteint un énorme développement, tous les représentants de ce groupe sont remarquables par leurs formes bizarres et leurs dimensions souvent colossales ; en même temps apparaissent quelques rares mammifères de très petite taille, sorte d'essai temporaire qui paraît être resté infécond, car ils semblent disparaître dans les couches suivantes.

Avec la période tertiaire, qui succède aux précédentes, nous entrons, suivant l'expression de M. d'Archiac, sous le péristyle du monde moderne ; on y distingue de loin, à travers des modifications sans doute très diverses, les grands caractères des animaux et des plantes de nos jours. La nature tend de plus en plus à compléter son œuvre par la création des premiers mammifères carnassiers et herbivores ; par celle des oiseaux, qui n'avaient encore présenté que des traces plus ou moins contestables, par de nombreuses tribus d'insectes vivant sur les fleurs, par les végétaux dicotylédonés appartenant à toutes les familles et à la plupart des genres que l'on rencontre aujourd'hui sur la terre.

Enfin, la dernière période géologique, celle qui a immédiatement précédé le monde organique actuel, est l'époque quaternaire : elle s'ouvre à nos yeux avec tous les perfectionnements que les êtres vivants semblent pouvoir subir. On trouve, dans les restes de la faune de cette époque, de nombreux débris d'animaux de toutes les classes, et des végétaux identiques à ceux qui croissent aujourd'hui autour de nous. Les animaux de cette période sont presque tous remarquables par leurs colossales dimensions, dépassant de beaucoup celles de leurs congénères vivant dans les mêmes régions. Ce sont des cerfs gigantesques, des éléphants d'une taille inconnue de nos jours, des chevaux, des chèvres, des moutons; des oiseaux ne mesurant pas moins de quatre mètres de hauteur, une foule d'animaux enfin dont la nature actuelle nous offre tous les représentants.

De récentes découvertes ont encore ajouté à l'intérêt de ces observations : l'homme lui-même a existé au milieu de ces générations de grands mammifères, les uns éteints, les autres vivant à notre époque. Des produits incontestables d'une industrie humaine très grossière, associés aux restes fossiles de ces anciens habitants du globe, témoignent par leur présence, d'une manière irrécusable, de l'apparition de l'homme à une époque de beaucoup antérieure à celle des temps historiques. Ainsi s'établissent des liens étroits entre l'étude de la géologie et celle de l'anthropologie et de l'archéologie.

Ces apparitions successives d'êtres vivants, ce perfectionnement toujours croissant, sont en corrélation, on ne peut en douter, avec des changements importants dans les conditions physiques du milieu extérieur. Les premières manifestations de la vie se produisent dans une atmosphère chaude et humide, à une époque où la chaleur propre du globe entretenait une température élevée, à peu près uniforme de l'équateur au pôle. Les climats ne se dessinèrent que plus tard; encore étaient-ils tout à fait différents de ce qu'ils sont aujourd'hui; de plus, l'atmosphère de ces périodes géologiques avait une constitution bien différente de celle de notre atmosphère actuelle. D'innombrables volcans y répandaient des torrents d'acide carbonique, et il a fallu des millions de siècles pour amener les changements profonds qui en ont fait l'air que nous respirons.

Les êtres vivants ont exercé de leur côté une très grande influence sur cette purification de l'atmosphère. Les végétaux de l'époque houillère surtout ont agi, sous ce rapport, avec une puissance que nous pouvons approximativement évaluer. On a calculé que la quantité de carbone contenue dans les couches de houille de toute la terre est environ six fois supérieure à celle qui circule actuellement dans notre atmosphère; or, cette soustraction, quoique lente, a dû avoir un effet sensible sur les êtres organisés qui ont vécu à la fin de cette période. Si nous voulions nous laisser aller à ce sentiment d'orgueil qui a quelquefois fait penser à l'homme que tout dans la nature a été fait à son intention, nous pourrions supposer que cette création végétale, qui a précédé de tant de siècles notre apparition sur la terre avait pour but de préparer les conditions atmosphériques nécessaires à notre existence, et d'accumuler ces immenses dépôts de combustible que l'industrie humaine devait, plus tard, mettre à profit.

En présence de ce renouvellement incessant des formes organisées à la surface du globe, est-il permis de supposer que l'arrivée de l'homme complète cette œuvre de la nature, que tout perfectionnement est à jamais impossible? Les changements qui s'accomplissent autour de nous échappent, il est vrai, à notre appréciation, et nous supposons volontiers que la nature organique, qui n'a cessé de modifier, de perfectionner et de compliquer ses créations depuis l'origine des choses, est devenue stationnaire depuis que l'homme en fait partie; n'est-ce pas là une puérile illusion? Les quelques milliers d'années qu'embrassent nos chroniques n'ont sans doute permis de constater aucune modification bien notable dans le milieu qui nous entoure, mais qu'est-ce que ce temps, pour si long qu'il puisse nous paraître, en comparaison des périodes géologiques durant lesquelles la terre a nourri tant de générations d'animaux et de plantes? L'histoire de l'homme ne compte pas plus dans l'histoire du monde que celle de ces chétifs insectes qu'un même soleil voit naître, se reproduire et mourir; elle n'est qu'une ride imperceptible à la surface de l'océan des temps. Ces mêmes forces de l'air, de l'eau, des volcans intérieurs qui ont englouti tant de générations vivantes, agissent encore sur l'écorce terrestre: elle amèneront un jour la fin des races humaines comme elles en ont enseveli tant d'autres; peut-être nous forceront-elles à céder la place à des formes vivantes nouvelles et plus parfaites.

FIN

TABLE DES GRAVURES

TABLE DES MATIÈRES

1026. — TYPOGRAPHIE A. LAHURE
RUE DE FLEURUS 9, A PARIS.

www.ingramcontent.com/pod-product-compliance
Ingram Content Group UK Ltd.
Pitfield, Milton Keynes, MK11 3LW, UK
UKHW022054120726
13694UKWH00001B/138